高等学校"十四五"
农林规划新形态教材

新农科·智慧农业系列教材

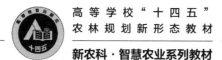

智慧植保

主 编 罗朝喜

U0288957

中国教育出版传媒集团
高等教育出版社·北京

内容简介

本书为全国高等农林院校智慧农业（植保方向）和植物保护专业统编教材，由从事智慧植保相关教学和研究的三十余位专家共同编写。

本书主要介绍信息技术、人工智能、物联网等现代计算机相关科学技术在植物保护工作中的应用，包括绪论、高通量测序与病原菌鉴定、植物病害智能识别与应用、植物病害智能监测及预警、植物虫害智能监测及预警、抗病虫分子育种策略与应用、微生物组学与植物健康、农业有害生物抗药性及其治理、农药残留及真菌毒素智能检测、植物保护无人机的应用等 10 章内容。章末附有参考文献和思考题。

本书可以作为植物保护相关专业的本科生教材，同时也可作为广大农业科技工作者的重要参考书。

图书在版编目（CIP）数据

智慧植保 / 罗朝喜主编 . -- 北京：高等教育出版社，2023.5

ISBN 978-7-04-059262-7

Ⅰ. ①智… Ⅱ. ①罗… Ⅲ. ①智能技术 - 应用 - 植物保护 Ⅳ. ① S4-39

中国版本图书馆 CIP 数据核字（2022）第 154520 号

Zhihui Zhibao

项目策划　李光跃　吴雪梅

策划编辑　郝真真　　　责任编辑　高新景　郝真真　　　封面设计　裴一丹　　　责任印制　存　怡

出版发行	高等教育出版社	网　　址	http://www.hep.edu.cn
社　　址	北京市西城区德外大街4号		http://www.hep.com.cn
邮政编码	100120	网上订购	http://www.hepmall.com.cn
印　　刷	北京市艺辉印刷有限公司		http://www.hepmall.com
开　　本	850mm×1168mm　1/16		http://www.hepmall.cn
印　　张	17.5		
字　　数	400 千字	版　　次	2023年 5 月第 1 版
购书热线	010-58581118	印　　次	2023年 5 月第 1 次印刷
咨询电话	400-810-0598	定　　价	45.00元

编写人员

主　编　罗朝喜

副主编　刘西莉　马忠华　胡小平　徐秉良　黄求应
　　　　丁新华　陈长卿　谢卡斌　任喜峰　潘月敏

编　者（按姓氏笔画排序）

丁新华（山东农业大学）　　　　　　万　虎（华中农业大学）

马忠华（浙江大学）　　　　　　　　马洪菊（华中农业大学）

马康生（华中农业大学）　　　　　　王　岩（吉林大学）

方庆奎（安徽农业大学）　　　　　　孔令广（山东农业大学）

卢宝慧（吉林农业大学）　　　　　　任喜峰（华中农业大学）

华修德（南京农业大学）　　　　　　刘　婕（华南农业大学）

刘　馨（江苏省农业科学院）　　　　刘西莉（西北农林科技大学）

刘鹏飞（中国农业大学）　　　　　　阴伟晓（华中农业大学）

李宇翔（西北农林科技大学）　　　　吴海燕（广西大学）

张　灿（中国农业大学）　　　　　　张　超（山东农业大学）

陈长卿（吉林农业大学）　　　　　　陈凤平（福建农林大学）

陈淑宁（中国农业科学院植物保护研究所）　　范洁茹（中国农业科学院植物保护研究所）

苗建强（西北农林科技大学）　　　　罗朝喜（华中农业大学）

孟　冉（华中农业大学）　　　　　　胡小平（西北农林科技大学）

袁海滨（吉林农业大学）　　　　　　徐秉良（甘肃农业大学）

郭世保（信阳农林学院）　　　　　　唐庆峰（安徽农业大学）

陶　飞（甘肃农业大学）　　　　　　黄求应（华中农业大学）

曹孟籍（西南大学）　　　　　　　　彭　钦（西北农林科技大学）

谢卡斌（华中农业大学）　　　　　　潘月敏（安徽农业大学）

数字课程（基础版）

智慧植保

主编　罗朝喜

Abook

智慧植保

　　智慧植保数字课程与纸质教材一体化设计，紧密配合。数字课程包括教学课件、深入学习的拓展资源、章后思考题答案、彩色图片等丰富的内容，可供不同层次高等院校的师生根据实际需求选择使用，也可供相关科学工作者参考。

| 用户名： | | 密码： | | 验证码： | | 5360 | 忘记密码？ | 登录 | 注册 |

http://abook.hep.com.cn/59262

扫描二维码，下载 Abook 应用

前　言

进入 21 世纪以来，以人工智能为代表的第四次工业革命对农业发展带来了极大的冲击，将信息技术、工程技术与传统农业学科深度融合的智慧农业成为农业现代化发展的必然趋势。为此，党中央与国务院陆续出台一系列政策文件支持发展智慧农业，在《中华人民共和国国民经济和社会发展第十四个五年规划和 2035 年远景目标纲要》中明确指出要"完善农业科技创新体系，创新农技推广服务方式，建设智慧农业"。在《中共中央 国务院关于做好 2022 年全国推进乡村振兴重点工作的意见》中指出"推进智慧农业发展，促进信息技术与农机农艺融合应用"。因此，大力发展智慧农业不仅是促进农业可持续发展的工具和手段，更是保障我国农业可持续发展的重要战略基础。随着智慧农业的发展，涉农高校不得不对支撑农业科技进步和农业人才培养的农业学科进行改造升级。2019年，华中农业大学和吉林农业大学率先向教育部申请开设智慧农业新专业，并于 2020 年获批。2021年，西北农林科技大学、福建农林大学、安徽农业大学等 13 所高校依托作物学、园艺学和植物保护学等申报并获批智慧农业专业。2022 年，上海交通大学、南京农业大学、河北农业大学等 13 所高校获批智慧农业专业。至此，全国共有 27 所高校获批智慧农业专业，这既是适应国家现代农业发展需求的结果，也是新农科建设背景下专业发展的必然趋势。

2020 年 4 月 2 日，中华人民共和国国务院发布了《农作物病虫害防治条例》（中华人民共和国国务院令第 725 号令，自 2020 年 5 月 1 日起施行），明确了对危害农作物及其产品的病、虫、草、鼠等有害生物进行监测、预报、控制及应急处置的要求，从国家层面显示了对植物保护工作的诉求和重视，发展智慧植保已经成为发展智慧农业必不可少的重要组成部分。智慧植保主要基于作物有害生物的基础研究，应用现代计算机技术、信息系统和智能装备，开展作物有害生物的智能识别、自动化诊断、监测预警、危害损失评估和防控，搭建作物有害生物信息数据库、远程诊断、监测预警和防控信息系统，实现作物有害生物的智能诊断、精准测报和自动化防控；同时，利用现代生物技术，在组学的基础上研究植物与有害生物互作，实现智能育种；对有害生物抗药性进行高效、便捷的检测，及时指导对有害生物的精准防控；对农作物生产环境、农产品进行农药残留及真菌毒素的高通量、智能化检测，保障人民群众的食品安全。

为适应智慧植保学科发展和人才培养的需要，华中农业大学牵头组织了全国涉及智慧植保相关教学与研究的高校、科研院所教师编写了本教材。本书共十章，第一章绪论由安徽农业大学潘月敏、唐庆峰、方庆奎编写；第二章深度测序与病原鉴定由华中农业大学徐文兴、西南大学曹孟籍编写；第三章植物病害智能识别与应用由山东农业大学丁新华、张超、孔令广，广西大学吴海燕，华中农业大学孟冉、罗朝喜编写；第四章植物病害智能监测及预警由西北农林科技大学胡小平、李宇翔，甘肃农业大学徐秉良、陶飞编写；第五章植物虫害智能监测及预警由华中农业大学黄求应、吉林农业大学袁海滨编写；第六章抗病虫分子育种策略与应用由华中农业大学任喜峰编写；第七章微生物组与植物健康由华中农业大学谢卡斌编写；第八章农业有害生物抗药性及其治理由西北农林科技大学刘西莉、苗建强、彭钦，华中农业大学罗朝喜、万虎、马洪菊、阴伟晓，中国农业大学刘鹏飞、张灿，福建农林大学陈凤平，中国农业科学院植物保护研究所范洁茹、陈淑宁，吉林大学王岩编写；第九章农药残留及真菌毒素智能检测由浙江大学马忠华、南京农业大学华修德、华南农业大学刘婕、江苏省农业科学院刘馨编写；第十章植物保护无人机的应用由吉林农业大学陈长卿、卢宝慧，信阳农林学院郭世保，华中农业大学马康生编写。

　　本书出版得到了高等教育出版社"十四五"规划教材项目和华中农业大学新形态教材建设项目的支持，借此机会，谨致谢意。

　　由于编者水平有限，编写时间仓促，书中难免有疏漏或错误之处，敬请读者提出宝贵意见。

编　者

2022 年 10 月

目　录

第一章

绪　论

　　当前，我国农业正处在从传统农业向现代农业的快速转型发展期，现代农业的产前、产中和产后各个环节都迫切呼唤信息技术的支撑。在农业种植过程中，病虫草害防控一直以来都是植物保护工作中最重要的内容。如今，人们对减少农药污染、保护环境和生态可持续发展的需求也越来越高。随着信息和通信技术的快速发展，在新农科背景下探索智慧植物保护的理论研究和实践探索成为可能。智慧植物保护简称智慧植保，是将传统的植物保护与卫星遥感、雷达探测、无人机监控、航空图像处理、物联网、5G技术、大数据、区块链、人工智能和机器人等现代科学技术相融合，以期有效缓解农业劳动力短缺和强化农作物病虫草害精准管理等关键问题，为保障农产品质量安全和国家粮食安全作出重要贡献。

第一节　智慧植保与现代农业

一、智慧植保

在农业生产中，农作物会遭受病、虫、草、鼠及其他有害生物的危害，影响作物的正常生长和发育，最终导致作物减产，甚至是绝收。通过综合应用物理、生物、化学等防治措施，可以避免或减轻有害生物的危害，挽回大量粮食损失。其中，植物保护（plant protection）是综合利用多学科知识，以经济、科学的方法，保护目标植物免受有害生物的危害，从而提高植物生产投入的回报，以维护人类的物质利益和环境利益的实用科学。植物保护是农业生产中重要组成部分，在促进农业增产、农民增收，保障国家粮食安全和农产品质量安全等方面等发挥着不可替代的作用。

智慧植保（smart plant protection 或 intelligent plant protection）是指将现代科学技术与传统植物保护相结合，以实现农作物病虫草害无人化、自动化、智能化的识别、预测、预警和防控。也就是将信息技术、人工智能、物联网技术运用到传统植物保护工作中去，通过移动平台或电脑端对植保工作进行智能控制。智慧植保是云计算、传感器、物联网、3S 等多种信息技术在植保工作中综合、全面的应用。

拓展资源 1-1

人物介绍

当前，发展智慧农业不仅是一场信息技术革命，是推进农业产业大发展的关键举措，更是关乎国家粮食安全战略和高质量发展的重大变革，对农业农村现代化将具有里程碑意义。智慧植保是智慧农业的重要组成部分，必将在推进农业现代化的进程中扮演不可或缺的角色。

二、智慧植保发展的必然性

信息技术、人工智能、物联网等技术的迅猛发展，给社会生活带来了翻天覆地的变化，相关技术也已经延伸到各个可能的领域。智慧农业的发展，将极大地推动农业现代化的发展，必然会影响植保领域的科研、农业措施和相关产业的发展，也必然会带动和促进智慧植保的发展。目前，无人机植保在一些地方逐渐形成产业，物联网技术逐渐应用于农田有害生物监测，机器人在一些发达国家已经用于设施栽培中的病虫害防控，这些都是智慧植保的重要组成部分。

三、智慧植保发展的必要性

实现农业的现代化，必须是实现农业全链条的现代化，农业生产离不开植保工作，因而，植保工作也必须要实现现代化，对此需要重视信息技术、人工智能等在植保领域中的应用，加强植保信息化建设，发展智慧植保。同时，传统的植保模式也需要顺应时代发展进行不断完善，而发展智慧植保是目前最可行、最安全的方式。因此，高度重视和积极发展智慧植保，将为现代农业发展和保障国家粮食安全作出巨大的贡献。

第二节　智慧植保的内容

一、植物病害智能识别与应用

近年来，随着我国气候条件以及耕作制度的改变，植物病害的发生呈现加重趋势。传统的植物病害监测识别及防控主要依靠植物保护技术人员田间取样调查，这种方式耗时、费力、效率低下，并且带有一定的主观性和时空局限性。随着农业信息化、智能化的发展，这极大地丰富了植物病害高效、准确识别的手段。

无人机农业遥感系统是常见的成像方式和遥感影像解析方法，国内外研究无人机农业遥感技术在植物病害智能识别中的应用日益成熟。无人机遥感影像有高光谱图像、多光谱图像以及数码相机拍摄的彩色图像，其中又以高光谱图像最为常见。目前，无人机遥感在水稻、小麦、大豆、棉花、柑橘和葡萄等农作物上的主要病害识别已有大量的相关研究。将植物病害识别模型与田间环境、病害的发生因子相结合，深入挖掘智能技术在植物病害识别方面的潜力，可为农业大面积信息化管理和植物保护提供精准、实时的病害发生动态信息。相较植物病害诊断识别，由于一般虫害具有移动性，多数采用地面视频监控法，利用无人机遥感在植物虫害识别领域尚处于尝试探索阶段。

二、植物病害智能监测及预警

植物病害监测与预警是植物保护的基础性工作，也是回答是否需要防治、怎样防治、如何实施等问题的前提性工作。计算机技术的快速发展使科学家通过计算机运算建立模型对重要病害进行监测与预警。1969年，第一个计算机预警模型EPIDEM用于对马铃薯、番茄早疫病进行监测与预警，此后逐步建立起对多个病害的计算机预警模型，从而实现了对小麦条锈病、玉米小斑病、马铃薯晚疫病、苹果黑星病等重要病害的监测与预警。3S技术［全球定位系统（global positioning system，GPS）、遥感（remote sensing，RS）、地理信息系统（geographic information system，GIS）］可与其他高新技术相结合，形成病害信息获取、分析、处理一体化的监测与预警系统。此外，对于能够造成大区流行的远距离传播的气传病害，如小麦条锈病、小麦秆锈病、小麦白粉病等，孢子捕捉监测与预警技术和轨迹分析监测与预警技术可以进行早期监测，为病害的监测与预警提供新的思路和方法。

三、植物虫害智能监测及预警

植物重要虫害多数具有远距离迁飞的习性，监测与预警对迁飞性虫害的防治具有关键的作用，明确其迁入情况从而能够实现源头防控。当前，智能虫情测报灯可以通过灯光对昆虫进行诱集，并对昆虫进行拍照识别，拍照后通过无线通信技术把虫害图像传回至数据处理平台，从而实现虫口计数以达到预警目的；雷达监测技术可以监测与预警迁飞性虫害；物联网虫害监控预警技术可以通过无线传输将全天候实时采集信息数据发送到中心站自动上传至数据库，根据实时数据及历史大数据，系统分析对比运算，自动进入模型，智能开展区域范围内的四情（苗情、墒情、病虫情、灾情）监测、预警、预报，进而实现标准化、网络化、可视化、模型化、智能化监测与预警。

四、抗病虫分子育种策略与应用

抗病虫分子育种是利用作物自身的抗病性和抗虫性，通过分子育种方法选育出抗病（虫）害的优良品种。抗病虫育种的首要任务是抗病虫基因的挖掘，因此对于抗性基因鉴定及其相关基因挖掘尤为重要。作物抗病性鉴定指标分为定性分级和定量分级两大类：定性分级主要根据侵染点及其周围枯死反应的有无或强弱、病斑大小、色泽及其产孢的有无与多少，把病斑分为免疫、高抗到高感等级别，多应用于病斑型（或侵染型）、抗扩展的过敏性坏死反应型及造成植物局部危害的一些病害；定量分级即利用普遍率（局部病害侵染植株或叶片的百分率）、严重度（平均每一病叶或每一病株上的病斑面积与体表面积的百分率，或病斑的密集程度）和病情指数（由普遍率和严重度综合而成的数值）来区分抗病等级。抗性鉴定方法主要分为室内和田间，田间鉴定是抗性鉴定的最基本方法，对于病虫害常发区更为适用；在以田间鉴定为主的前提下，也可利用温室进行活体鉴定或实验室离体鉴定，其优势是不受环境等因素的限制，加快育种进程。野生作物中积累了大量的优质抗性基因，借助分子生物学技术可从野生作物中挖掘抗病虫基因，并用于抗病虫品种的选育。

常用的分子育种类型主要有分子标记育种、转基因育种和分子设计育种三类。分子标记育种主要集中在基因聚合、基因渗入，根据育种计划构建基因系等方面，目前棉花、水稻等作物抗病虫分子标记育种取得了长足进展；转基因育种利用基因工程技术将抗病虫相关的基因导入受体作物，目前已培育出抗虫水稻、抗虫棉花、抗除草剂玉米、抗除草剂大豆等新品种；分子设计育种以生物信息学为平台，以各种组学为基础，综合各学科的信息，在计算机上设计出最佳的育种方案，进而实施作物育种，优势在于能有目的地创造变异，并能加快实现选择和固定变异。

五、微生物组学与植物健康

微生物研究在过去几十年中发展迅速，随着微生物研究方法的激增，对于微生物组（microbiome）的定义产生了很多争议。Berg 等收集了 100 多位世界各地专家的建议，并给出了微生物组的初步定义，即包括微生物（细菌、古菌、真核生物和病毒）的基因，以及其周围环境在内的全部信息。这一定义涉及微生物群落及其信息交流、时空变化，以及微生物基因组、蛋白质组、代谢组、宏基因组等一系列信息。

近年来，微生物组蓬勃发展，被誉为是推动下一次绿色革命的关键。微生物在植物生长发育的多个过程中发挥着重要作用，如种子萌发、养分供应、对生物和非生物胁迫因子的抗性以及生物活性代谢物的产生。植物微生物组参与病原菌的抑制，特别是根际微生物组对土壤传播的病原菌起着保护屏障的作用。其原理是数种植物病原体的直接相互作用，以及通过刺激植物免疫系统与植物的间接相互作用。在智慧植保领域，通过微生物组的数据分析，包括微生物种群在时间和空间上的变化、基因表达、代谢产物、蛋白质积累变化，对病害进行预测、预防及治疗，为农业生产保驾护航。随着高通量数据分析在微生物组与植物防护过程中的应用，让我们对这一过程有了更全面、更深入的认识，对于植物健康有重要的促进作用。

六、农业有害生物抗药性及其治理

自 Melander 首次报道美国加州一农场发现梨园盾蚧（*Aspidiotus perniciosus*）对石硫合剂产生抗药性至今，在对有害生物抗药性研究的 100 年中，研究者们相继报道了 586 种有害生物对 325 种化学药剂和 5 种转基因作物产生抗药性，有超过 10 000 多种害虫、500 多种病原微生物和 300 多种杂草产生抗药性的案例。有害生物抗药性的上升导致化学农药防治失效，给农业生产造成巨大的经济损失，据 Palumbi 估计，在美国，每年因有害生物产生抗药性导致的损失至少有 30 多亿美元，这其中包括由于有害生物抗药性的增加导致的农产品品质下降和有害生物防治费用的增加。随着现代生物技术的发展，通过抗药性监测与了解有害生物的抗药性背景，针对性的选用具有良好防效的农药药剂，可以避免化学农药的盲目使用，并产生显著的经济效益。因此，基于明确有害生物抗药性水平的智慧选药策略，是有害生物化学防治中精准防控的一种有效途径。目前用于监测有害生物抗药性的主要方法有以下 4 种。

（1）生物测定法　生物测定是最基本和最直接的一种检测有害生物抗药性水平的方法，即通过比较目标种群与敏感种群的抗药性上升倍数来判定目标种群抗药性水平。

（2）生物化学检查法　有害生物产生抗药性是由于有害生物体内参与解毒代谢和转运外源化合物的酶活性增强，因而通过生物化学方法检测参与代谢和转运酶活性的变化水平，可以间接推导出目标有害生物对特定农药的抗药性水平。

（3）分子生物学法　有害生物抗药性上升的另一种途径是农药的作用靶标基因发生位点突变，导致农药分子与有害生物体内靶标无法结合，从而产生高水平抗性。分子生物学法是通过检测有害生物体内靶标突变情况，从而推导出待测有害生物对特定农药的抗药性水平。

（4）高通量测序法　高通量测序（high-throughput sequencing）技术是基于 PCR 技术和基因芯片技术发展而来的 DNA 测序技术。它能一次性同时测定数百万条 DNA 序列，能高灵敏检测出田间极低频率的抗性等位基因，而且可以通过添加不同的测序标签，一次性检测多个不同种群的抗性基因发生频率，极大地提高了检测效率并节约了检测成本。

七、农药残留及真菌毒素智能检测

由于农业生产中病虫草害侵袭和化学农药的不合理使用，农药残留和真菌毒素已经成为影响农产品质量安全的重要危害因子，并对环境安全及人类健康造成潜在的危害。农药残留及真菌毒素检测是保障农产品质量安全、环境安全及人类健康的重要技术手段，通常包括样品前处理技术、分析方法和检测仪器三部分。高效、快速的样品前处理技术是实现快速检测的前提；准确、方便、快速的分析方法是实现快速检测的基础；简单、易用的检测仪器则是实现快速检测的关键。近年来，随着生物化学、材料科学以及现代质谱等高新技术的发展和应用，不同学科领域技术的交叉融合和集成，将多种残留物检测技术和快速筛选检测技术、自动化预处理技术相结合进而实现农药残留及真菌毒素的检测分析通量化、快速化、自动化和智能化成为未来发展的趋势。

在样品前处理技术方面，快速溶剂提取（ASE）、固相萃取（SPE）、免疫亲和层析（IAC）以及 QuEChERS 法等样品前处理技术的多维融合、集成与自动化，使得对农产品中微量、痕量成分提取净化更加简化和快速；碳纳米管、分子印迹聚合物（MIP）、磁性纳米材料等新型材料的发展，在解决现有农产品复杂体系痕量分析特定目标物样品前处理的瓶颈中的应用日益广泛。在智能检测方面，基于类特异性识别原件实现对多个目标物的同时检测以及利用芯片或传感器等技术集成不同污染物的检测反应，提升对农产品中目标物质的精准识别能力，是目前农药残留及真菌毒素智能化快速检测技术发展的重要方向。现代的智能化检测仪器趋向于简单化、智能化和便携化，可快速、准确、定量地测定粮油谷物（水稻、小麦、玉米等谷物及花生油、玉米油等植物油）、蔬菜水果、中药材等农产品中黄曲霉毒素、玉米赤霉烯酮、赭曲霉毒素等多种真菌毒素以及多种农药残留。

八、植物保护无人机的应用

城镇化建设步伐的加快，造成农村劳动力资源逐年匮乏，农作物病虫草害防治时，传统喷雾方法费工、费时，劳动强度高。同时，传统作业器具施药效率低，农药的利用率不足，部分农药直接进入环境，造成农药浪费和环境污染。从国内外现代农业发展情况来看，植物保护无人机属于超低容量喷雾防治技术，是目前较为高效的植保施药方法之一。植物保护无人机利用无人机的低空飞行技术，结合定向喷药技术，通过控制系统和传感器实时操控，实现对农作物的定量精准喷药，克服了地面喷雾机作业困难等问题。目前，投入使用的植物保护无人机主要有固定翼植物保护无人机、单旋翼植物保护无人机、多旋翼植物保护无人机 3 种类型，具有精确规划喷洒区域、稳定自主飞行以及自动变量喷洒等功能。近年来，随着信息技术的发展，无人机技术与遥感技术、GPS 导航技术、GIS 系统、DSS 系统等新技术高效融合，相关产品也正朝着信息化、智能化的方向快速发展，使得植物保护无人机既能够对农作物病虫草害进行监测，也可以通过图像处理技术对比识别农作物形态、纹理、颜色等外部特征，实现对农作物生长状态、形态以及病虫草害的智能诊断。目前我国农林植物保护无人机主要防治作物包括水稻、小麦、玉米、棉花等，总体可减少农药使用量 20% 以上、节省用水 90% 以上，提高农药利用率 30% 以上。

植物保护无人机具有防治效率高、作业人员农药中毒风险低等优点，适应现代农业、现代植保的需求。特别是在农药减量化使用的背景下，植物保护无人机在有害生物防治上的应用越来越受到重视。2014 年中央一号文件提出"加强农用航空建设"、2015 年农业部制定《到 2020 年农药使用量零增长行动方案》以及 2017 年农业部办公厅、财政部办公厅、中国民用航空局综合司联合发布了《关于开展农机购置补贴引导植保无人机规范应用试点工作的通知》等，在一系列政策支持下，植物保护无人机国产化的进程加快，使得植物保护无人机市场在国内呈现爆发式增长。据不完全统计，2019 年植物保护无人机保有量约 5.1 万台，年作业面积约 3.33×10^7 hm²，相比 2015 年的 6.67×10^5 hm² 增长近 50 倍，而到 2021 年我国植物保护无人机保有量已突破 15 万台，作业面积超过 6.67×10^7 hm²。随着我国现代农业绿色发展的推进以及农民对植物保护无人机认可度的提升，植物保护无人机在智慧植保领域的应用将有望持续呈现高速发展的态势。

第三节　国内外智慧植保概况

一、国外智慧植保的发展与现状

随着互联网与人工智能的应用，极大地推动了智慧植保的快速发展。利用植保大数据技术对农作物病虫草害开展特征挖掘，基于计算机视觉技术进行病虫草害种类及发生程度的自动识别诊断，是智慧植保工作的基础。Kawasaki 等以黄瓜叶片为研究对象，探究扩充数据样本的不同方法以提高识别系统的识别率。Sladojevic 等以 13 种不同农作物的病害叶片为主要研究对象研制出一套识别系统。Tetila 等提取了大豆病叶的纹理形状等特征描述病叶的物理特性，基于线性迭代聚类方法进行识别，其中 1 ~ 2 m 高度的病害识别率达 98.34%；高度每增加 1 m，识别率衰减 2%。Brahimi 等通过建立包含 14 828 张感染 9 种番茄病害的叶片图像数据库，并引入网络计算模型，可以实现番茄病害的识别准确率达 99.18%。Chulu 等基于网站数据以及卷积神经网络模型，可以实现黏虫发生情况的平均预测准确率达 82%。Lottes 等开发了一种可进行植被检测、特征提取与分类鉴定的系统，可实现杂草的识别精确度达 82%。

病虫草害的实时监测与预警是有害生物绿色防控的重要组成部分，过去的数十年间，基于机器视觉的病虫害自动监测预警技术已有长足发展，包含全球定位系统、遥感、地理信息系统的 3S 技术，具有空间信息获取、存储、管理、更新、分析、应用等多种优势。基于孢子捕捉和轨迹分析的监测与预警技术，结合计算机辅助图像分析技术，可以实现作物病害发生情况、危害程度与防治适期的精准预测。Muskat 等建立一种快速、准确、高通量的真菌产孢定量方法，分生孢子产孢带的灰度值（分生孢子反射光的大小）与计数分生孢子的实际数量之间的相关性高达 0.99。昆虫雷达监测技术的发展，使得农业害虫的预警更加及时、精准、有效，瑞典隆德大学 Brydegaard 等利用激光雷达对 *Calopteryx splendens* 和 *C. virgo* 两种豆娘标本进行识别的研究结果，发现在距离 60 m 时，可以利用激光雷达区分 *C. splendens* 的雌雄。实时定量 PCR 等分子生物学手段也被广泛应用于农业有害生物的抗性分析、发生发展变化以及流行病学等领域，Komura 等利用环介导等温扩增（LAMP）-荧光环引物（FLP）方法，检测小

麦赤霉病病原菌 β2- 微管蛋白基因区的 F167Y、E198Q 和 F200Y 突变基因型，这些突变基因型导致对甲基 -2- 苯并咪唑氨基甲酸酯（MBC）产生抗性。

　　植物保护无人机等智慧植保机械的研发与应用，对于提高农业生产效率、解决国家农业绿色发展的重大需求具有重要的推动作用。进入 21 世纪以来，自动化、信息化技术与新型传感器应用于精准施药技术和智能植保机械的研发已成为智慧植保的发展趋势。2019 年，美国普渡大学关于精准农业的调研表明，土壤采样分析、产量分析、农用卫星图像、变量施肥、变量播种、农用 GPS 导航、GPS 喷药控制等智能农机技术、装备及服务已在美国大量推广应用。植物保护无人机与人工智能、5G、区块链、物联网等新兴科技的高度融合，使得植物保护无人机的应用更加趋于成熟。目前，日本是植保无人机作业领域最发达的国家之一，大规模应用的是油动单旋翼植物保护无人机（直升机），水田应用面积接近 50%，并已经形成较为完善的培训和应用体系。美国是农业无人机应用技术最成熟的国家之一，大部分是液压型喷嘴，能够保证喷洒相对均匀且操作简单，容易保养，使用寿命长。俄罗斯的植物保护无人机作业机型以人工驾驶的固定翼飞机为主，年作业量约占总耕地面积 45% 以上。智慧收割机的应用推动了农产品收获模式的变革，Cho 等通过逆透视变换获取稻田鸟瞰图，对未收割稻田边缘应用灰度化、边缘检测算法，准确率达 97%。Kurita 等在履带式收割机上搭载全球导航卫星系统、全球定位系统罗盘获取车辆绝对位置和方向，导航作业横向和方位角误差的均方根误差分别为 0.04 m 和 2.6°。

二、国内智慧植保的发展与现状

拓展资源 1-2
中国农业科学院植物保护研究所智慧植保创新团队

　　我国农业正处在从传统农业向现代农业转变的过程中，大力发展智慧植保，对保障我国粮食安全和国民健康具有重要意义，同时也是实现我国农业高质量发展的重要转型契机。近年来，随着传感器技术与信息技术的融合与发展，人们开始将传感器、计算机等工具应用到植物保护领域。如常用的田间病害识别技术主要有光谱技术、计算机视觉技术和深度学习技术等。魏靖等基于深度学习技术与可视化方法，构建了 3 种夜蛾成虫识别深度学习模型，识别准确率均超过 98%。随着计算机技术的发展，数字化与自动化被应用到虫害计数工作中，目前主要有光电传感器计数、声特征检测以及图像识别等。如基于计算机视觉技术的大田害虫远程自动识别系统，能够通过无线网络将害虫图像传输到主控平台，进行害虫的体态、颜色特征提取，从而实现对害虫的快速识别和诊断，准确率达到 87.4%。虽然我国目前的遥感监测技术与生产管理需求仍存在一定差距，但是随着遥感数据尺度的完善、遥感数据源的增多，遥感监测数据的空间和时间分辨率正在不断提升，将为我国植物保护工作提供大范围、实时、精准的监测信息。

　　受全球气候变化及外来生物入侵等因素的影响，新的作物病虫害不断出现，已有病虫害的发生规律持续变动，使我国粮食安全面临新的危机和挑战。在当前化学农药和肥料减施的大背景下，选育抗病虫作物品种是防治病虫害最安全、有效、经济的措施，有利于农业可持续发展和生态环境保护。我国是世界上最早开展农业生物技术研究和应用的国家之一，国家"863 计划"和"973 计划"开启了转基因育种的基础研究，1999 年启动"转基因植物研究与产业化专项"，2008 年启动"转基因生物新品种培育重大专项"，2010 年生物育种被列入"战略性新兴产业规划"，2014 年中央一号文件明确提出"加强以分子育种为重大的基础研究和生物技术研究"等作为我国粮食安全战略的基本方针和基本国策。在国家政策的大力扶持下，转基因育种在 30 年中取得了显著成果，针对棉花、水稻、大豆等多种农作物，在作物抗病虫害、抗除草剂等转基因研究领域取得了显著成效。在国家粮食安全战略背景下，随着生物技术的进一步发展，我国重要农作物的分子育种关键技术必将取得持续的突破，进而为国家粮食安全作出更大的贡献。

精准施药技术和装备是智慧植保的重要组成部分，在提高农药利用率、减少农药用量与残留、降低环境污染等方面具有巨大的潜力。近年来，我国的精准施药技术和装备发展非常迅速，探测技术、施药控制系统及算法、喷雾控制等技术体系不断完善，果园自动对靶喷雾剂、玉米田间自动对靶除草剂等新型精准施药装备也纷纷出现。植保无人机的出现是农业生产机械化的重要突破，无人机植保作业已经成为我国农业现代化的新特征。2008 年，农业部南京农业机械化研究所承担国家课题"水田超低空低量施药技术研究与装备创制"，标志着国内农用无人机产业的起步。随后，在国家"加强农用航空建设"的政策推动下，农用无人机在我国得到广泛应用，成为常见的农业生产机械。当前我国 95% 以上的农用航空技术被应用在田间病虫害防治，另外 5% 用于农业信息采集以及作物育种等。目前，农用无人机的发展仍处于一个非常活跃的时期，应用场景也日趋丰富。

参考文献

1. Bruce E, Jess L, Jeff B. Precision agricultural dealership survey [R]. Indiana: Purdue University, 2019.

2. Chulu F, Phiri J, Nkunika P, et al. A convolutional neural network for automatic identification and classification of fall army worm moth [J]. International Journal of Advanced Computer Science and Applications, 2019, 10 (7): 112–118.

3. Sladojevic S, Arsenovic M, Anderla A, et al. Deep neural networks based recognition of plant diseases by leaf image classification [J]. Computational Intelligence and Neuroscience, 2016: 3289801.

4. 韩瑞珍, 何勇. 基于计算机视觉的大田害虫远程自动识别系统 [J]. 农业工程学报, 2013, 29 (3): 156–162.

5. 何雄奎. 中国精准施药技术和装备研究现状及发展建议 [J]. 智慧农业, 2020, 2 (1): 133–146.

6. 魏靖, 王玉婷, 袁会珠, 等. 基于深度学习与特征可视化方法的草地贪夜蛾及其近缘种成虫识别 [J]. 智慧农业, 2020, 2 (3): 75–85.

7. 赵春江. 智慧农业发展现状及战略目标研究［J］. 智慧农业，2019，1(1)：1-7.

？ 思考题。

1. 智慧植保的定义是什么？
2. 简述智慧植保发展的必然性和必要性。
3. 农作物虫害的监测技术主要有哪些？
4. 监测有害生物抗药性的主要方法有哪些？
5. 简述常用的分子育种类型及其特点。
6. 试述植物保护无人机工作的特点。
7. 结合国内外智慧植保的发展现状，谈一谈我国智慧植保未来的发展方向。

第二章

高通量测序与病原菌鉴定

高通量测序（high-throughput sequencing）技术是基于聚合酶链反应（polymerase chain reaction，PCR）技术和基因芯片技术发展而来的脱氧核糖核酸（DNA）测序技术。高通量测序技术一次能同时对数百万甚至数千万条DNA序列进行测定，也称为二代测序（next-generation sequencing，NGS）技术，是对传统测序技术的一次革命性提高。同时，高通量测序技术也使得对一个物种的整体转录组和基因组进行全面的分析成为可能，所以又称为深度测序（deep sequencing）。该技术可以通过一次反应实现对数百万个DNA分子进行同时测序，是测序技术发展历程中的一个里程碑。

第一节 高通量测序技术简介

根据发展历史、影响力、测序原理和技术等不同，主要有大规模平行测序（massively parallel signature sequencing，MPSS）、聚合酶克隆测序（polony sequencing）、454 焦磷酸测序（454 pyrosequencing）、Illumina（Solexa）测序、ABI SOLiD 测序、离子半导体测序（ion semiconductor sequencing）、DNA 纳米球测序（DNA nanoball sequencing）等。现有高通量测序平台主要包括 Illumina 公司的 Solexa 和 Hiseq 测序技术、罗氏公司（Roche）推出的 454 测序技术和 ABI 公司推出的 SOLiD 测序技术等，所运用的测序原理均为循环微阵列法。

一、高通量测序平台

（一）罗氏 454 测序技术

2005 年，454 生命科学公司（454 Life Sciences Corporation）率先推出了基于焦磷酸测序法的超高通量基因组测序系统，开创了边合成边测序（sequencing by synthesis，SBS）即第二代测序技术的先河。2007 年，罗氏公司以 1.55 亿美元的现金和股票收购了 454 生命科学公司，454 测序技术随即成为罗氏公司的测序技术。454 测序技术采用的是焦磷酸测序法：首先将待测目的 DNA 分子打断成长 300~800 个碱基对（base pair，bp）的片段，片段的 5′端加上一个磷酸基团，将 3′端变为平端，再在两端分别连接上几十 bp 大小的两个接头，组成目的 DNA 样品文库。在扩增时使用一种称为 Pico-Titer Plate（PTP）的平板，其中包含 160 多万个由光纤组成的孔，每个孔中是一个独立的 PCR 体系，包括测序过程中需要的所有原料。将一种比 PTP 板上小孔直径更小的磁珠放入小孔中，把 DNA 片段都固定在磁珠上，测序过程以磁珠上扩增出来的单链 DNA 为模板。加入 4 种标记了不同荧光染料的碱基，即辍和了不同荧光基团的腺嘌呤（A）、鸟嘌呤（G）、胸腺嘧啶（T）和胞嘧啶（C），使其按照一定的顺序依次循环进入 PTP 板，每次只加入一种碱基进行合成反应。在合成中，发生碱基配对后的碱基会释放焦磷酸基团，释放的焦磷酸基团在 ATP 硫酸化酶的催化下与腺苷酰硫酸反应生成 ATP，随后和荧光素酶共同氧化，使荧光素分子迸发荧光，同时由 PTP 板另一侧的电荷耦合元件（charge coupled device，CCD）照相机捕获，最后通过分析捕获的荧光信号及不同荧光颜色对应的碱基获得测序结果。反应结束后，游离的 dNTP 在双磷酸酶的作用下降解 ATP 导致荧光淬灭，使测序反应进入下一个循环。

近年来，随着其他测序技术的发展，454 技术的测序仪日趋减少。最近上市的测序仪（如 Illumina 的 MiSeq 和 Life Technologies 的 Ion Torrent 系统）对 454 技术带来了很大的冲击。

（二）Solexa 和 Hiseq 测序技术

近年来 Illumina 公司的 Solexa 和 Hiseq 系列的测序平台发展迅速，逐渐成为二代测序技术中应用广泛的平台，这两个系列的机器采用的都是边合成边测序的方法

（图 2-1）。首先，把待测的 DNA 样本打断成 200 ~ 500 bp 长的序列小片段，并在这些小片段的两端连接序列已知的接头，构建出单链 DNA 测序文库。Flowcell 是用于吸附流动 DNA 片段的槽道，它是一片带有 8 条通道的玻璃载玻片。每个通道内表面附有两种 DNA 引物，当 DNA 文库中的 DNA 流经 Flowcell 通道时，这些引物和建库过程中加在 DNA 片段两端的接头相互配对以此将 DNA 固定在通道表面。之后，通过桥式 PCR 不断的扩增和变性循环将模板 DNA 进行富集，实现将碱基的信号强度放大的作用，以达到测序所需的模板量要求。向反应体系中同时添加带有特异荧光基团标记的 A、T、G、C 四种碱基、DNA 聚合酶和接头引物。这些碱基的 3′ 羟基端被化学方法所保护，使得每次循环只能测得一个碱基。合成完一个碱基后，未使用的游离碱基和 DNA 聚合酶均会被洗掉。接着加入缓冲液用激光激发荧光信号，并由机器完成荧光信号的记录。最后利用计算机将光学信号转化为测序的碱基序列。在荧光信号记录完成后，加入化学试剂淬灭荧光信号并去除碱基 3′ 羟基端保护基团，使测序反应进入下一个循环。

　　Solexa 测序技术采用桥式 PCR，突破用一个容器来容纳一个反应体系的传统做法。该技术把模板 DNA "种" 在一块板上，像养竹子一样在周围扩增（桥式 PCR）；改变反应控制方式：放弃了电泳分辨荧光的方法，采用边合成边检测信号的方法，需要一种可控的方式阻断合成反应，每次只反应一个碱基，从空间控制变为进程控制，从而实现了高通量测序。其特点是通量大且可扩展——只要能够让簇（cluster）在可区分的情况下长得密集就能增加通量，成本低，序列短，信噪比会随着冲洗次数增加而降低，但灵活性差，对小数据量测序不适用。

（三）第三代测序技术

　　第三代测序最大的特点是采用单分子读取技术，故又称为单分子测序技术（single molecule sequencing），测序过程不需要 PCR 扩增且对 GC 没有偏好性，具有超长读长，被认为是进行全基因组从头（de novo）组装、全长转录本测序及表观遗传学测序等的理想测序平台。目前主流的三代测序平台有太平洋生物（Pacific Bioscience，Pac Bio）公司的单分子实时测序技术（single molecule real time sequencing，SMRT-seq）以及牛津纳米孔技术（Oxford nanopore technologies，ONT）公司的纳米孔单分子测序技术。

　　1. 单分子实时测序技术

　　"SMRT 技术是 Pac Bio 公司是认可度较高的三代测序技术，该技术采用的也是边合成边测序技术，以 SMRTCell 芯片为载体进行测序反应。先将 DNA 片段打断成一定大小的序列片段，再在 DNA 双链两端连接发夹状接头形成闭合的环状单链模板，纯化后加载到芯片载体上，随后扩散到零模波导孔（zero-mode waveguide，ZMW），单分子 DNA 聚合酶被固定在 ZMW 内，捕获 DNA 环状单链模板进行复制。在碱基与模板配对阶段，4 种碱基被不同颜色的荧光所标记，根据光的波长与峰值可判断进入的碱基类型。每个 ZMW 记录的连续光脉冲信号可被认为是连续碱基序列。当反应结束后，荧光标记会被聚合酶裂解而弥散到孔外，由此完成测序工作。

图2-1 边合成测序流程

图2-1 彩色图片

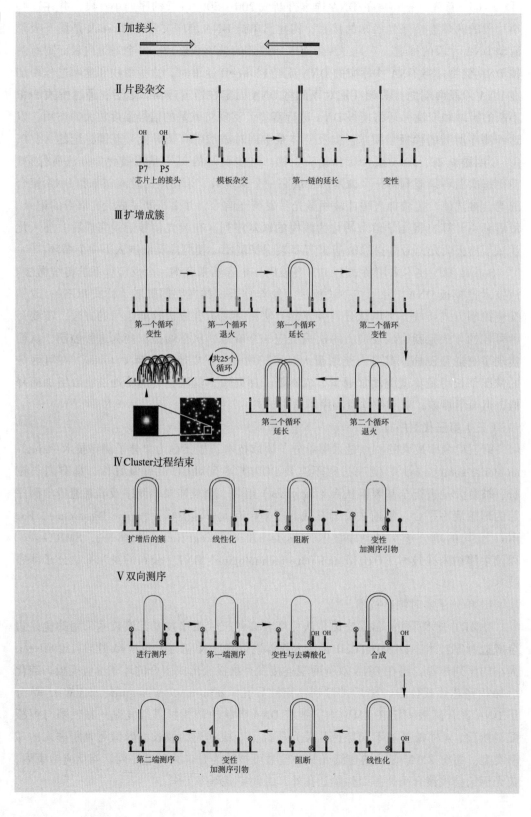

2. 纳米孔单分子测序技术

与 SMRT 技术不同的是，纳米孔单分子测序技术采用的是"边解链边测序"的测序方法，并且采用的是电信号而不是光信号的测序技术。该技术的关键是两端含有一对电极的特殊脂质双分子层中含有很多由 α- 溶血素蛋白组成的纳米孔，纳米孔入口处结合有一个外切核酸酶。这种特殊纳米孔的内部共价结合有分子接头，当单链 DNA 通过纳米孔时，外切核酸酶会将到 DNA 分子"截留"并按顺序将碱基剪切下来，使其依次单个通过纳米孔，通过纳米孔的每个碱基会引起电荷的变化，流过纳米孔的电流随之发生短暂的变化。由于每种碱基引起的电流变化幅度是不同的，这些变化被电子设备检测到后可以鉴定出所通过的碱基。通过检测的碱基很快就会被清除掉，故不会出现重复测序的现象。

二、序列拼接软件

通过高通量测序平台获得大量读长（reads）后，需要选择拼接软件对单端测定（single-end）读长和两端测定（paired-end）读长两种类型原始数据进行拼接比较，同时应用不同的拼接参数获得不同的拼接效果，以获得最好的拼接结果。目前常用的 4 种高通量测序拼接软件为 Velvet、ABySS、SOAPdenovo 和 CLC Genomic Workbench。

（一）Velvet 软件

Velvet 软件由欧洲生物信息中心（EMBL-EBI）的 Daniel Zerbino 和 Ewan Birney 于 2008 年开发，是一款在 Linux 环境下运行的从头（*de novo*）拼接软件，主要用于拼接长度为 25 ~ 500 bp 的短序列。

该软件的拼接原理为通过寻找读长中的重叠区域（overlap），将高质量的匹配片段拼接成重叠群（contig）序列，最后生成完整的基因序列。Velvet 目前已经集成了短序列拼接、错误序列修正功能，能够产出较高质量的重叠群。同时 Velvet 也能够处理两端测定读长，从而进行构架构建（scaffold）和间隙填补（gap closure），是目前广泛使用的拼接短读长的首选拼接工具。

使用 Velvet 软件通常分两步进行：Hashing 和 Graph building。这些步骤分别对应于两个 Velvet 可执行文件，即 Velveth 和 Velvetg。Velveth 读取序列文件，k 是用户定义的参数，用来定义读长之间的精确局部对齐。Velvetg 读取这些比对，根据它们建立一个 de Bruijn 图，去除错误，最后根据用户提供的参数简化该图并解决重复问题。其中，用户必须设置的关键参数是哈希（Hash）长度，一个好的哈希长度应该在 21 bp 和平均读长减去 10 bp 之间。为了简化对最佳参数的搜索，Simon Gladman 和 Torsten Seeman 开发了一个脚本：*VelvetOptimiser*，它可以自动扫描参数空间以产生最佳的可能装配。

虽然 Velvet 可以使用单端测定读长，但强烈建议使用两端测定读长来获得更长的 Contig，尤其是在重叠区域。如果所有数据都由单端测定读长组成，则可以跳过此步骤。Velvet 程序的主要问题是内存不足，无法利用多个 CPU 进行序列拼接。

（二）ABySS 软件

ABySS 软件由 Simpson 等于 2009 年开发，是一款在 C++ 环境下运行的从头拼接软件。它使用消息传递接口（MPI）协议进行节点间的通信，用于拼接短读长测序数据，最初是被开发用于基因组特别是大型基因组的拼接。由于该软件可以进行平行运算，同时运行多拼接任务，因此可以处理的基因组数据比 Velvet 软件大得多。

该软件算法分两个阶段进行。在第一阶段，所有可能的长度为定长核苷酸串（称为 k-mers）都是从序列读长中产生的。然后处理 k-mers 数据集以消除读长错误，并建立初始重叠群。在第二阶段，配对信息用于通过解决重叠群重叠的歧义来扩展重叠群。对于所有数据集，只评估长度大于等于 100 bp 的重叠群。与参考基因组比对的重叠群在末端少于 5 个连续碱基错配且至少 95% 同一性被认为是正确的，除非比对包含大于 50 kb 的间隙。

2017 年，Jackman 等开发了 ABySS 2.0 版本，主要创新点在于使用布隆过滤（bloom filter，一种概率数据结构）的算法来表示 de Bruijn 图（图 2-2），将整体内存需求减少了一个数量级，从而能够在单台机器上组装大型基因组。布隆过滤是一种用于表示一组元素的紧凑数据结构，它支持两种操作：将元素插入到集合中，以及查询集合中元素的存在；在基于布隆过滤的 de Bruijn 图组装算法的上下文中，集合的元素是输入序列读取的集合。为了计算适用于 ABySS 2.0 的布隆过滤大小，可以使用 ntHash 计算读长中的不同 k-mers。

图 2-2 ABySS 2.0 算法

A. 打断成长度为 k 的核酸片段、哈希长度和布隆过滤加载；B. k-mers 比对的 de Bruijn 图；C. de Bruijn 图单序列拼接

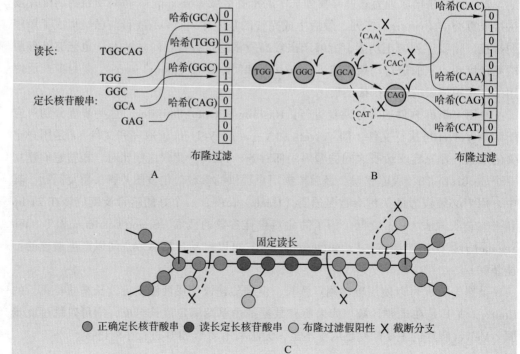

（三）SOAPdenovo 软件

SOAPdenovo 软件由华大基因公司开发，是一款在 Linux 环境下运行的从头拼接软件，主要用于短序列读长拼接，它以 k-mer 为节点单位，利用 de Brujin 图的方法实现全基因组组装，是二代测序组装最常用的拼接软件之一。SOAPdenovo 软件的优点是使用简单，但拼接效果优异，尤其在基因组构架构建方面。通常只要给软件输入测序的数据，即可拼接出很好的全基因组，从小的细菌基因组到大的动植物基因组都适用。

该软件的组装原理为：①基因组总 DNA 被随机打断，采用两端测定法测序。可考虑建 150 ~ 500 bp 的小片段文库和 2 ~ 10 kb 的大片段文库；②读长读入后都被切割成某一固定 k-mer 长度的序列（21 ~ 127 bp），基于 k-mer 采用 de Bruijn 图数据结构构建读长间的重叠关系；③ de Bruijn 图数据结构中会产生翼尖（tips）、气泡（bubbles）、低覆盖率链接（low coverage links）、微小重复（tiny repeat）等问题；④在简化后 de Bruijn 图数据结构的重复节点打断，输出重叠群序列；⑤配对的两端测定读长比对重叠群，基于插入片段长度将单一重叠群连成构架构建；⑥通过配对的两端测定读长来填补构架构建中的间隙。

组装流程为：①测序得到原始读长序列；②读长质量评估；③原始读长质控；④选择合适的参数进行组装；⑤读长组装成重叠群或构架构建；⑥组装结果评估。

（四）CLC Genomic Workbench 软件

CLC Genomic Workbench（简称 CLC）软件由世界领先的生物信息学解决方案供应商丹麦 Aarhus 公司研发，是一款可视化的高通量数据分析软件，支持 Windows、Mac OS 和 Linux 操作系统。可分析和显示多个主流高通量测序平台中的测序数据，操作简单。CLC 高通量数据分析平台研发出最新的 SIMD 加速拼装算法，大大提高了大规模数据序列拼装的质量和速度。例如，对 439 000 读长的大肠杆菌基因组重测序拼装只需要不到 3 min；对 8 600 万两端测定读长的人类基因组重测序只需要不到 7 h。其强大的图形显示功能自动为用户清楚地标示出数据中各种重要问题，如短序列的重叠或冲突、插入或删除片段、重复或反向、突变或重排等。从头拼接算法包含 Trim 工具，可以去除低质量的测序数据并通过有效利用计算机资源快速提供高质量的基因组组装结果。

与比对方法一样，CLC 软件支持各种类型的 NGS 数据，并且支持短 / 长读长测序数据的混合拼接。该平台提供以下 3 个拼接选项：①创建完整的重叠群，包括跟踪数据。这将创建一个重叠群，其中所有对齐的读数显示在重叠群序列的下方。②显示重叠群的表格视图。重叠群既可以在图形视图中显示，也可以在表格视图中显示。③仅创建共识序列。这将不会显示重叠群，但只会将组装的重叠群序列输出为单核苷酸序列。如果选择此选项，则无法验证组装过程并基于轨迹编辑重叠群。组装过程结束后，将显示多个视图，每个视图包含两个或多个匹配序列的重叠群。如果重叠群的数量过高或过低，可使用另一个对齐严格性设置重试。

三、高通量测序技术的优点

相比传统的 Sanger 测序法，高通量测序技术具备三大优点。第一，利用芯片进行测序，可以在数百万个点上同时阅读测序，把平行处理的思想用到极致，因此也称之为大规模平行测序。第二，样品中某种 DNA 被测序的次数反映了样品中这种 DNA 的丰度，兼顾有定量功能，有望取代基因表达芯片技术用于基因表达的研究。第三，成本低廉。例如，利用传统 Sanger 测序法完成的人类基因组计划总计耗资 27 亿美元，而现在利用高通量测序技术进行人类基因组测序，耗资不到传统测序法的 1%。

尽管高通量测序技术有诸多的优势，但也存在一定的局限性。首先，高通量测序技术产生的海量测序数据难于分析，需要具备良好的生物信息学知识专业背景，技术难度大。其次，高通量测序技术一次反应仍需要数千元及以上费用，不适合小规模测序。最后，新一代测序仪价格昂贵，动辄几百万元。

高通量测序技术相比其他病原微生物检测方法，大大降低了测序成本，还大幅提高了测序速度，并且保持了高准确性，真正实现了测序的高通量，具有高效、快速、全面分析复杂的病原群体的功能。可以直接对进境物或者其筛下物进行 DNA 的提取、文库的构建、上机测序、数据分析，从而得到样品中病原微生物的信息，简化了研究步骤，缩短了研究周期，相对于其他方法能检测到更多的基因和未知的转录组，并且能检测到表达丰度很低的基因，具有更好的准确性、灵敏性。

第二节 采用高通量测序进行病毒鉴定

一、采用小 RNA 高通量测序进行病毒鉴定

（一）鉴定原理

RNA 干扰（RNA interference，RNAi）是指在生物进化过程中高度保守的、由双链 RNA（double-stranded RNA，dsRNA）诱发的、同源 mRNA 高效特异性降解的现象。RNAi 普遍存在于植物内，是植物抵抗病毒危害的一种防御机制。当病毒侵染寄主植物时，寄主的 DICER-LIKE（DCL）酶会与病毒的复制中间体结合，将之剪切，产生 22～24 核苷酸（nucleotide，nt）来源于病毒的干扰小 RNA（small interfering RNA，siRNA）分子。siRNA 通过与病毒 RNA 结合，作为依赖于 RNA 的 RNA 聚合酶（RNA-dependent RNA polymerase，RdRp）引物，产生更多 dsRNA，并通过随后的 DCL 活性再次生成 siRNA，形成一个级联扩大效应。siRNA 与 DCL 酶结合形成 RNA 诱导沉默复合物（RNA-induced silencing complex，RISC），识别寄主细胞内与 siRNA 同源的 mRNA 序列，然后将其剪断，阻碍寄主正常 mRNA 的表达，引起寄主发病。

siRNA 的作用最开始在感染马铃薯 X 病毒（potato virus X，PVX）的植物中被发现，由双链 RNA（dsRNA）诱发产生，外源性导入、病毒感染、转座子侵入及特异重

复序列等因素均可诱导 dsRNA 产生。dsRNA 在宿主体内通过一系列加工得到长度为 22 ~ 24 nt 的片段，即干扰小 RNA，发挥其抑制作用。在将长链 dsRNA 加工成 siRNA 过程中，Dicer 酶发挥着重要的作用。Dicer 酶是 RNase Ⅲ 家族中特异性识别双链 RNA 的一员，主要结构包括 N 端螺旋酶区、PAZ 区、dsRNA 结合区和串联核酸酶 Ⅲ 区组成 C 端以及 ATP 结合区与 DECH 盒。Dicer 酶家族含有 4 个 Dicer 同源物（DCL 1 ~ 4），其中 DCL 2 ~ 4 与 siRNA 的生物发生相关，将长链 dsRNA 分别切割成长度为 22 nt、24 nt 和 21 nt 的 siRNA，其中 21 nt 的 siRNA 占主要优势。siRNA 掺入 RNA 诱导沉默复合物引发 RNA 干扰的过程中，其结构起着重要的作用。研究表明，具有典型结构的 siRNA 比平端 siRNA 更能有效地引发 RNA 干扰，尤其是 3′ 端 2 nt 的突出对作用靶点的特异性识别起重要作用。此外，siRNA 降解靶基因具有精确的序列特异性，通过 RISC 识别目标病毒并与之结合，通过内切核酸酶切割病毒片段，之后再通过外切核酸酶进一步降解病毒片段。

RNA 干扰在植物体内普遍存在，受病毒侵染即可产生来源于病毒的 siRNA（vsiRNA）。这些 vsiRNAs 在序列上是重叠的，并且可以来源于病毒基因组上的任何位置。利用深度测序技术获得大 vsiRNAs 的序列，并通过生物信息学方法对其进行组装，可以获得相关的病毒基因组信息，从而可用于已知病毒及新病毒的鉴定。如前期研究者利用 NGS 测定 siRNAs，从意大利采集的表现褪绿、斑驳、叶畸形等症状的葡萄病叶片和无症状葡萄叶片中鉴定出了葡萄黄斑类病毒 1（grapevine yellow speckle viroid-1，GYSVd-1）和沙地葡萄茎痘相关病毒（grapevine rupestris stem pitting associated virus，GRSPaV）等多种病毒和类病毒。此外，获得的 siRNAs 中会有一部分来源于寄主的 siRNA，其序列会干扰拼接的准确性，需要与寄主基因组进行比对后除去。

（二）鉴定程序

该技术的主要流程为植物总 RNA 的提取、小 RNA（small RNA，sRNA）的分离、加 3′/5′ 接头、反转录及 PCR 富集、测序及生物信息学分析。

1. 核酸提取

该技术对总 RNA 质量要求较高，满足一定要求的 RNA 才可以进行后续 sRNA 的分离工作。目前植物 RNA 提取方法主要有 Trizol 法、CTAB 法、异硫氰酸胍法等。不同植物样品需要选择合适的 RNA 提取方法。通常要求为总 RNA 的量为 ≥5 μg/ 样本，样本纯度 $OD_{260/280}$ 为 1.8 ~ 2.0，$OD_{260/230}$ ≥1.8，样本完整度 RIN ≥7，比率 28S/18S ≥0.7。

2. 测序文库构建与测序

首先需要获得和纯化寄主总 RNA。确定总 RNA 质量达到测序要求后，纯化 sRNA，两端加上接头，利用接头特异引物进行 RT-PCR 扩增，产物通过聚丙烯酰胺凝胶（polyacrylamide gel，PAGE）电泳纯化，切胶回收得到的即为 cDNA 文库（图 2-3）。

cDNA 文库构建完成后，定量稀释至工作浓度，随后检测插入片段和浓度是否符合要求，以保证文库质量。文库检测合格后，进行测序。

RNA 的高质量提取是关键步骤，它将直接影响 cDNA 文库的构建，进而影响测序的深度。基于吸附柱的 RNA 纯化方法不能产生高质量的 sRNA，使用 Trizol 法和

图 2-3 cDNA 文库
构建示意图

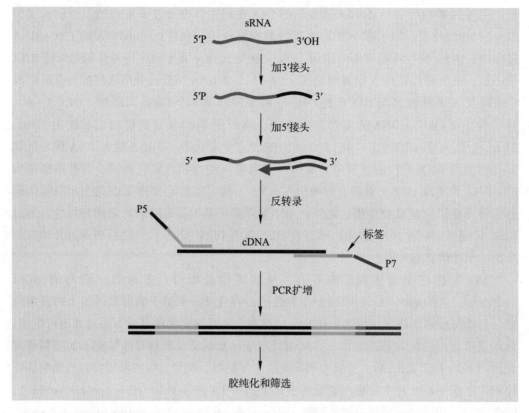

CTAB 法结合凝胶纯化，是目前使用的最佳样品制备方法；另外，与庞大的寄主植物基因组相比，病毒基因组的含量是极低的，如何高效提取病毒的 RNA 以提高测序的灵敏度是一个待解决的问题。接着是进行片段大小筛选，筛选出合适长度的 RNA 片段进行测序，如采用聚丙烯酰胺凝胶电泳分离 sRNA，切胶回收电泳产物，选择其中长度小于 30 nt 的片段，两端分别连接 RNA 接头，然后进行反转录和 PCR 扩增。随后根据需要选择合适的高通量测序平台进行测序。

3. 测序结果分析

测序结果分析主要分为质量控制、序列组装、基因组比对以及进化分析。质量控制需要对测序结果进行以下操作：①除去测序过程中所添加的接头序列；②过滤测序结果中质量值较低的序列；③利用 BWA 和 Bowtie2 等软件中的全局比对方式获得与宿主高度同源性的序列并将其过滤。序列组装是通过如 Velvet、SOAPdenovo2 等组装软件将测序结果拼接成重叠群，通过设置参数对组装结果进行优化。接下来将重叠群序列利用局部比对软件如 BLAST 等与相关数据库进行比对（图 2-4）。将比对结果中与病毒同源性较高的序列进行核酸至氨基酸转化，利用 MEGA 等软件采用邻接（neighbor-joining，NJ）法进行系统发育树构建与进化分析。

4. 病毒基因组序列获取

针对获得的重叠群信息设计引物，DNA 病毒采用 PCR，RNA 病毒采用 RT-

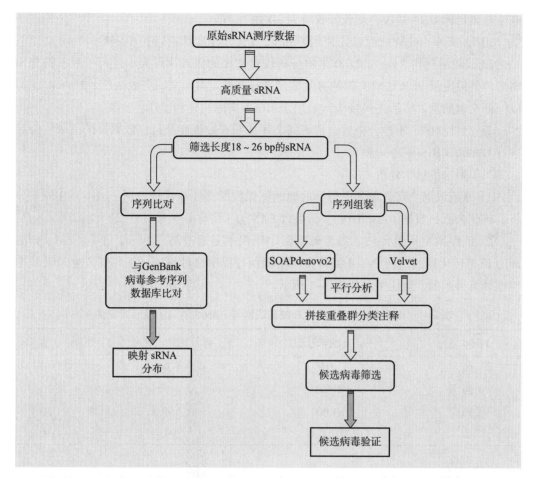

图 2-4　sRNA 测序
生物信息学分析流程
示意图

PCR 方法，扩增重叠群之间没有拼接出来的空隙处序列，将 PCR 产物通过 Sanger 双脱氧链终止法测序，补齐重叠群之间的空隙；采用 cDNA 末端快速扩增法（rapid amplification of cDNA end，RACE）扩增病毒基因组末端序列，经过克隆测序，获得病毒基因组末端序列，从而获得病毒基因组全长信息。

（三）应用实例

采用 sRNA 高通量测序检测玫瑰叶丛簇伴随相关病毒。

1. 实验步骤

（1）cDNA 文库构建及测序

① 样品准备和 RNA 提取　采集表现小叶丛簇、顶梢枯死和严重衰退等症状的玫瑰叶片，用液氮快速冷冻处理后保存于干冰中，等待进行 RNA 提取和高通量测序。

提取植物总 RNA，琼脂糖凝胶电泳分析 RNA 降解程度以及是否有污染，然后采用 Nanodrop 检测 RNA 的纯度（$OD_{260/280}$ 值），Qubit 2.0 荧光光度计对 RNA 浓度进行精确定量，Agilent 2100 生物分析仪精确检测 RNA 的完整性。

② 文库构建和库检　样品检测合格后，采用 Small RNA Sample Pre Kit 构建 cDNA 文库：将 sRNA 两端加上接头，然后反转录合成 cDNA。随后进行 PCR 扩增，PAGE

电泳分离目标 DNA 片段，切胶回收得到 cDNA 文库。

cDNA 文库构建完成后，先使用 Qubit 2.0 荧光光度计进行初步定量，稀释文库至 1 ng/μL，随后使用 Agilent 2100 生物分析仪对文库的插入片段大小进行检测，符合预期后，使用定量 PCR 法对文库的有效浓度进行准确定量（文库有效浓度 > 2 nmol/μL），以保证文库质量。然后连接接头，后用于 sRNA 文库构建和测序。

③ 上机测序　库检合格后，把不同文库按照有效浓度及目标数据量的需求整合后进行 Illumina HiSeq 2000 测序。

（2）生物信息学分析

① 原始数据　高通量测序得到的原始图像数据文件经碱基识别（base calling）分析，转化为原始数据（raw data），结果以 FASTQ（简称 fq）文件格式存储。

② 测序数据质量评估　每个碱基测序错误率是通过测序 Phred 值（Phred score，即 Q 值）转化得到，而 Phred 值是在碱基识别过程中通过预测碱基判别发生错误概率模型计算得到的，对应关系如表 2-1 所示。

表 2-1　Illumina Casava 1.8 碱基识别与 Phred 值间的简明对应关系

Phred 值	不正确的碱基识别	碱基正确识别率 /%	Q 值
10	1/10	90	Q10
20	1/100	99	Q20
30	1/1 000	99.9	Q30
40	1/10 000	99.99	Q40

测序错误率与样品质量有关，也受测序仪本身、测序试剂等多个因素的共同影响。测序错误率分布检查用于检测在测序长度范围内，有无测序错误率异常的碱基位置。一般情况下，每个碱基位置的测序错误率都应该低于 0.5%。

③测序数据过滤　测序得到的原始数据里含有带接头的、低质量的序列，为了保证信息分析的质量，必须对原始数据进行处理，得到高质量数据。测序后首先去除原始 sRNA 读长中小于 16 个核苷酸、超过 30 个核苷酸、低质量、PolyA 和带不确定碱基的数据。

数据处理的步骤如下：

a. 去除低质量读长（Q 值 ≤ 20 的碱基数占整个读长 30% 以上的读长）；

b. 去除 N（N 表示无法确定碱基信息）比例大于 10% 的读长；

c. 去除有 5′ 接头序列污染的读长；

d. 去除没有 3′ 接头序列和插入片段的读长；

e. 截掉 3′ 接头序列；

f. 去除 PolyA/T/G/C 的读长（大部分连续的 PolyA/T/G/C，可能来源于测序错误，且信息熵低，可以不做分析）。

sRNA 测序的接头序列信息：

RNA 5'Adapter（RA5）：5'-GTTCAGAGTTCTACAGTCCGACGATC-3'；RNA 3'Adapter（RA3）：5'-AGATCGGAAGAGCACACGTCT-3'。

④ sRNA 拼接 采用 Velvet（k-mer = 17）和 CAP3 默认值对处理后的 sRNA 进行拼接，获得的 DNA 片段与 NCBI 数据库收录的已知病毒和类病毒的基因组进行比对分析。

来源于病毒的 sRNA 在病毒基因组的分布采用 Bowtie2（允许 3 个碱基误差值）软件分析；重叠 DNA 片段碱基选择采用 SAMtools 软件的 Mpileup 文件，用于纠正可能由于拼接带来的错误碱基。

通过 Velvet 软件，对筛选得到的 sRNA 进行拼接（以下是部分拼接统计结果）。

>NODE_1_length_74_cov_611.093018

ATGCAATGTTGTCCGGCATTTTGAATCTCAAGTGATCCCCATGCAATGTTGTCCGT ATTGTGTTTCCATCCTTT

>NODE_2_length_97_cov_3045.873291

TGTTCTAGCTTATCCAAGTACTGTTCTAGCTTTCAAGCAACCCAAGAGACACCTGC GATTTCACAAACTGCAAAGCAGATAATGAAACAACATGACC

>NODE_3_length_121_cov_153.715683

CGTGGTTCCGTGTGAACAAATGCTGATTCGTTATAACGTAGGGGCCGTATCCAATT CCATAAATCTCTCTCGTATGTCCATCGCTATCCAACTTAAGTCGGCATATAATACCAGC TATTGC

>NODE_4_length_79_cov_3396.595703

TCATCTGGATTCTTGCTCGTCCACTAAGTCATCTGGATTCTTGCTTAGGAATAAAT GGATTAAGGAAAGCGTTTCACGA

其中 ">" 后是重叠群的 id 号，"NODE_" 后面为 node id 号，"length_" 后面为该 node 的长度，"cov_" 后面为读长覆盖。

⑤候选病毒筛选 将拼接所得重叠群进行分类注释，检测其物种分布情况，与 NCBI Nr（NCBI non-redundant protein sequences）、NCBI Nt（NCBI non-redundant nucleotide sequences）、GenBank Virus RefSeq 核苷酸数据库（Virus RefSeq Nucleotide）、GenBank Virus RefSeq 蛋白质数据库（Virus RefSeq Protein）进行比对分析。比对采用 BLAST 算法，参数限制 evalue（$1e^{-6}$ for BLASTN，$1e^{-4}$ for BLASTX）。从分离病毒相关的重叠群注释信息，得到候选病毒列表。

⑥ 利用 Sanger 测序验证和完成病毒的基因组序列测定 对于未拼接出来的区域，依据 sRNA 拼接获得的重叠群序列设计引物进行 RT-PCR 来进行补充。病毒 RNA 的 3' 端和 5' 端序列利用 RACE 试剂盒进行扩增。

⑦ 基因组比对和进化分析 选择病毒全长基因组使用 NCBI 数据库的 BLAST 进行序列同源性比对，利用 MEGA 软件进行同源性分析。基于病毒基因编码蛋白质序列进行 Clustal W2 多序列比对分析，然后基于可用于种水平分类的基因用 MEGA5 做系统发育树分析。

⑧ sRNA 序列的分析和组装　由于病毒感染的植物，富集的病毒来源 sRNA 长度主要是三个大类：21 nt、22 nt 和 24 nt 长度的 sRNA，因此对上述得到的高质量数据，筛选长度为 18～26 bp 的 sRNA 来进行后续分析。以下是对这些 sRNA 的种类及数量的统计以及 sRNA 长度分布的统计。

2. 实验结果

（1）高通量测序的原始数据分析　基于 Illumina 高通量测序后获得 13 287 506 条 sRNA 数据，对获得的测序原始数据首先去除原始 sRNAs 中小于 16 个核苷酸、超过 30 个核苷酸、低质量、PolyA 和带不确定碱基的数据，获得了 10 154 346 条 sRNA 数据。大多数 sRNA 的长度为 20～25 nt，大部分 sRNA 大小为 21 nt 和 24 nt（图 2-5A）。5′ 端核苷酸分析显示，核苷酸存在一个依赖于 sRNA 大小的明显碱基偏好性：19 nt、21 nt 和 22 nt 大小 sRNA 的碱基 U 含量高于 80%；18 nt、23 nt 和 24 nt 大小 sRNA 的碱基 A 含量分别为 70%、62%、98%；17 nt 和 20 nt 大小 sRNA 的碱基 G 含量分别为 55% 和 70%（图 2-5B）。

（2）测出病毒的种类分析　基于 Illumina 高通量测序，通过生物信息学分析玫瑰样品中 sRNA 的病毒种类，结果表明该玫瑰样品携带 3 种已知病毒，即黑莓褪绿环斑病毒（blackberry chlorotic ringspot virus，BCRV）、李坏死环斑病毒（prunus necrotic ringspot virus，PNRSV）、苹果茎沟病毒（apple stem grooving virus，ASGV），以及一种未知病毒，暂时命名为玫瑰叶丛簇伴随相关病毒（rose leaf rosette-associated virus，RLRaV）（指定分离物为 RLRaV-CWR.1）。样品中已报道病毒可通过它们的 sRNA 组装获得全长基因组序列，并且与已报道的病毒基因组序列相似性很高。其中，核苷酸序列比对显示 ASGV 与来自日本苹果上的分离物（登录号 No. D14995）相似性很高（相似性 97%，覆盖率 99%，E 值 0.0）。BCRV 与来自英国毛莓上的 BCRV 分离物（DQ091193、DQ091194 和 DQ091195）核苷酸相似性很高（相似性 96%～97%，覆盖率 99%～100%，E 值 0.0）。PNRSV 与来自美国的樱桃分离物（AF278534 和

图 2-5　患病玫瑰样品读长中不同长度大小 sRNA 的百分比（A）及 5′ 端核苷酸在 sRNA 的比例（B）

图 2-5 彩色图片

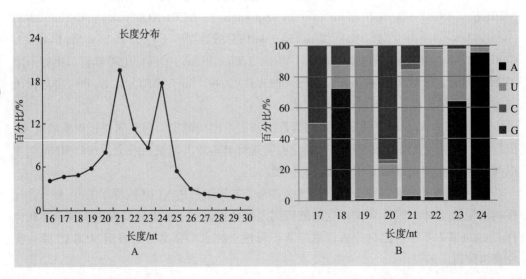

AF278535）核苷酸相似性很高（相似性 97%～98%，覆盖率 98%～100%，*E* 值 0.0）。同样，来自 RLRaV 的 sRNA 拼接获得的 cDNA 片段通过 NCBI 数据库的 BLAST 程序进行序列同源性比对，但结果显示没有显著相似的核苷酸序列。

（3）RLRaV 全长基因组的测定　通过 sRNA 从头测序组装获得 10 个 cDNA 序列片段，长度在 338～2 466 nt，并与长线形病病毒科的成员具有显著的氨基酸相似性。为了获得其完整基因组序列，依据 sRNA 拼接获得的核苷酸序列设计引物，通过 RT-PCR 扩增以获得重叠覆盖整个基因组区域的 cDNA 片段。

获得的片段测序显示，其与来自 sRNA 组装的序列高度一致。在完成 5′ 端和 3′ 端区域测序后，确定了 RLRaV 完整基因组的长度为 17 653 nt。将病毒的全长核苷酸序列与 NCBI 数据库中的核苷酸进行比对，结果显示没有显著相似的核苷酸序列。将 RLRaV 与长线形病病毒科病毒的热激蛋白 70 h（HSP 70 h）的氨基酸序列进行系统发育分析显示，RLRaV 明显与长线形病病毒属（*Closterovirus*）成员聚为一组，并且与草莓褪绿斑点伴随病毒（strawberry chlorotic fleck-associated virus，SCFaV）、树莓叶斑点病毒（raspberry leaf mottle virus，RLMV）和柑橘衰退病毒（citrus tristeza virus，CTV）的遗传距离更近（图 2-6）。

（4）sRNA 在 RLRaV 基因组上的分布　sRNA 与 RLRaV 序列的比对显示，sRNA

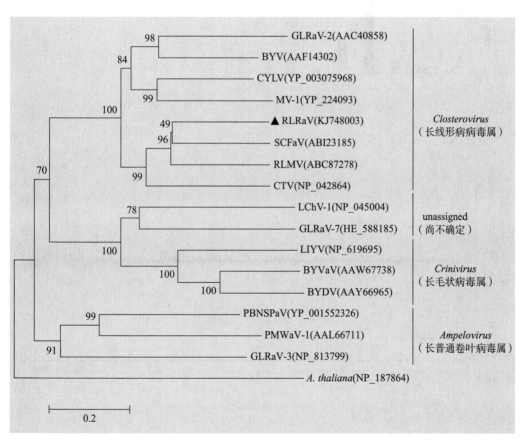

图 2-6　长线形病病毒科所选代表病毒 HSP 70 h 的氨基酸系统发育树

可以完全覆盖 RLRaV 基因组。其中大多数 sRNA 的长度为 20～22 nt，并在 21 nt 有一个主导峰（图 2-7A）。sRNA 沿 RLRaV 基因组覆盖的频率和分布几乎是相等的，在正链或负链 RNA 的 3′ 端，sRNA 的量较其他区域有轻微增加（来自正链的 sRNA 数量比来自负链的略高）（图 2-7A）。sRNA 配置文件的分析显示，在正链的 15 875～15 895 bp 存在一个显著的沉默热点，沉默热点区域最保守的 sRNA 序列为 5′-UCACGCUGACUGUGAAGACGC-3′（图 2-7B）。

图 2-7 sRNA 的大小分布

A. 患病玫瑰叶片测得的数据库中 sRNA 的大小分布；B. 高通量测序获得的所有大小（18～27 nt）的病毒 sRNA 沿 RLRaV 基因组的分布

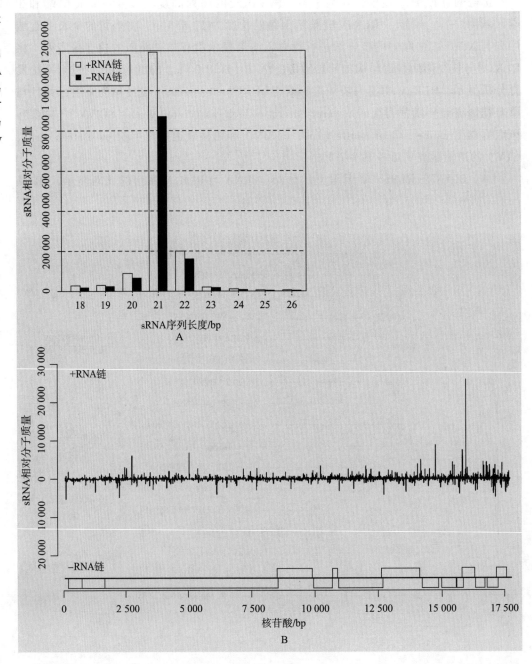

二、采用宏转录组高通量测序进行病毒鉴定

转录组是指某个物种或者特定细胞类型产生的所有转录本的集合。宏转录组（metatranscriptomics）测序是指从整体水平上研究某一特定环境、特定时期群体生命全部基因组转录情况以及转录调控规律的方法。宏转录组和转录组深度测序鉴定流程基本一致，但需要去除植物的 rRNA，进一步富集了病毒的 RNA，更加有效获得病毒重叠群序列，但价格较单纯的转录组测序昂贵。

（一）鉴定程序

该技术的主要流程为植物总 RNA 提取、去除 rRNA、合成 cDNA、末端修复、加 A 和接头、片段选择和 PCR 扩增、文库构建、测序及生物信息学分析。

1. 总 RNA 提取

采用合适的提取方法从植物组织内提取总 RNA，随后对 RNA 样品进行严格质控分析，确定样品 RNA 纯度、浓度和完整性。

2. 文库构建

首先从总 RNA 中去除 rRNA，得到 mRNA；随后将 mRNA 随机打断成长度为 250~300 bp 的短片段，以片段化的 RNA 为模板，随机寡核苷酸为引物合成 cDNA 第一条链，随后进行 PCR 扩增，最终得到上机的文库。文库构建完成后，进行初步定量，稀释文库至合适浓度，然后检测插入片段长度大小及有效浓度符合要求，以确保构建好的文库质量。

宏转录组文库构建流程图如图 2-8 所示。其中，P5/P7、标签和 Rd1/Rd2 SP（read1/read2 sequence primer）为测序接头。P5/P7 是 PCR 扩增引物及流通池（flow cell）上引物结合的部分，标签提供区分不同文库信息的 Rd1/Rd2 SP，是测序引物结合区域，测序过程理论上由 Rd1/Rd2 SP 向后开始进行。

3. 上机测序

库检合格后，把不同文库按照有效浓度及目标下机数据量的需求整合后进行 Illumina 测序。测序的基本原理是边合成边测序。在测序的流通池中加入 4 种荧光标记的 dNTP、DNA 聚合酶以及接头引物进行扩增，在每一个测序簇延伸互补链时，每加入一个被荧光标记的 dNTP 就能释放出相对应的荧光，测序仪通过捕获荧光信号，并通过计算机软件将光信号转化为测序峰，从而获得待测片段的序列信息。

4. 数据信息分析

测序得到的原始数据（raw data）会存在一定比例的低质量数据，为了保证后续信息分析结果的准确可靠，首先要对原始数据进行预处理，得到过滤后的高质量数据；然后将得到的高质量数据与宿主基因组比对去除宿主的读长，从而得到无宿主污染的有效数据；利用无污染的有效数据进行转录本的拼接与组装，为了减少假阳性，得到拼接结果后与病毒数据库、Nr 数据库和 CDD 数据库进行比对，尽可能多地保留病毒序列。获得重叠群后进行物种注释、基因功能注释、基因表达量分析、新病毒物种鉴定以及结构性分析等。

图 2-8 宏转录组文
库构建流程图

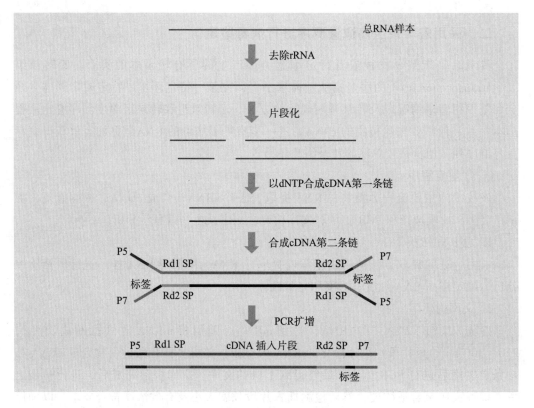

5. 利用 Sanger 测序验证和完成病毒的基因组序列测定

对于未拼接出来的区域，依据获得的重叠群序列设计引物，进行 RT-PCR 来进行验证；病毒 3′ 端和 5′ 端序列利用 cDNA 末端快速扩增方法获得，最终获得病毒全长。

（二）应用实例

采用宏转录组鉴定构树卷叶症状相关病毒。

1. 实验步骤

（1）样品准备与总 RNA 提取　从构树上采集表现卷曲、V 形和褪绿等症状的 3 个构树叶片样品（分别编号为 GS-HY、GS-SWU 和 GS-TL），采用 Trizol 法提取总 RNA。

（2）RNA 的质量评估和检测　①采用琼脂糖凝胶电泳检测样品的完整性，通过电泳图谱观察 28S rRNA、18S rRNA 和 5S rRNA 三条带的大小和亮度，当 28S rRNA 的条带比 18S rRNA 的条带亮时，则表明样品的总 RNA 完整未降解。同时分析样品是否存在 DNA 污染。②采用 Nanodrop 2000 紫外分光光度计检测样品的纯度（$OD_{260/280}$ 及 $OD_{260/230}$ 值）。③采用 Agilent 2100 生物分析仪检测样品 RNA 完整性及 RIN 值，RIN 值越高说明 RNA 的质量越好。④采用 Qubit 2.0 荧光光度计对 RNA 浓度精确定量。

（3）文库构建　RNA 检测合格后，用带有 Oligo（dT）的磁珠即 PolyA 富集法或使用 Ribo-Zero rRNA Romoval 试剂盒去除 rRNA 法富集 mRNA。随后在 NEB 碎片缓冲液中用二价阳离子将得到的 mRNA 随机打断成 250～300 bp 的短片段，以片段化的 RNA 为模板，随机寡核苷酸为引物合成第一条 cDNA 链，再依此加入缓冲液、dNTPs 和 DNA 聚合酶 I 等试剂合成第二条 cDNA 链，随后利用 AMPure XP beads 纯化 cDNA。

然后将纯化的 cDNA 再进行末端修复、加 PolyA 并连接测序接头，再用 AMPure XP beads 对片段大小进行选择，最后对连接的产物进行 PCR 扩增得到最终的 cDNA 文库。

文库构建完成后，使用 Qubit 2.0 荧光光度计对构建完成的文库先进行初步定量，稀释文库至 1.5 ng/μL，然后使用 Agilent 2000 生物分析仪对插入文库的片段大小进行平均分子长度检测，插入片段符合预期后，采用定量 PCR 法对构建文库的有效浓度进行进一步的定量（文库有效浓度高于 2 nmol/μL），以确保构建好文库的质量。

（4）上机测序　文库检测合格后，按照有效浓度及目标下机数据量的需求将不同文库整合至流通池，cBOT 成簇后使用 Illumina 高通量测序平台（HiSeq X）进行测序。

（5）转录组测序原始数据处理与分析　测序的原始序列数据经 CASAVA 碱基识别转化后进行以下分析：①测序数据过滤：测序得到的原始序列读长，含有带接头和低质量读长。需要通过 C 语言脚本去除这些带接头和低质量读长后才能得到高质量读长，用于后续分析。②参考基因比对：将高质量读长比对到寄主全基因组后，去除来源于寄主本身的读长后，将剩下的读长保留下来进行下一步分析。③读长拼接：使用 CLC genomics Workbench（CLC bio v10.0）软件对剩余读长进一步比对以获得相关的重叠群。④序列比对：将得到的重叠群在基因数据库（NCBI）中进行 BLASTN 和 BLASTX 比对，以期获得目标病毒相关的重叠群以及这些重叠群在病毒基因组上的大概位置。

（6）病毒全长基因组扩增　根据高通量测序所得病毒来源重叠群序列，使用软件 Primer 5 设计引物进行 PCR/RT-PCR 检测。

根据高通量测序分析结果重叠群序列，设计引物使产物覆盖缺口（gap）和重叠群。然后，根据高通量测序分析结果重叠群序列，在 Oligo 7.5 软件中设计全长扩增引物，用高保真 PCR 试剂盒扩增，获得病毒全长序列。

2. 实验结果

（1）高通量测序结果分析　通过软件进行数据过滤后，分别得到 57 327 346（GS-HY）、63 100 140（GS-SWU）和 59 993 834（GS-TL）条的总读长（表 2-2）。将剩下的读长与构树基因组序列比对，以去除寄主来源的读长，分别得到 9 251 344、10 176 156 和 11 874 493 条高质量读长。最后，对未注释的读长进行从头组装，得到 73 205、74 495 和 105 492 条重叠群。

表 2-2　3 个卷叶构树转录组数据库的统计信息

数据库	病毒	重叠群大小 /bp	病毒读长 /bp	总读长 /bp	病毒占总读长百分比 /%	平均覆盖率
GS-HY	PMLCV-1	3 057	22 081	57 327 346	0.04	1 067.48
	PMLCV-2	3 756	195 225		0.34	7 707.96
GS-SWU	PMLCV-1	3 056	10 970	63 100 140	0.02	534.97
	PMLCV-2	3 763	134 609		0.21	5 306.89
GS-TL	PMLCV-2	3 757	25 692	59 993 834	0.04	1 017.14

（2）重叠群比对结果及症状相关性验证 将软件拼接得到的重叠群置于 NCBI 数据库进行 BLASTx 和 BLASTn 比对分析，发现了两种新的双生病毒，其与柑橘褪绿矮缩相关病毒（citrus chlorotic dwarf-associated virus，CCDaV）、桑花叶型矮缩相关病毒（mulberry mosaic dwarf-associated virus，MMDaV）、山茶褪绿矮缩相关病毒（camellia chlorotic dwarf-associated virus，CaCDaV）和百香果褪绿杂色病毒（passion fruit chlorotic mottle virus，PCMoV）具有一定的序列相似性，氨基酸相似率为 42%~58%，核苷酸相似率为 65%~86%。田间随机采集的 81 份表现出明显的卷叶症状和 10 份无症状样品采用 PCR 检测两种新双生病毒。结果显示，10 份无症状构树样本检测结果均为阴性，81 份有症状构树样本中有 73 份检测出了一种双生病毒，检出率为 90.12%，有 76 份检测出了另一种双生病毒，检出率为 93.83%。调查还发现有 70 份样品为两种双生病毒复合侵染，因此将两种双生病毒暂时命名为构树卷叶病毒 1（paper mulberry leaf curl virus 1，PMLCV-1）和构树卷叶病毒 2（paper mulberry leaf curl virus 2，PMLCV-2）。

（3）PMLCV-1 和 PMLCV-2 全长核苷酸序列的测定 根据软件组装拼接获得的 5 个参考序列设计引物，通过 PCR 扩增获得 PMLCV-1 和 PMLCV-2 的全长核苷酸序列。PMLCV-1 与 PMLCV-2 序列相似性为 39.0%~39.6%，表明 PMLCV-1 与 PMLCV-2 为两种不同的病毒。PMLCV-1 和 PMLCV-2 基因序列结构相似，都含有两个大基因间隔区（large intergenic region，LIR）和短基因间隔区（short intergenic region，SIR），其中 LIR 上具有双生病毒特有的茎环结构和高度保守的 9 碱基序列（TAATATT/AC）。同时在两个双生病毒的 LIR 和 SIR 上分别发现了 TATA-box 起始信号和偶联终止信号（AAT/AAA）。

将 PMLCV-1 和 PMLCV-2 与双生病毒科下其他病毒的核苷酸序列进行系统发育分析，结果显示两种病毒位于同一进化簇。其中，PMLCV-1 与 MMDaV 聚为一簇，亲缘关系最近；PMLCV-2 与 CCDaV、CaCDaV 和 PCMoV 聚为一簇，亲缘关系最近（图 2-9）。

第三节 采用高通量测序进行真菌鉴定

传统的真菌分类鉴定主要是按照真菌的形态、生长特点以及生理生化等特征进行分类的。然而真菌的种类繁多，个体多态性不明显，且其生长特点和生理生化特征会随着环境的变化而不稳定。因此，采用传统方法对真菌进行正确的分类存在较大困难。随着分子生物学的高速发展，基于核酸序列的分子鉴定新技术应用日益普遍，并克服了形态学方法鉴定速度慢和精确度低的缺点。

一、鉴定原理

转录间隔区（internally transcribed spacer，ITS）序列是核糖体 DNA（ribosomal

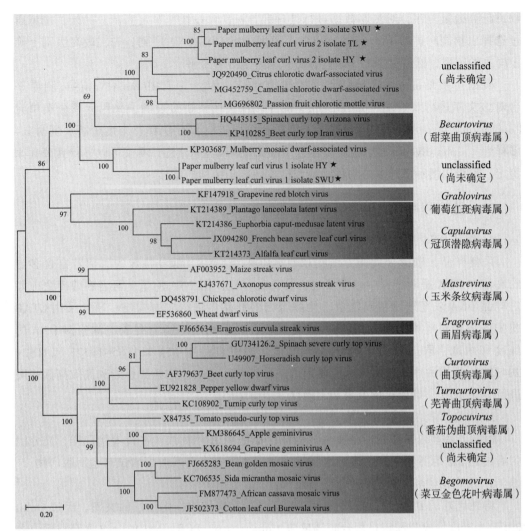

图 2-9 采用最大似然法基于病毒基因组核苷酸序列构建的系统发育树

DNA，rDNA）基因非转录区的一部分，是位于 18S、5.8S 和 28S rDNA 基因间的保守序列，位于 18S 和 5.8S rDNA 基因间的保守序列称为 ITS1，位于 5.8S 和 28S rDNA 基因间的保守序列则称为 ITS2。在绝大多数真菌中，5.8S、18S 和 28S rDNA 基因具有较高的保守性，而非转录区 ITS 由于承受较小的自然选择压力，不需要加入成熟核糖体，因此在进化过程中能够承受更多的变异，其进化速率为 18S rDNA 的 10 倍，属于中度保守的区域。ITS 的序列有一定变异，序列的多态性在种内相对保守，而在种间差异较明显，能够反映出种属间进化关系，可用于鉴定种及种以下的分类阶元。

扩增子测序是微生物组分析中使用最广泛的测序方法，几乎可以应用于所有类型的样品。真核生物扩增子测序中使用的主要标记基因是 18S rDNA 和 ITS，18S rDNA 在系统发育研究中较适用于种级以上阶元的分类；ITS 属于中度保守区域，可利用 ITS 序列研究种及种以下的分类阶元。不同真菌 rDNA 的 ITS 保守区序列两端使用通用性扩增引物 ITS1、ITS4 和 ITS5 等进行聚合酶链反应（PCR）对模板扩增，回收扩增产物进行高通量测序，对测序数据进行处理和分析，可以快速鉴定真菌。另外，也可通过选择引物同时扩增 18S rDNA 和 ITS，通过分析 18S rDNA 序列，先在较高级别上确定样本的归属，然后根据 ITS 序列，将真菌鉴定到种水平。

根据所扩增的 ITS 区域特点，构建小片段文库，基于 Illumina NovaSeq 测序平台对该文库进行双末端（paired end）测序。经过读长拼接过滤，采用运算分类单元（operational taxonomic units，OTUs）聚类，可以进行物种注释及丰度分析；通过 α-多样性（alpha diversity）和 β-多样性（beta diversity）分析，不仅可以进行真菌病原鉴定，也可以揭示出样本中物种组成和样本间群落结构的差异。

二、鉴定程序

1. 样品 DNA 提取和 PCR 扩增

采集样品，选择合适的方法提取真菌基因组 DNA，部分特殊的真菌若富含多糖的真菌在 DNA 提取过程中则需要进行特殊处理以保证 DNA 质量。再者在建库之前要对样品 DNA 浓度进行精确定量，检测合格的样品再进行文库构建。通常采用 CTAB 或 SDS 方法对样本的基因组 DNA 进行提取，之后利用琼脂糖凝胶电泳检测 DNA 的纯度和浓度，取适量的样本 DNA 为模板，采用 ITS1 引物（如 ITS5-1737F 和 ITS2-2043R），根据测序区域的选择，使用带条形码（barcode）的特异引物和高效高保真酶进行 PCR 反应，确保扩增效率和准确性。

2. PCR 产物的混样和纯化

PCR 产物用 2% 琼脂糖凝胶电泳检测；根据 PCR 产物浓度进行等量混样，充分混匀后再用 2% 琼脂糖凝胶电泳检测 PCR 产物，对目的条带用胶回收试剂盒回收产物。

3. 文库构建和上机测序

将纯化好的 DNA 片段使用建库试剂盒进行文库构建，构建好的文库，经过 Qubit 2.0 荧光光度计检测和定量聚合酶链反应（quantitative PCR，qPCR），文库合格后，上机测序。

4. 生物信息学分析

（1）测序数据处理 将 IonS5TMXL 下机数据导出为 FASTQ 文件，根据条形码序列和 PCR 扩增引物序列从下机数据中拆分出各样本数据，截去条形码和引物序列后使用 FLASH（V1.2.7）对每个样本的读长进行拼接，得到的拼接序列为原始 Tags（raw tags）数据；此数据需要经过严格的过滤处理得到高质量 Tags（clean tags）数据。参照 QIIME2 的 Tags 质量控制流程，进行以下操作：① Tags 截取。将原始 Tags 从连续低质量值（默认质量阈值为 ≤19）碱基数达到设定长度（默认长度值为 3）的第一个低质量碱基位点截断。② Tags 长度过滤。Tags 经过截取后得到的 Tags 数据集，进一步过滤其中连续高质量碱基长度小于 Tags 长度 75% 的 Tags。③去除嵌合体序列。上述处理 Tags 序列通过 UCHIME Algorith 与物种注释数据库（unite database）进行比对，检测去除嵌合体序列，得到有效 Tags（effective tags）数据。

（2）OTUs 聚类和物种注释 利用 Uparse 软件（Uparse V7.0.1001）对所有样本

的全部有效 Tags 数据进行聚类，默认以 97% 的一致性（identity）将序列聚类成为 OTUs，同时会选取 OTUs 的代表性序列，依据其算法原则，筛选的是 OTUs 中出现频数最高的序列作为 OTUs 的代表序列。对 OTUs 序列进行物种注释，用 QIIME2 软件中的 BLAST 方法与 Unit（V7.2）数据库进行物种注释分析，并分别在各个分类水平 [kingdom（界），phylum（门），class（纲），order（目），family（科），genus（属），species（种）] 统计各样本的群落组成。使用 MUSCLE（V3.8.31）软件进行快速多序列比对，得到所有 OTUs 代表序列的系统发育关系。最后对各样本的数据进行均一化处理，以样本中数据量最少的为标准进行均一化处理，后续的 α- 多样性分析和 β- 多样性分析都是基于均一化处理后的数据。

（3）样本复杂度分析　使用 QIIME2 软件计算 Observed_OTUs、Chao1、Shannon 指数、Simpson 指数、ACE、Goods_coverage 和 PD_whole_tree 指数，使用 R 软件（V2.15.3）绘制稀释性曲线（rarefaction curve）、阶元丰度曲线和物种累积曲线；并使用 R 软件进行 α- 多样性指数组间差异分析；α- 多样性指数组间差异分析会分别进行有参数检验和非参数检验，如果只有两组，选用 T 检验和 Wilcox 检验，如果多于两组，选用的是 Tukey 检验和 Agricolae 软件包中的 Wilcox 检验。

α- 多样性指数包括群落丰度指数、群落多样性指数、测序深度指数和系统发育多样性的指数。计算群落丰度（community richness）指数有 Observed_OTUs（the number of observed species）、Chao1（the Chao1 estimator）、ACE（the ACE estimator）；计算群落多样性（community diversity）指数有 Shannon 指数（the Shannon index）、Simpson 指数（the Simpson index）；测序深度指数有 Goods_coverage（the Good's coverage）；系统发育多样性指数有 PD_whole_tree（PD_whole_tree index）。

（4）多样本比较分析　用 QIIME2 软件计算 Unifrac 距离、构建 UPGMA 样本聚类树。使用 R 软件（V2.15.3）绘制 PCA、PCoA 和 NMDS 图。PCA 分析使用 R 软件的 Ade4 软件包和 Ggplot2 软件包，PCoA 分析使用 R 软件的 WGCNA、Stats 和 Ggplot2 软件包，NMDS 分析使用 R 软件的 Vegan 软件包。使用 R 软件进行 β- 多样性指数组间差异分析，分别进行有参数检验和非参数检验，如果只有两组，选用 T 检验和 Wilcox 检验，如果多于两组，选用的是 Tukey 检验和 Agricolae 包的 Wilcox 检验。

LEfSe 分析使用 LEfSe 软件，默认设置 LDA Score 的筛选值为 4。Metastats 分析使用 R 软件在各分类水平下，做组间的 Permutation 检验，得到 P 值，然后利用 Benjamini 和 Hochberg False Discovery Rate 方法对于 P 值进行修正，得到 Q 值。Anosim、MRPP 和 Adonis 分析分别使用 R 软件的 Vegan 软件包中 Anosim 函数、Mrpp 函数和 Adonis 函数。AMOVA 分析使用 Mothur 软件 Amova 函数。组间差异显著的物种分析利用 R 软件做组间 T 检验并作图。

三、应用实例

应用高通量测序对茶树叶枯病病原进行鉴定，明确该病害相关病原种类与类型。

1. 核酸提取

采集表现叶枯症状样品，采用 2% CTAB 法提取基因组 DNA。具体步骤如下：①将 2% CTAB 分离缓冲液置于 65℃水浴中预热；②取冷冻抽干处理后的样品，置于盛有 2% CTAB 的研钵中，将组织磨碎；③取 800 mL 研磨混合液倒入 2 mL EP 管中，将 EP 管置于 65℃水浴中保温 30 min，每 5 min 轻轻转动 EP 管使之混匀；④加 400 μL 的氯仿和 400 μL 苯酚，轻轻颠倒混匀；⑤室温下 12 000 r/min 离心 15 min；⑥取上清液 500 μL，加入等体积的氯仿，12 000 r/min 离心 15 min；⑦取上清液，加入等体积的异丙醇于 –20℃冰箱中沉淀 30 min，12 000 r/min 离心 10 min；⑧用 75% 乙醇洗涤沉淀两次，用 RNase A 水溶解 DNA；⑨提取到的总 DNA 经过紫外分光光度计（Nanodrop 2000）和凝胶电泳检测浓度及质量后，选择质量合格的基因组 DNA 用于后续 PCR 检测及建库测序实验。

2. 测序分析

用 Hiseq 测序平台对真菌微生物采用的 ITS 进行测序，所用引物为 ITS1–1F–F：（5′–CTTGGTCATTTAGAGGAAGTAA–3′）/ITS1–1F–R：（5′–GCTGCGTTCTTCATCGATGC–3′）。测序下机后，对数据进行以下处理：①将两条序列进行比对，根据比对的末端重叠区进行拼接，拼接时保证至少有 20 bp 的重叠区，去除拼接结果中含有 N 的序列；②去除引物和接头序列，去除两端质量值低于 20 bp 的碱基，去除长度小于 200 bp 的序列；③将上面拼接过滤后的序列与数据库进行比对，去除其中的嵌合体序列（chimera sequence），得到最终的有效数据。然后基于有效数据进行 OTUs 聚类和物种注释。生物信息学分析流程如图 2–10 所示。

3. 测序数据预处理

对 Illumina NovaSeq 测序得到的原始数据进行拼接和质控，得到高质量 Tags 数据，再进行嵌合体过滤，得到可用于后续分析的有效数据。数据处理过程中各步骤得到的统计结果见表 2–3。

表 2–3 数据处理过程中各步骤得到的数据量

原始 PE/#	原始 Tags 数据 /#	高质量 Tags 数据 /#	有效数据 /#	碱基数 /nt	平均长度 /nt	Q20/%	Q30/%	GC 含量 /%	有效性 /%
94 319	93 865	93 030	86 031	21 893 602	254	98.2	94.2	48.5	91.2

表中，原始 PE 表示原始下机的 PE 读长；原始 Tags 数据是拼接得到的 Tags 序列；高质量 Tags 数据是原始 Tags 数据过滤低质量和短长度后的序列；有效 Tags 数据是过滤嵌合体后，最终用于后续分析的 Tags 序列；碱基数是有效数据的碱基数目；平均长度为有效数据的平均长度；Q20 和 Q30 是有效数据中碱基质量值大于 20（测序错误率小于 1%）和 30（测序错误率小于 0.1%）的碱基所占的百分比；GC 含量表示有效数据中 GC 碱基的含量；有效性表示有效数据的数目与原始 PE 数目的百分比。

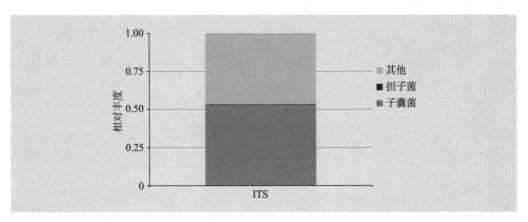

图 2-10　扩增子测序生物信息学分析流程图

4. 物种分布情况

对测序获得的物种按照相对丰度展示。根据物种注释结果，选取每个样本或分组在各分类水平（门、纲、目、科、属）上最大丰度排名前十的物种，生成物种相对丰度累加图，以便直观查看各样本在不同分类水平上，相对丰度较高的物种及其比例（图 2-11）。结果显示，所测得样品内 51.3% 以上是子囊菌，约 0.4% 为担子菌，其他为分类未知真菌。

5. 特定物种系统发育树

对每个样本或每个分组的物种分类结果，筛选特别关注的物种（默认选择最大相

图 2-11　物种相对丰度累加图

对丰度前 20 的物种）进行物种系统发育树分析，并使用画图工具进行展示，其中单个样本的物种系统发育树见图 2-12。

　　圆圈的大小代表该分类的相对丰度大小；分类名下方的两个数字均表示相对丰度百分率，前者表示该分类占该样本中所有分类物种的百分率，后者则表示该分类占该样本所选取的分类物种中的百分率。其中，子囊菌包含 3 个纲，7 个目，10 个科，10 个属，11 个种。鉴定的种分别为 *Phyllosticta elongata*（占样品真菌和子囊菌类群百分比分别为 22.031% 和 42.72%）、*Pseudoramichloridium henryi*（0.180%，

图 2-12 单样本中特定物种系统发育树

图 2-12 彩色图片

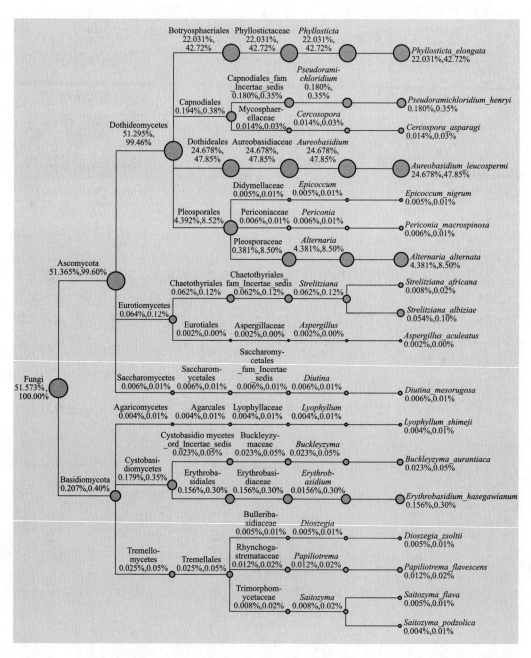

0.35%）、*Cercospora asparagi*（0.014%，0.03%）、*Aureobasidium leucospermi*（24.678%，47.85%）、*Epicoccum nigrum*（0.005%，0.01%）、*Periconia macrospinosa*（0.006%，0.01%）、*Alternaria alternata*（4.381%，8.50%）、*Strelitziana africana*（0.008%，0.02%）、*Strelitziana albiziae*（0.054%，0.10%）、*Aspergillus aculeatus*（0.002%，0.00%）和 *Diutina mesorugosa*（0.006%，0.01%）。担子菌包含 3 个纲，4 个目，6 个科，6 个属，7 个种。鉴定的种分别为 *Lyophyllum shimeji*（0.004%，0.01%）、*Buckleyzyma aurantiaca*（0.023%，0.05%）、*Erythrobasidium hasegawianum*（0.156%，0.30%）、*Dioszegia zsoltii*（0.005%，0.01%）、*Papiliotrema flavescens*（0.012%，0.02%）、*Saitozyma flava*（0.005%，0.01%）和 *Saitozyma podzolica*（0.004%，0.01%）。

6. 结果与讨论

通过扩增子测序，从表现叶枯症状的茶树叶片里面鉴定出了 11 种子囊菌和 7 种担子菌，可以高通量广谱性进行真菌的鉴定。该方法不依赖真菌的分离，从而可以避免对难培养真菌的漏检，再通过对检疫性真菌的比对分析，可以做到高灵敏度检疫性病原真菌的鉴定。

第四节　采用高通量测序进行细菌鉴定

高通量测序技术的出现为病原物检测提供了新途径，将高通量测序结果与微生物基因信息数据库进行比对，不仅可迅速鉴定出各类病原微生物，还能通过未知序列鉴定新的物种。利用该技术可一次性检测获得样品中可能感染的多种病原物信息，特别适用于鉴定多种病原物混合侵染的样品。

高通量细菌鉴定是微生物领域的重要研究课题，对于疾病诊断和环境监测具有重要意义。相比传统的表型鉴定方法，分子生物学鉴定方法具有稳定性高、检测周期短以及成本较低等特点，从而成了主流的鉴定方法。特别是二代 DNA 测序技术、核酸分子检测基础上的细菌检测芯片、质谱技术基础上的蛋白质图谱分析为高通量、快速、准确乃至定量的细菌鉴定提供了可行性方案。

一、鉴定原理

生物细胞 DNA 分子的一级结构中既含有保守的片段，又含有变化的碱基序列。保守的片段反映了生物物种间的亲缘关系，而高变片段则表征了物种间的差异。这些保守或高变的特征性核苷酸序列构成了细菌按不同分类级别（如科、属、种）鉴定的分子基础。原核生物 rDNA 按核酸的沉降系数分为 3 种，分别为 5S、16S 和 23S。16S rDNA 基因普遍存在于细菌和古细菌中，位于原核细胞核糖体小亚基上，具有多个拷贝数，全长 1 500 bp 左右，其结构由 9 个可变区（variable region）和 10 个保守区（conserved region）交替组成，参与生物蛋白质的合成过程，并在生物进化的漫长历程中保持一定的遗传保守性。其中保守区在细菌间差异不大，高变区具有属或种的特异性，随亲缘关系远近而有不同的差异。因此，16S rDNA 可以作为揭示生物物种的特征核酸序列，是细菌系统发育和分类鉴定最常用的指标。16S rDNA 基因分子大小适中，在结构与功能上又具有高度的保守性，检测方便并且与原核生物的系统发育关系密切，因此逐渐成为最常用的原核生物标记基因。

16S rDNA 扩增子测序（16S rDNA amplicon sequencing），通常是选择一个或数个变异区域，利用保守区设计通用引物进行 PCR 扩增，根据所扩增的区域特点构建小片段文库，并基于测序平台对文库进行双末端测序。针对测序得到的双端读长，下机数据经过拼接、过滤和降噪，拼接成 Tags，在给定的相似度下将 Tags 聚成 OTUs，然后通过 OTUs 与数据库比对，对 OTUs 进行物种注释。随后对得到的有效数据进行物种注释以及丰度分析，从而揭示样本物种构成；进一步作 α- 多样性和 β- 多样性分析，了解样本间群落结构的差异。

二、鉴定程序

1. 样品基因组 DNA 提取和 PCR 扩增

采集样品，选择合适的方法提取细菌基因组 DNA。通常采用 CTAB 或 SDS 方法对样本的基因组 DNA 进行提取，之后用琼脂糖凝胶电泳检测 DNA 的纯度和浓度，取适量的样本基因组 DNA 于离心管中，使用无菌水稀释样本至合适浓度，然后以稀释后的基因组 DNA 为模板，采用 16S 扩增区域引物，使用带条形码的特异引物和高效高保真 *Taq* 酶进行 PCR，确保扩增效率和准确性。

2. PCR 产物的混样和纯化

PCR 产物用 2% 琼脂糖凝胶电泳检测；根据 PCR 产物浓度进行等量混样，充分混匀后用 2% 琼脂糖凝胶电泳检测 PCR 产物，对目的条带用胶回收试剂盒回收产物。

3. 文库构建和上机测序

针对回收的 PCR 产物采用建库试剂盒进行文库构建，将构建好的文库进行量子位和定量 PCR；待文库合格后，进行高通量测序。

4. 信息分析

（1）测序数据处理　根据条形码序列和 PCR 扩增引物序列从下机数据中拆分出各样本数据，滤去条形码和引物序列后使用 FLASH（V1.2.11）软件对样本的读长进行拼接，得到原始 Tags 数据。随后使用 fastq 软件对得到的原始 Tags 数据进行质控，得到高质量 Tags 数据。最后使用 Usearch 软件将高质量 Tags 数据与数据库进行比对以检测并去除嵌合体，获得有效数据。

（2）降噪和物种注释　对以上得到的有效数据，使用 QIIME2 软件中的 DADA2 模块或 deblur 进行降噪（默认使用 DADA2），并过滤掉丰度小于 5 的序列，从而获得最终的扩增子序列变种（amplicon sequence variant，ASV）以及特征表。随后，使用 Mothur 软件将得到的 ASVs 与数据库比对从而得到每个 ASV 的物种信息。

（3）样本复杂度分析　使用 QIIME2 软件计算 Observed_OTUs、Shannon 指数、

Simpson 指数、Chao1、Goods_coverage、Dominance 指数和 Pielou_e 指数，并绘制稀释性曲线和物种累积曲线。如果存在分组，默认会对 α- 多样性的组间差异进行分析。

α- 多样性指数包括群落丰度指数、群落多样性指数、测序深度指数和物种均匀度指数。计算群落丰度指数有 Observed_OTUs、Chao1 和 Dominance 指数（the Dominance idex）。计算群落多样性指数有 Shannon 指数、Simpson 指数。计算测序深度指数有 Goods_coverage。计算物种均匀度指数有：Pielou_e。

（4）多样本比较分析　首先，用 QIIME2 软件计算 Unifrac 距离，并使用 R 软件绘制 PCA、PCoA 和 NMDS 图。其中，PCA 和 PCoA 使用 R 软件中的 Ade4 和 Ggplot2 软件包。然后，用 QIIME2 软件中的 Adonis 和 Anosim 函数分析组间群落结构差异显著性。最后，使用 LEfSe 或 R 软件完成组间显著差异性物种分析。其中，LEfSe 分析通过 LEfSe 软件来完成，默认设置 LDA Score 的筛选值为 4。MetaStat 分析使用 R 软件对两个比较组在门、纲、目、科、属和种 6 个分类水平上进行差异性检验并获得 P 值，筛选出 P 值小于 0.05 的物种即为组间显著差异性物种；而 T 检验同样用 R 软件来实现各个分类水平上的物种显著差异性分析。

三、应用实例

采用扩增子测序鉴定患病小麦叶片、种子、根和土壤内的细菌。

1. 样品采集

采集小麦样品，去除大块土壤，将根部用无菌解剖刀切下，放入盛有 2.5 mL PBS 缓冲溶液（主要成分有 Na_2HPO_4、KH_2PO_4、NaCl 和 KCl）的 5 mL 离心管内，180 r/min 振荡 20 min，将根转移至新的离心管内，将洗涤液 12 000 r/min 离心 5 min 收集沉淀，即为根际土；将所有样品在 -80℃条件下保存。

2. 样品 DNA 的提取

在超净工作台内进行操作，在液氮中将地上部分和根研磨成细粉状，而小麦种子则不需要液氮直接研磨成粉末，然后将研磨好的样品粉末放入 2 mL 的无菌 EP 管中，加入 65℃预热的 2×CTAB 抽提液 800 μL，轻轻颠倒混匀后，于 65℃水浴锅温育 20～30 min，每隔 5 min 摇匀一次。加入 Tris 饱和酚和氯仿各 400 μL，剧烈颠倒使其充分混合，12 000 r/min 离心 15 min，取其上清液约 500 μL 转移至一个新的 2 mL EP 管中，加入等体积氯仿再抽提一次，轻轻颠倒混匀，12 000 r/min 离心 15 min。取其上清液 400 μL 放入新的 1.5 mL EP 管中，加入等体积的异丙醇，充分混匀，-20℃条件下沉淀 30 min。然后 4℃ 12 000 r/min 离心 15 min，弃上清液，用 1 mL 75% 乙醇洗涤沉淀两次，置于 37℃烘箱干燥 10 min，用 30 μL RNase A 溶液溶解沉淀，并放入 -20℃冰箱中保存备用。取 4 μL DNA 用 1% 琼脂糖凝胶电泳检测 DNA 的质量。

根际土 DNA 采用 PowerSoil DNA Isolation 试剂盒提取，取 4 μL DNA 用 1% 琼脂糖凝胶电泳检测 DNA 的质量。

3. PCR 扩增目标片段

种子、根、地上部分内生细菌的扩增采用 16S 的 V5～V7 区，其片段大小为 400～

500 bp，所用引物为 16S 的 V5 ~ V7 区（799F：5′-AACMGGATTAGATACCCKG-3′；1193R：5′-ACGTCATCCCCACCTTCC-3′）；根际土细菌微生物用的是 16S 的 V4 区，其片段大小约为 300 bp，所用引物为 16S 的 V4 区（515F：5′-GTGCCAGCMGCCGCGGTAA-3′；806R：5′-GGACTACHVGGGTWTCTAAT-3′）。

4. 测序分析

将提取的 DNA 样品按照各自引物进行 PCR 扩增，PCR 反应体系为（30 μL）：PCR 反应混合液 15 μL、引物 3 μL、DNA 模板 1 μL、H₂O 11 μL。PCR 反应程序：98℃预变性 1 min；98℃ 10 s，50℃ 30 s，72℃ 30 s，共 30 个循环；72℃延伸 5 min。

PCR 产物用 2% 琼脂糖凝胶电泳检测，纯化、建库，用 IonS5TMXL 测序平台对细菌微生物进行 16S 扩增子测序。

5. 生物信息学分析方法

IonS5TMXL 下机数据为 FASTQ 格式，使用 Cutadapt 软件过滤和按条形码拆分样本后，进行 OTUs 聚类和物种分类分析。

（1）测序数据处理 将 IonS5TMXL 下机数据导出 FASTQ 文件，根据条形码序列区分各个样本的数据。然后进行嵌合体过滤，得到可用于后续分析的有效数据。具体操作如下：使用 Cutadapt 先对读长进行低质量部分剪切，再根据条形码从得到的读长中拆分出各样品数据，截去条形码和引物序列初步质控得到原始数据。经过以上处理后得到的读长需要进行去除嵌合体序列的处理，读长序列通过 UCHIME Algorith 与物种注释数据库（Unite database）进行比对，检测去除嵌合体序列，得到最终的有效数据。

（2）OTUs 聚类和物种注释 利用 Uparse 软件（Uparse V7.0.1001）对所有样品的全部有效数据进行聚类，默认以 97% 的一致性将序列聚类成为 OTUs，同时选取 OTUs 的代表性序列，依据其算法原则，筛选的是 OTUs 中出现频数最高的序列作为 OTUs 的代表序列。对 OTUs 代表序列进行物种注释，用 QIIME2 软件中的 BLAST 方法与 Unit 数据库进行物种注释分析，并分别在各个分类水平统计各样本的群落组成。使用 MUSCLE（V3.8.31）软件进行快速多序列比对，得到所有 OTUs 代表序列的系统发育关系。最后对各样品的数据进行均一化处理，这一过程以样品中数据量最少的为标准，后续的 α- 多样性分析和 β- 多样性分析都是基于均一化处理后的数据。

6. 结果与分析

（1）物种相对丰度分析 在科水平上，种子（ZZ）和地上部分（ZD）中有 75% 以上可以注释到科水平，根（ZG）中也有 50% 可以注释到科水平，而根际土（ZT）中则有 40% 可以注释到科水平（图 2-13）。每个部位的优势科各不相同，在种子（ZZ）中，叶杆菌科（Phyllobacteriaceae）45.1% 在种子内占绝对优势，其次是诺卡氏菌科（Nocardiaceae）占 19.3%，棒状杆菌科（Corynebacteriaceae）占 4.0%，肠杆菌科（Enterobacteriaceae）占 2.7%，葡萄球菌科（Staphylococcaceae）占 2.5%；在根（ZG）中，丛毛单胞菌科（Comamonadaceae）11.44% 在根内占绝对优势，玫瑰弯菌科（Roseiflexaceae）占 11.36%，假单胞菌科（Pseudomonadaceae）占 10%，黄单胞菌科（Xanthomonadaceae）占 7%，叶杆菌科（Phyllobacteriaceae）与根瘤菌科（Rhizobiaceae）

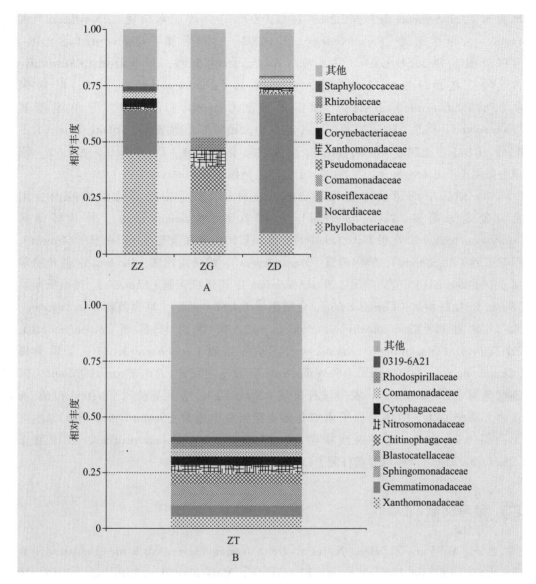

图2-13　测定细菌在科水平上相对丰度

A. 种子、根、地上部分细菌物种的相对丰度；B. 根际土细菌物种的相对丰度

图2-13 彩色图片

各占5.7%；在地上部分（ZD）中，诺卡氏菌科（Nocardiaceae）61%在地上部分内占绝对优势，叶杆菌科（Phyllobacteriaceae）占9.6%，肠杆菌科（Enterobacteriaceae）占4.5%；在根际土（ZT）中，黄单胞菌科（Xanthomonadaceae）占5.4%，鞘脂单胞菌科（Sphingomonadaceae）占5.3%，芽单胞菌科（Gemmatimonadaceae）占4.8%，噬几丁质菌科（Chitinophagaceae）占4.7%，Blastocatellaceae占4.6%。

　　在属水平上，种子（ZZ）和地上部分（ZD）中有75%以上可以注释到属水平，根（ZG）中也有60%左右可以注释到属水平，而根际土（ZT）中只有25%可以注释到属水平。每个部位的优势属各不相同，在种子（ZZ）中，叶杆菌属（*Phyllobacterium*）45%在种子内占绝对优势，红球菌属（*Rhodococcus*）占19%，棒状杆菌属（*Corynebacterium*）占4.1%，沙雷氏菌属（*Serratia*）占2.2%，葡萄球菌属（*Staphylococcus*）占2.2%；在根（ZG）中，玫瑰弯菌属（*Roseiflexus*）占11.4%，假单胞菌属（*Pseudomonas*）占10.8%，食酸菌属（*Acidovorax*）占8.4%，叶杆菌属（*Phyllobacterium*）占5.7%，*Tahibacter*占5.3%，根瘤菌属（*Rhizobium*）占4.8%；在地上部分（ZD）中，红球菌属（*Rhodococcus*）占62%，叶杆菌属（*Phyllobacterium*）占9.6%，沙雷氏菌属（*Serratia*）占3.6%，假单胞菌属（*Pseudomonas*）占1.1%；在根际土（ZT）中，鞘氨醇单胞菌属（*Sphingomonas*）占4.7%，RB41占2.7%，*Altererythrobacte*占2%，溶杆菌属（*Lysobacter*）占1.6%，假单胞菌属（*Pseudomonas*）占1.1%，土生单胞菌属（*Terrimonas*）占1.1%。

（2）样品中细菌的丰度聚类分析　在种子（ZZ）中特异性积累的内生细菌有葡萄球菌属（*Staphylococcus*）、叶杆菌属（*Phyllobacterium*）、棒状杆菌属（*Corynebacterium*）；在根部（ZG）中特异性积累的内生细菌有奥托氏菌属（*Ottowia*）、根瘤菌属（*Rhizobium*）、链霉菌属（*Streptomyces*）、戴沃斯菌属（*Devosia*）、假单胞菌属（*Pseudomonas*）、黄质菌属（*Flavobacterium*）、申氏杆菌属（*Shinella*）、博斯氏菌属（*Bosea*）、柄杆菌属（*Caulobacter*）、食酸菌属（*Acidovorax*）、堆囊菌属（*Sorangium*）、几丁质菌属（*Chitinimonas*）、*Steroidobacter*、类芽孢杆菌属（*Paenibacillus*）、*Ferrovibrio*、*Ohtaekwangia*、*Tahibacter*、不动杆菌属（*Acidibacter*）、噬几丁质菌属（*Chitinophaga*）、苍白杆菌属（*Ochrobactrum*）、玫瑰弯菌属（*Roseiflexus*）、*Dongia*、固氮螺菌属（*Azospirillum*）、农研丝杆菌属（*Niastella*）、嗜甲基菌属（*Methylophilus*）；在地上部分（ZD）中特异性积累的有嗜麦芽窄食单胞菌（*Stenotrophomonas*）、沙雷氏菌属（*Serratia*）、痤疮丙酸杆菌（*Propionibacterium*）、*Anaerococcus*、红球菌属（*Rhodococcus*）和产吲哚金黄杆菌（*Chryseobacterium*）。

参考文献

1. He Y, Yang Z, Hong N, et al. Deep sequencing reveals a novel closterovirus associated with wild rose leaf rosette disease [J]. Molecular Plant Pathology, 2015, 16 (5), 449–458.

2. Jackman SD, Vandervalk BP, Mohamadi H, et al. ABySS 2.0: resource-efficient assembly of large genomes using a bloom filter [J]. Genome Research, 2017, 27 (5): 768–777.

3. Zhang J, Liu Y, Guo XY, et al. High-throughput cultivation and identification of bacteria from the plant root microbiota [J]. Nature Protocols, 2021, 16: 988–1012.

4. Langmead B, Salzberg SL. Fast gapped read alignment with Bowtie 2 [J]. Nature Methods, 2012, 9 (4): 357–359.

5. Simpson JT, Wong K, Jackman SD, et al. ABySS: a parallel assembler for short read sequence data [J]. Genome Research, 2009, 19 (6): 1117–1123.

6. Zerbino DR, Birney E. Velvet: algorithms for de novo short read assembly using

de Bruijn graphs［J］. Genome Research，2008，18（5）：821–829.

7. Qiu Y，Zhang S，Yu H，et al. Identification and characterization of two novel geminiviruses associated with paper mulberry（ *Broussonetia papyrifera* ）leaf curl disease ［J］. Plant Disease，2020，104（11），3010–3018.

❓ 思考题

1. 什么是高通量测序？有何优缺点？
2. 采用小 RNA 高通量测序进行病毒鉴定的原理是什么？主要鉴定程序有哪些？
3. 采用宏转录组高通量测序进行病毒鉴定的原理是什么？主要鉴定程序有哪些？
4. 采用高通量测序进行真菌鉴定的原理是什么？主要鉴定程序有哪些？
5. 采用高通量测序进行细菌鉴定的原理是什么？主要鉴定程序有哪些？

第三章

植物病害智能识别与应用

      各种病原微生物侵染导致的植物病害是自然生态系统和现代农业生产的一大危害，也给全球食品安全带来巨大挑战。植物病害具有种类多、影响大、时常爆发成灾等特点，是当今世界各国面临的重大问题。

      传统的病害识别方式主要依靠植保科技工作人员田间取样、走访调查以及室内检测，具有耗时、费力、效率低和主观性强等缺点，结果导致错失病害防治的最佳时期。另外，盲目、过度地使用剧毒农药造成农产品农药残留和环境污染，影响农业的可持续发展。

      随着高通量测序、互联网、大数据、云计算以及5G技术等新一代信息技术与农业生产相融合，通过对植物病原菌进行高通量测序，结合植物病害图像及农业生产环境的智能感知和数据分析，从而实现植物病害高效诊断和精准防控。

第一节　病害智能识别诊断原理与方法

一、植物病害诊断原理

植物病害数值诊断（quantitative diagnostic）的方法在 1998 年提出，此方法主要基于模糊数学原理和灰色系统理论，利用隶属度或灰度将病害症状信息量化为诊断指数。具体为：在进行植物病害诊断时用模糊识别法，经加减运算求和，以和值最大者为诊断结果。2001 年，对植物病害数值诊断法进行了改进，增加了信息控制理论、专家系统原理的原则、应用知识工程处理方法等，将植物病害症状信息经程序化、量化、经纬化（二维化），实现了数量化处理，量化为诊断数值。此法结合了植物病害诊断与模糊数学、灰色系统理论、信息系统理论、控制理论等新学科，进一步推进植物病害诊断的现代化。2006 年，采用数字图像处理技术已经成为植物病害智能诊断与识别的主要技术之一。

二、农业智能系统

（一）人工智能系统

早在 1986 年日本开发出准确诊断番茄病害的计算机系统，此系统采用人工智能（artificial intelligence）方法，把农业技术的专业知识存储在普通的个人计算机系统中便可诊断番茄的病害。我国早期主要依靠技术人员进行人工识别，在 1989 年针对小麦赤霉病收集了国内有关该病预报的先进经验，结合当地具体情况进行综合整理，引用"基于知识的气象推理系统（WES）"建成专家系统。1991 年，利用 BASIC 语言建立了电子计算机专家知识系统，能够准确诊断大棚中黄瓜等的 9 种主要病害并提出相应的防治措施。针对不同植物病害的"专家系统"在此后不断被开发和利用，如稻瘟病综合治理专家系统、"农博士"系列专家咨询系统（2001）、基于 Web 的苹果病害动态诊断平台，等等。随着科学技术的发展，人工智能诊断系统的功能越来越全面，从单一病害的诊断，发展为多种病害的诊断，如宁夏植物病害信息管理系统，是基于 Delphi 7.0 和 Access 2000，结合 ADO 数据访问技术、SQL 语言查询和智能化技术，实现对宁夏多种植物病害查询及诊断。

（二）人工智能图像识别

基于计算机深度学习的智能图像识别是一种可替代人工识别的计算机视觉。计算机视觉指通过传输要识别的图片，使计算机通过一系列的计算得出该图片的信息。这些信息不仅包括物品名称，还包括其外在形状、光线、方位等信息。此类信息科学可与多种学科交叉，实现对现实问题的真正解决。

1. 人工智能图像识别技术应用的条件

根据中国互联网信息中心发布的第 45 次《中国互联网络发展状况统计报告》，截至 2020 年 3 月，我国网民规模达 9.04 亿，互联网普及率达 64.5%，其中手机网民规模达 8.97 亿，网民使用手机上网的比例达 99.3%。特别值得关注的是，我国农村网民规模达 2.55 亿，占网民规模的 28.2%，农村从业人员和基层科技工作者人手一部智能手机已成为现实。所以利用移动终端的优势，将植物有害生物识别及治理的知识传播开来具有很强的现实意义。

2. 人工智能图像识别的发展

（1）人工智能图像识别技术的发展　计算机对图像智能识别得益于现代生物学的发展，通过人脑中复杂的神经网络，模拟出计算机的神经网络，即人工神经网络。人工神经网络是深度学习中一项重要的发明，将外部的信息转换为电信号继而传递给其他相应的接收器。1943 年，神经解剖学家 Warren McCulloch 研究神经元的基本生理特征，与数学家 Walter Pitts 一起基于数学和阈值逻辑算法创造了一种神经网络计算模型，即著名的 "McCulloch–Pitts 神经元模型"，简称 MP 模型。MP 模型将每个神经元进行简单的计算，通过一系列的函数运算得出输出信号。MP 模型的提出推动了基于计算机的人工智能发展。

1949 年，生理学家 Donald Hebb 将神经元与计算机科学联系在一起，认为神经网络的学习是使网络提取训练集的统计特性，把输入信息按照它们的相似程度划分为若干类，称为 Hebb 学习规则，该规则奠定了神经网络的基础，为随后的人工智能的发展作出重要的贡献，神经网络也迎来了一个快速发展的时期。

1952 年，Rochester、Holland 与 IBM 公司的研究人员合作，建立了神经网络的软件模拟，自此开启了人工智能平台化的发展。之后，John McCarthy 等第一次提出了人工智能的概念，推动了人工智能付诸工程实现的进程。

（2）人工智能图像识别在农业上的发展　现今神经网络的研究已趋向成熟，在其应用领域的实现也更为广泛，在神经网络的软件应用中，农业与其联系日趋紧密，新兴交叉学科的发展也逐步苗壮成长并发展壮大。

农业 + 人工智能这种基于图像识别的机器视觉技术在植物病虫害方面的研究较多。在对病害的图像识别研究中，早期主要利用不同的光学特性来识别植物病害，但识别精度不高。早在 2005 年，研究人员构建了果树病虫害诊断专家系统知识库，以当地果树为研究对象，在 PAID 平台开发了病虫害诊断专家系统。2009 年，以黄瓜病害为研究对象，在 OpenCV 框架上研究出一套智能识别黄瓜病害的识别系统。2012 年，研究者建立了更多果树病害识别系统，该系统因具备多种鉴别模式从而提供了极大的便利。2016 年，人工智能图像识别主要以小麦叶部条锈病、白粉病为观测对象，研究出一款基于智能手机的病害诊断系统。2017 年，以大豆叶片的灰霉病和细菌性斑霉病为研究对象，利用传统机器学习算法设计出可智能识别这两种病害的卷积神经网络。同年，以水稻病害为研究对象，在 TensorFlow 框架上用卷积神经网络识别水稻病虫害，且识别率较高。在此基础上技术再升级，以水稻稻曲病为研究对象，使用 SVM 且改进传统的卷积神经网络识别水稻病害。目前的识别方法大多也以此为基础做出改进，且主要目标是为了提升了识别准确率。

三、病害智能识别诊断技术

（一）病害识别方法

在植物病害识别与诊断研究中，基于图像的技术方法是最基本的研究方法，在人工智能的发展过程中出现了更为优势的病害识别方法。例如，基于卷积神经网络的植物病害识别方法、基于深度学习的病害识别方法、基于高光谱遥感的病害识别方法，等等，都是在基于图像方法的基础上，优化了某一步骤，使病害识别方法更为便捷、准确。在此介绍最基本的基于图像的病害识别方法的研究思路。

1. 构建病害数据集

图像分析是农业文化的一个重要研究领域，卫星、无人机以及智能手机的广泛使用为图像获取提供了便利，也逐步突破对广域植物图像采集的瓶颈。同时，智能数据分析技术也正逐渐应用于图像识别、图像分类、异常检测等领域，这都为基于视觉的病害智能识别技术奠定了基础。

📧 拓展资源 3-1
植物病害图集

在基于图像的植物病害研究中，需要一定数量的图像数据组成数据集。某种植物相关的数据集构成该植物常见病害的数据库，数据库中的图片包含该植物病害特征和植物病害案例。在研究者们的共同努力下，目前已经存在一定数据规模的植物病害数据集。其中，Plant Village 数据集是被使用次数较多的公开数据集，包含 87 848 张图像，有 58 类植物的病害和健康的图像，旨在帮助农民群众了解田间植物病虫害现象，并对相关的植物病虫害问题进行解答。

📧 拓展资源 3-2
暗室内采集受二化螟侵染的水稻高光谱图像

2. 图像处理

（1）病害图像预处理　图像预处理是图像识别的首要准备工作，针对植物病害图像的特点，将病害图像中的无用信息去除，保留或增强病害图像中的有用信息，对病害图像中的不同信息进行有选择的抑制和加强，使得病害图像中的关键信息更符合人类视觉感受。通过病害图像的一系列预处理操作，将病害图像转换为更适合于图像处理算法执行的形式，为后续的病害图像分割、病斑特征抽取、病害识别等过程提供可靠的、有效的保障。

预处理大致分为病害图像的去遮挡、融合、边缘检测和图像增强四类。

（2）病害图像分割　图像分割是图像处理领域中的关键技术之一，是实现图像的自动化检测和分析的重要步骤。植物病害图像分割主要是指根据特定的相似性准则，对图像背景和前景分割。复杂背景下病害图像的关键部分是病斑区域，病叶从背景中分割开，病斑从病叶中分割开，分割结果将影响后续的病斑特征提取、病斑类型识别等任务。图像分割的常用方法有阈值分割法、区域分割法、边缘检测分割法、神经网络分割法、聚类分析分割法、模糊集分割法和显著性检测分割法等。

📧 拓展资源 3-3
玉米小斑病在不同的发病时期所呈现出来的病斑

（3）病斑图像特征提取及优化　病害图像识别分类主要依赖于病斑图像特征的提取和优化，病斑分类的难易程度主要由两个因素决定：一是同一种病害在不同发病时期呈现出来的病斑特征值的变化是否显著；二是不同病斑类型的特征值之间的差异。将病斑图像的颜色特征、纹理特征、形状特征等提取出来，能够比较全面反映病害的

📧 拓展资源 3-4
玉米大斑病和小斑病的病斑

原始特征，但是特征数量多，复杂度高。

3. 标记与分类

对处理后的图像依据种类、病症等特征进行标记与分类。

4. 构建病害图像识别系统

针对植物图像的病害检测问题，提出了基于 Faster R-CNN 的病害图像自动检测方法，实现了病斑叶片的快速定位。并结合病害图像识别相关算法，开发了植物病害识别系统。

5. 植物病害图像识别

图像识别是将模式识别技术引入图像处理中，在分类器的运用下能够对提取后的图像分类。图像分类识别的方法由神经网络和支持向量机组成。前者属于信息处理数学模型，运用了类似生物大脑神经结点连接的结构，容错性及鲁棒性极强，能支持快速计算，在图像处理、模式识别等领域中发挥重要作用。后者属于模式识别方法，其核心在于统计学习理论，在文本分类及图像识别领域中同样发挥着重要的作用。

（二）病害智能识别的技术方法

在人工智能的发展过程中，植物的病害识别研究也取得了很大进展，研究者们研究出多种智能病害识别方法，为植物的病害防治，减少植物损失作出了贡献。下面简单介绍两种智能病害识别方法。

1. 基于神经结构搜索的多种植物叶片图像病害识别技术

为实现植物病害的自动准确识别，提出一种基于神经结构搜索的植物叶片图像病害识别方法，该方法能够依据特定数据集自动学习合适的深度神经网络结构。以包含14 种植物和 26 种病害共 54 306 张的公开 Plant Village 植物病害图像为试验数据，按照 4∶1 的比例随机划分，分别用于神经结构搜索和测试搜索的最优网络结构的性能。为探究神经结构搜索对数据平衡问题是否敏感及图像在缺乏颜色信息时对神经结构搜索的影响，对训练数据进行过采样和亚采样平衡处理及灰度变换。结果显示，该研究方法在训练数据不平衡和平衡时均可以搜索出合适的网络结构，模型识别准确率分别为 98.96% 和 99.01%；当采用未进行平衡处理的灰度图像作为训练数据时，模型识别准确率下降为 95.40%。

（1）神经结构搜索　随着深度学习的广泛应用，神经网络的结构变得越来越复杂，对于不同场景需要人工经过不断的试验来寻找合适的网络结构。神经结构搜索能够根据特定应用领域学习到最优的网络结构模型。首先预先定义一个搜索空间 F，即定义通过 NAS 算法可以搜索到的神经结构；然后利用搜索策略在搜索空间中搜索到一个合适的网络结构 f，其中 $f \in F$；使用性能评估的方法对该结构进行评估，将评估结果反馈给搜索策略从而对已搜索到的网络结构进行调整。

（2）病害识别方法　现有的许多神经结构搜索方法需要较高的计算成本才能有较好的效果，且搜索速度非常慢。Wei 等提出了网络态射（network morphism）的方法，该方法能在保持神经网络功能不变的基础上将一个训练好的神经网络修改成一个新的神经网络。但基于网络态射的神经结构搜索不够高效，Jin 等提出一种使用贝叶斯优化指导网络态射的方法，实现了更高效的神经结构搜索，使用该方法自动搜索适合于植物叶片图像病害识别的神经网络结构，提出的植物病害识别方法分为 4 个步骤：①将数据集按照 4∶1 的比例随机划分为训练数据和测试数据；②将训练数据作为神经结构搜索的输入，采用神经结构搜索方法获得最优的神经网络结构；③将搜索到的最优网络结构在训练数据集下训练，得到病害分类模型；④采用测试数据集评估网络模型的性能。

　　病害识别过程如下：定义一个层数为 L 的卷积神经网络作为神经结构搜索的初始架构，其中每一层是由 ReLU 层、批量归一化层、卷积层和池化层构成的卷积块。在所有的卷积层之后，输出张量先经过全局平均池化层和 Dropout 层，其中 Dropout 的比例为 dr，然后经过由 n 个神经元组成的全连接层和 ReLU 层，最后经过另一个全连接层和 Softmax 层。将训练数据作为神经结构搜索的输入，在搜索过程中将所有生成的网络结构、网络结构学习到的参数和模损失值作为搜索历史 H。通过优化采集函数算法生成下一个要观测的网络结构，该算法以模拟退火算法的最低温度 T_m、降温速率 r 和搜索历史 H 作为输入，输出新的网络结构和所需的网络态射操作，将现有的架构 f^i 变形为一个新的架构 f^{i+1}（i 表示搜索算法在执行过程中搜索到的第 i 个网络结构）。采用批量训练的方法将数据划分为多个批次，并通过随机梯度下降法（stochastic gradient descent，SGD）的模型优化方法对生成的架构 f^{i+1} 进行初步的训练，采用交叉熵计算分类损失，训练过程中设置模型损失值在 n_1 个迭代后不再下降时停止训练，通过评价度量函数对 f^{i+1} 进行性能评估并获得其分类性能，根据所有搜索到的网络结构及它们的性能训练底层的高斯过程模型。在确定的搜索时间内不断重复上述过程，最终自动标示出搜索历史 H 中最优的网络结构 f^*（$f^* \in F$）。采用相同的训练方法对该网络结构进行最终的训练，训练过程中设置模型损失值在 n_2 个迭代后不再下降时停止训练，得到病害分类模型。将测试数据作为模型的输入，得到病害识别结果。

　　2. 基于卷积神经网络的植物病害识别技术

　　随着深度学习中卷积神经网络（convolutional neural network，CNN）在图像识别领域上的深入应用，将 CNN 应用于植物病害识别，是病害分类识别的通用方法。

　　在机器学习的基础上发展而来的深度学习，是一种利用复杂结构的多个处理层来建立深层次的神经网络模型，通过训练大量的数据并学习有用的数据特征，实现对数据进行预测或分类。CNN 最早由日本学者福岛提出，是深度学习中的一种深度多层的监督学习神经网络模型。1990 年，LeCun 等在研究手写数字识别问题时，提出了 CNN 模型 LeNet-5，将 BP 算法应用到神经网络模型的训练上，形成了当代 CNN 的雏形。2012 年，Hinton 教授及其团队提出了经典的 CNN 模型 AlexNet，并在图像识别任务上取得了重大突破，从此掀起了深度学习的热潮。CNN 模型具有共享权值的网络结构和局部感知的特点，可以降低模型运算的复杂度，减少权值的数量。CNN 结构主要有输入层、卷积层、池化层、全连接层和输出层，卷积层和池化层是实现特征提取的核心模块，可以将原始图像直接输入 CNN 模型进行特征提取，无须人工干预，克服了传统植物叶片识别依靠人工提取特征的缺陷。输出层是一个分类器，将池化后的多组数据特征组合成一组信号数据输出，实现图片分类识别。CNN采用梯度下降的方法，用最小化损失函数对网络中各节点的权重参数逐层调节，通过反向递推，不断地调整参数使得损失函数的结果逐渐变小，从而提升整个网络的特征描绘能力，使CNN模型分类的精确度不断提高。

第二节　基于高光谱遥感的植物病害识别诊断原理与方法

传统的植物病害识别诊断方法主要依靠植保专家对病害症状进行田间人工调查和实验室检测，主观性和人工成本较高，很难实现大区域快速准确的植物病害识别诊断；遥感技术具有快速、低成本、客观定量等优点，是目前唯一能在大范围内快速获取地表时空信息的技术手段，为大区域快速准确的植物病害识别诊断提供了可能。尤其是高光谱遥感技术，因其超高的光谱分辨率，能探测植物特定光谱波段的细节信息，在植物病害识别诊断研究中被广泛应用。高光谱遥感技术能够获取电磁波谱在可见光 – 近红外（visible-near infrared, VIS-NIR, 400 ~ 1 100 nm）和短波红外（shortwave infrared, SWIR, 1 100 ~ 2 500 nm）的数百个波段的光谱信息，对病害引起的植被结构、生理生化特征的变化特别敏感，在植物病害识别诊断领域表现出独特优势。

高光谱遥感技术在植物病害识别诊断及监测中的应用，需要开展植物病害的光谱响应、光谱特征提取分析和识别诊断模型构建等多方面的工作，以分析病害的光谱响应机制和动态变化特征，建立病害识别诊断和程度监测模型。基于不同尺度的非成像或成像高光谱数据，可分析不同植物或蔬菜病害（如甜菜霉斑病、锈病、白粉病，小麦条锈病、白粉病等）光谱响应特征，提取病害光谱特征指数，利用统计学或机器学习方法，构建病害识别诊断模型和病害程度监测模型。高光谱遥感技术在植物病害识别诊断领域有较强的潜力，它的应用与推广有利于生态环境保护和粮食安全。

一、病害胁迫下植物的光谱响应

遥感植物病害识别诊断的理论基础是植物对病害的光谱响应：植物受到不同病害胁迫时，内部新陈代谢发生紊乱，生理、形态、结构等都会发生相应变化，发展到一定阶段，会出现独特的明显症状（如叶片变色、枯萎、坏死等），而伴随着这些植物生理生化特征的改变，植物在电磁波谱上会表现出差异性吸收和反射特性的改变，即病害的光谱响应。由此可见，植物病害的光谱响应可看成为病害引起的植物色素、水分含量、结构和形态等变化的函数，呈现多效性，与每一种不同病害的特点有关。

（一）健康植被的光谱特性

绿色植被对电磁波谱的响应主要是由其生理生化特征和结构特征决定的。一般来说，色素的吸收影响可见光波谱范围内的光谱反射率，细胞结构影响着近红外波段的光谱反射率，而短波红外范围的反射率主要受水分吸收的影响（图3-1）。对健康绿色

📄拓展资源3-5

在叶片和冠层采集玉米南方锈病高光谱反射率

植被来说，由于叶绿素和类胡萝卜素强吸收带的存在，其在可见光范围内的光谱反射率明显比在 NIR 和 SWIR 范围内的高，同时在蓝光（450 nm）和红光（660 nm）谱段有两个吸收谷，而在绿光（550 nm）谱段有一个强反射峰。在 700～780 nm 谱段，光谱反射率开始急剧上升，是叶绿素在红光谱段的强吸收到近红外谱段高反射平台的过渡区，被称为"红边"。"红边"被认为是植物营养、长势、水分、病害等指示性特征，在研究和实践中被广泛应用与证实。此后由于水分的强吸收作用，在 SWIR 谱段的 1 400 nm 和 1 900 nm 处又有两个吸收谷。

（二）病害胁迫下植物的光谱特性

叶片是植物的重要器官，对冠层整体的光谱影响巨大，叶部的光谱响应是植物病害识别诊断的关键。玉米叶部病害症状明显，生理破坏机制明晰，是植物病害高光谱遥感诊断识别的理想实验材料。单叶条件下的光谱特征不受环境因子的影响，较容易阐明病症的光谱特征。下面以玉米叶部病害为例介绍植物病害的光谱响应。玉米南方锈病为气传性病害，主要侵染叶片，致病病原菌为多堆柄锈菌（*Puccinia polysora*）。病原菌随风以孢子形式侵染玉米，侵染成功后出现金黄色夏孢子，破坏绿色组织，造成叶片干枯、籽粒品质、产量下降。因此，在实践中研究者以夏孢子堆在叶片上的百分比作为量化南方锈病病害程度的物理特征参量（图 3-2），研究光谱响应、提取光谱特征，建立识别诊断及病害程度估算模型。

玉米叶片受到南方锈病病害胁迫时，因营养缺乏和水分散失，会导致海绵组织的破坏和色素比例的改变，使可见光波段内的蓝光和红光吸收谷变得不明显，而绿光反射峰也会根据叶子的损伤程度变平（图 3-3）；近红外谱段的光谱变化更为明显，反射率整体下降，波状特征被拉平甚至消失。因此可以通过比较绿色健康植被和胁迫植被的光谱反射率曲线，确定植物是否受病害胁迫、胁迫的种类及胁迫程度。

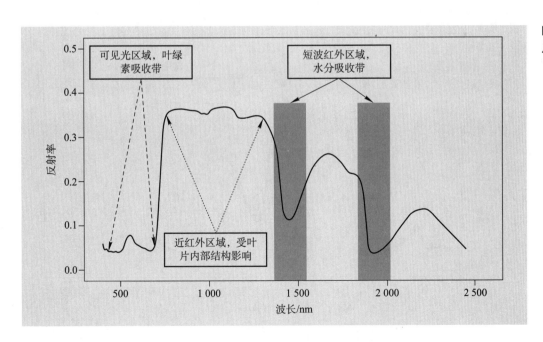

图 3-1　健康植物叶片的光谱反射率曲线

图 3-2 玉米南方锈病叶部病症和病害等级

（健康：无病斑；轻度：病斑 <5%；中度：病斑 5%~29%；重度：病斑 ≥ 30%）

图 3-2 彩色图片

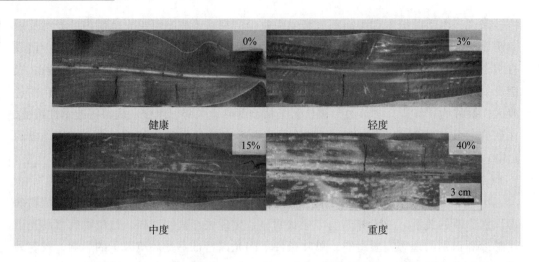

对同一种病害来说，症状会随着病程的发展，发生不同程度的改变（图 3-3）；同时，不同植物病害，即使症状不同，在光谱响应范围上也存在着差异和重叠现象（图 3-4）。而正因为高光谱遥感技术具有超高的光谱分辨率，能敏感地探测不同病害症状的差异性光谱响应，因此在植物病害识别诊断研究中潜力巨大。

此外，对于冠层尺度的植物病害识别诊断来说，除去植物生理生化特性受病害胁迫的改变，环境因子（如土壤覆盖度、种类及冠层的几何结构与太阳高度角等）对光谱的影响也很大，所以植物的冠层反射率特征在时空上变化很大，不同条件下建立的病害识别诊断模型具有时空条件限制，很大程度上影响了模型的通用性。因此，建立任何植物病害遥感识别诊断模型，需要首先理解精细尺度的病害光谱响应机制，量化能表征其光谱响应的物理特征参量，作为建模的基础。

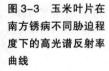

🌐 **拓展资源 3-6**

玉米叶面积指数测量

🌐 **拓展资源 3-7**

玉米光合有效辐射测量

图 3-3 玉米叶片在南方锈病不同胁迫程度下的高光谱反射率曲线

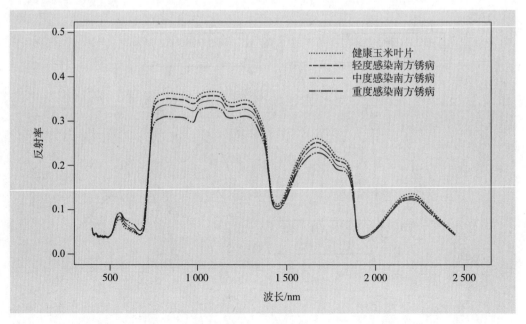

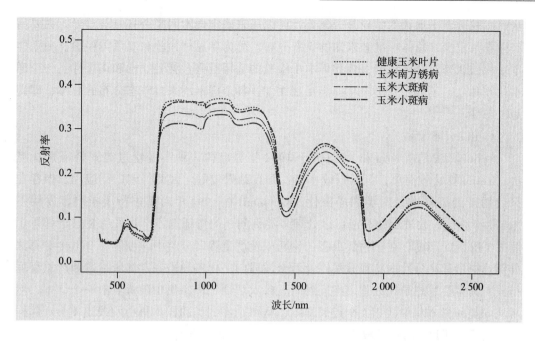

图 3-4　玉米叶片在不同病害种类胁迫下的高光谱反射率曲线

注：为强调不同反射率曲线的差异，玉米叶片受病害的胁迫程度都为重度（病斑 ≥30%）

二、病害光谱特征的智能提取与分析

高光谱遥感技术具有光谱分辨率高的特点，如何从成百上千个光谱波段中筛选出对病害敏感的特定波段或特征，是植物病害识别诊断首要需要解决的问题。运用不同分析方法和手段，基于多尺度高光谱遥感数据，分析对病害敏感的光谱区域、提取病害光谱特征。常用的病害敏感光谱波段分析方法有连续统去除法、统计方法、Relief-F 算法、导数波谱分析等；常见的光谱特征提取方法包括植被指数法、主成分分析法和小波分析方法等。

（一）病害敏感光谱波段分析

1. 连续统去除法

连续统去除法是一种有效增强感兴趣吸收特征的光谱分析方法，可以捕捉植被光谱曲线形状特征，提取高光谱数据吸收谷特征信息。吸收特征是植物叶片组织结构、色素含量、水分和蛋白质中各种基团对反射光谱响应的重要特征。同时连续统去除法能够较好地估算植物养分含量，压抑背景光谱，消除叶肉细胞结构影响，扩大弱吸收特征信息。

连续统就是逐点直线连接光谱曲线中的峰值，并使折线在峰值点上的外角大于 180°。连续统去除法就是用实际光谱波段值除以连续统上的相应波段值。利用连续统去除法对原始光谱曲线进行归一化处理，可以测定反射光谱吸收特征参数，如吸收波段位置（吸收谷范围内波段最小值处对应的波长）、吸收谷深度、吸收谷宽度（吸收谷深度 1/2 处的宽度）、吸收谷面积、对称度（吸收谷左侧与整体面积之比）等。

2. 统计方法

此处主要介绍独立样本 T 检验。T 检验是用 T 分布理论来推论差异发生的概率，从而比较两个平均数的差异是否显著，可以用来确定样本间是否有显著差异。主要用于样本量较少，总体标准差未知的正态分布。分为单总体检验和双总体检验。独立样本 T 检验属于双总体检验，独立样本 T 检验的适用范围包括独立性和正态性：各个样本相互独立，不能相互影响，即满足独立性；各个样本均来自正态分布的总体，即满足正态性。

3. Relief-F 算法

Relief 算法是由 Kira 和 Rendell 于 1992 年提出的一种多变量过滤式特征选择算法。Relief 算法较简单，但运行效率高，并且结果较好，因此得到广泛应用。但存在只适用于训练样本是两类的局限性，Kononeill 在 1994 年对其进行了扩展，发明了Relief-F 算法。改进后的算法可以处理多类别问题的特征选择，并采用 K 最近邻思想解决了噪声的问题。在植物病虫害的诊断以及严重程度分类中，可使用 Relief-F 算法分别选择最具区分性的特征波长以及两个波段归一化差异来制定健康指数和严重程度指数，其主要思想是在处理多类问题时，每次从训练样本集中随机取出一个样本，然后从同类的样本集中找出 k 个近邻样本，从每个不同类的样本集中均找出 k 个近邻样本，然后更新每个特征的权重。

4. 导数波谱分析

导数波谱分析是高光谱遥感分析中常用的一种技术，已广泛应用于多个研究领域，如植被生化参数反演和水质参数的提取。导数光谱的计算方法就是用数学函数对光谱曲线进行微分，从而估算整个光谱曲线的斜率。对光谱进行低阶微分处理能够降低噪声对光谱的影响，如减弱大气散射和吸收对目标光谱特征的影响。此外，微分数据还能够提取植物生化成分信息，如叶绿素、水分和氮素含量等，而植物发生病虫害后，这些生化成分往往会发生变化，故可以作为病害诊断的特征。

（二）光谱特征提取方法

1. 植被指数法

植被指数是反映植物状态的光学遥感指标，能够有效突出表现植被的遥感特征信息，同时抑制土壤反射或大气等干扰因素的影响。植被指数的构建基于植物对入射辐射的反射波谱特性。根据植被的光谱特性，将遥感可见光和红外等波段反射率进行组合，形成了各种植被指数，植被指数是对地表植被状况的简单、有效和经验的度量。也就是说，植被指数的建立是将植被信息增强的同时，将非植被信息最小化。一些常用的用于植物病虫害监测的植被指数和计算公式如表 3-1 所示。

表 3-1 常用的植被指数及计算公式

编号	植被指数名称	计算公式	参考文献
1	Carter	R_{695}/R_{420}	Carter，1994
2	Carter2	R_{695}/R_{760}	Carter，1994
3	Carter3	R_{605}/R_{760}	Carter，1994

续表

编号	植被指数名称	计算公式	参考文献
4	Carter4	R_{710}/R_{760}	Carter, 1994
5	Carter5	R_{695}/R_{670}	Carter, 1994
6	Carter6	R_{550}	Carter, 1994
7	CI	$R_{675}*R_{690}/R_{683}^2$	Zarco-Tejada et al., 2003
8	D730/D706	D_{730}/D_{706}	Zarco-Tejada et al., 2003
9	DPI	$(D_{688}*D_{710})/D_{697}^2$	Zarco-Tejada et al., 2003
10	DWSI2	$R_{800}/R_{1\,660}$	Apan et al., 2004
11	DWSI	$R_{1\,660}/R_{550}$	Apan et al., 2004
12	DWSI3	R_{1660}/R_{680}	Apan et al., 2004
13	DWSI4	R_{550}/R_{680}	Apan et al., 2004
14	DWSI5	$(R_{800}+R_{550})/(R_{1\,660}/R_{680})$	Apan et al., 2004
15	MTCI	$(R_{754}-R_{709})/(R_{709}/R_{681})$	Dash & Curran, 2004
16	NDVI	$(R_{800}-R_{680})/(R_{800}+R_{680})$	Tucker, 1979
17	PRI	$(R_{531}-R_{570})/(R_{531}+R_{570})$	Gamon et al., 1992
18	Sum_Dr2	$\sum_{i=680}^{780}D1_i$	Filella & Peñuelas, 1994
19	Vogelmann	R_{740}/R_{720}	Vogelmann et al., 1993
20	Vogelmann2	$(R_{734}-R_{747})/(R_{715}+R_{726})$	Vogelmann et al., 1993
21	D715/705	D_{715}/D_{705}	Vogelmann et al., 1993
22	Vogelmann4	$(R_{734}-R_{747})/(R_{715}+R_{720})$	Vogelmann et al., 1993

2. 主成分分析法

主成分分析（principal component analysis，PCA）是通过正交变换将一组可能存在相关性的变量转换为一组线性不相关的变量，转换后的这组变量称为主成分。而高光谱遥感记录得到的连续地物波谱信息，相邻波段之间存在很高的相关性，导致数据存在冗余。主成分分析通过转换产生一系列互不相关的变量，进而实现数据的压缩和降维。

3. 小波分析法

小波的概念最早由法国地球物理学家 J. Morlet 和 A. Grossmann 在 20 世纪 70 年代分析处理地震数据时提出，后被广泛应用于降噪、数据融合、数据压缩、模式识别、地球物理勘探等领域。目前遥感的各个领域对小波分析的应用更多集中在离散小波变换（discrete wavelet transformation，DWT）方面，如高光谱图像或时间序列数据的降噪、滤波等。

在小波分析中，与 DWT 相对应的是基于连续小波变换（continuous wavelet

transformation，CWT）的连续小波分析（continuous wavelet analysis，CWA）。CWA 能够将整条光谱曲线在连续的波长和尺度上进行分解，从而方便对光谱信息中一些精细部位进行定量解析。

三、植物病害识别诊断模型的建立

基于提取与分析的光谱波段或特征，国内外研究者构建遥感识别诊断和监测模型，以识别诊断病害种类，监测病害发生范围及严重程度。常用的模型构建方法有人工神经网络、阈值法、支持向量机、决策树分类和偏最小二乘回归等。基于这些方法和手段，国内外学者开展了针对小麦（条锈病、白粉病、全蚀病等）、水稻（纹枯病、稻瘟病、胡麻斑病等）、玉米（南方锈病、大斑病、小斑病等）、甜菜（褐斑病、锈病和白粉病等）、大麦（白粉病等）等植物病害的遥感诊断和监测研究，在病害种类识别、病害分类和程度分级等方面取得了可喜的成绩。

（一）人工神经网络

人工神经网络（artificial neural network，ANN）是 20 世纪 80 年代以来人工智能领域兴起的研究热点。它从信息处理角度对人脑神经元网络进行抽象，建立某种简单模型，按不同的连接方式组成不同的网络。简单地说，就是可以把输入和输出之间的位置过程看成是一个"网络"，通过不断地调节各个节点之间的权值来满足由输入得到输出。训练结束后，对于给定的输入，网络便会根据自己已调节好的权值计算出一个输出，这就是人工神经网络简单的原理。随着人工神经网络在各方面的快速发展，人们便开始关注其在植物病虫害诊断和监测方面的应用。

人工神经网络一般有三层结构：输入层、隐含层和输出层（图 3-5）。下面主要介绍 BP 人工神经网络模型。人工神经网络中层数的增加可以为网络提供更大的灵活性和准确性，但是参数的训练算法一直是多层神经网络发展的一个重要瓶颈。1974 年，Werbos 提出了用于人工神经网络学习的 BP 算法，才为多层人工神经网络的学习训练与实现提供了一种切实可行的解决途径。1968 年，由 Rumelhart 和 Mccelland 为首的科学家小组对多层网络的误差反向传播算法进行了详尽的分析，进一步推动了 BP 算法的发展。它能够在事先不知道输入和输出具体数学表达式的情况下，通过学习来存储这种复杂的映射关系，其网络中参数的学习通常采用反向传播的策略，借助最速梯度信息来寻找使网络误差最小化的参数组合。

在遥感中利用人工神经网络的优势在于比其他技术（如基于统计分类器）更加精确，特别是在特征空间十分复杂的情况下或多种源数据具有不同的统计分布时；可以将先验知识和实际中的物理限制等列入分析中；可以耦合不同类型的数据（如来自不同传感器的遥感数据），利于协同研究。人工神经网络的局限性在于它虽然有能力来有效预测输出变量，但是内在的机制往往容易被忽视。

（二）阈值法

阈值法是一种简单有效的图像分割方法，它用一个或数个阈值将图像分为数个部分，认为属于同一个部分的像素是同一个物体。阈值法的最大特点是计算简单，在重

图3-5　人工神经网络结构

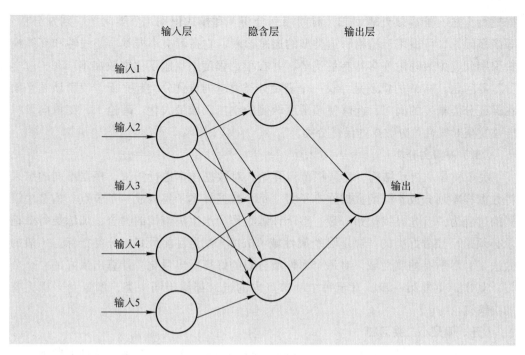

视运算效率的应用场景（如用于硬件实现）得到了广泛应用。

　　阈值法分为全局阈值法和局部阈值法两种。全局阈值法指利用全局信息对整幅图像求出最优分割阈值；局部阈值法是把原始的整幅图像分为数个小的子图像，再对每个子图像应用全局阈值法分别求出最优分割阈值。阈值法的结果很大程度上依赖于对阈值的选择，因此该方法的关键是如何选择合适的阈值。最优阈值的选择方法包括以下 3 种。

　　（1）经验选择法　　根据需要处理图像的先验知识，对图像中的目标与背景进行分析。选择出阈值所在的区间，并通过实验进行对比，最后选择出较好的阈值。此方法效率较低且不能实现自动的阈值选取，适用于样本量较少的情况。

　　（2）双峰法　　对于目标与背景的灰度级有明显差别的图像，其灰度直方图的分布呈双峰状，两个波峰分别与图像中的目标和背景相对应，波谷与图像边缘相对应。当分割阈值位于谷底时，图像分割可取得最好的效果。此方法简单易行，但是对于灰度直方图中波峰不明显或波谷宽阔平坦的图像，不能使用该方法。

　　（3）最大类间方差法　　最大类间方差法（OTSU）是一种基于全局的二值化算法，可以自适应确定阈值。该方法由日本学者大津提出，所以又称大津法，简称 OTSU。它是根据图像的灰度特性，将图像分为前景和背景两个部分，使前景和背景之间的类间方差最大的阈值即为最佳阈值。这是因为当部分目标被错分为背景或部分背景被错分为目标时，都会导致两部分差别变小，当所取阈值的分割使类间方差最大时就意味着错分概率最小。

　　（三）支持向量机

　　支持向量机（support vector machine，SVM）是建立在统计学理论基础上的一种数据挖掘方法，能高效处理回归（时间序列分析）和模式识别（分类问题、判别分析）等诸多问题，可适用于植物胁迫类型的遥感诊断。它在解决小样本、非线性和高维模式识别问题中表现出许多特有的优势，并在很大程度上克服了"维数灾难"和"过学习"等问题。SVM 的机制是寻找一个满足分类要求的最优分类超平面，使得该超平面在保证分类精度的同时，能够使超平面两侧的空白区域最大化。理论上，支持向量机能够实现对线性可分数据的最优分类。

（四）决策树分类

决策树是一树状结构，它从根节点开始，对数据样本进行测试，根据不同的结果将数据样本划分成不同的数据样本子集，每个数据样本子集构成一子节点。构造决策树的过程为：首先寻找初始分裂。整个训练集作为产生决策树的集合，训练集每个记录必须是已经分好类的。决定哪个属性域（field）作为目前最好的分类指标。一般的做法是穷尽所有的属性域，对每个属性域分裂的好坏做出量化，计算出最好的一个分裂。其次，重复第一步，直至每个叶节点内的记录都属于同一类，增长到一棵完整的决策树。

（五）偏最小二乘回归

偏最小二乘回归（partial least squares regression，PLSR）是多重统计回归的一种拓展，最初由经济计量学家 Herman Wold 在 20 世纪 70 年代提出。它可以较好地解决许多以往用普通多元回归无法解决的问题，如同时实现回归建模（多元线性回归）、数据结构简化（主成分分析）。与其他建模方法（如人工神经网络）相比，具有简单稳健、计算量小、预测精度较高、无须剔除任何解释变量或样本点、所构造的潜变量较确定、易于定性解释等优点。

第三节 植物病害智能识别诊断应用及案例

一、人工智能图像识别的应用

1. 慧植农当家

慧植农当家 APP 利用 AI 识别病虫害和开展线上专家问诊服务，以数据集中和共享为途径，建立覆盖全国的植保信息资源体系，充分利用大数据平台，综合分析各种因素，提高对病虫害发生的预测、预报、预警防控能力，推动植物保护向数字化、网络化、智能化发展，实现植保决策科学化、防控治理精准化、公共服务高效化。国家桃产业技术体系和杭州睿坤科技有限公司合作，开发了基于智能手机应用的桃病害识别系统。针对桃褐腐病、炭疽病、疮痂病、细菌性穿孔病、流胶病、白粉病和缩叶病等主要病害，通过图片采集结合深度学习图像识别系统，将每种病害细致化处理，开发出相应的病害识别系统。该系统主要采用 Xception 网络框架，最终训练识别准确率达到 98.14%。目前已将桃病害识别系统置于一款手机软件——慧植农当家中，利用该软件，在桃病害识别测试中，对桃褐腐病、炭疽病、疮痂病、细菌性穿孔病、流胶病、白粉病和缩叶病的识别准确率分别为 100.0%、99.0%、98.0%、93.0%、93.3%、96.7% 和 100.0%。该软件能准确识别上述桃主要病害并附有相关病害的背景知识及防控措施，将会对广大桃农准确识别病害及掌握相关知识发挥出重要作用。

2. 病虫害智能识别应用软件

上海植医堂网络科技有限公司近日研发出了农作物病虫害智能识别的应用软件。植医堂作为国内首个提出"互联网＋植物医院"概念的开创者，秉持"绿色优先，生态前行"的理念，践行"农药减量，食品安全"的宗旨，开拓创新搭建农作物健康在线诊疗平台，提升中国农业服务效率，完善服务机制，推动我国农业健康服务改革。用户通过该软件使用手机"扫一扫"，对着发生病虫害的农植物拍照上传，便可自动获得病虫害智能识别的诊断结果，包括病虫害相似程度、病害特征、病害原因、防治措施等。

3. CNN 植物病虫害识别

因为 CNN 在图像识别领域表现突出，将 CNN 应用到植物病害识别中，且均表现出高水平的性能。Mohanty、Sladojevic、Amara、Brahimi、Ferentinos 等利用涵盖海量的植物种类及病害图像的数据集 Plant Village，对分别基于 LeNet、AlexNet、GoogLeNet、CaffeNet、VGG-16 等各种 CNN 模型进行识别训练，训练后的模型可以快速准确地对给定图像进行识别分类，识别准确率及其他识别性能都优于传统机器学习方法，如支持向量机（SVM）和随机森林（random forest）。Fuentes 等提出了一种基于 CNN 的番茄病害识别诊断系统，利用自行采集的大量番茄病害图像作为特征数据集，该系统识别准确率达 96%，比之前复杂的识别方法提高了 13%。研究证明，CNN 非常适合通过对简单叶片图像的分析来实现植物病害的自动检测和诊断。通过构建基于 CNN 的温室黄瓜病害识别系统，结合 LeNet-5 模型进行霜霉病和白粉病的分类训练，准确率达 95.7%。基于 SVM、BP 人工神经网络、CNN 3 种方法对茶叶叶片病害的识别准确率分别为 89.36%、87.69% 和 93.75%，结果表明 CNN 的方法识别效果更好。CNN 模型对小麦、花生和烟草三类植物共 7 种病害进行识别研究，使用平均精度、查准率、查全率和 F-1 值对 AlexNet、GoogLeNet 和 VGG-16 模型进行评估，对比分析可知，VGG-16 在不同病害上的识别性能最优。

二、其他智能识别技术的应用

利用各类先进的技术，如红外热成像技术、计算机视觉技术、数字图像处理技术、模式识别技术及人工智能技术等，使得植物病害智能诊断技术的应用越来越普遍。

已有多种植物病害诊断技术被开发应用，包括番茄、黄瓜、玉米、马铃薯、小麦、棉花、水稻、大豆、烟草、苹果等。利用红外热成像技术与动力学参数计算相结合，实现了番茄花叶病和小麦叶锈病的早期诊断；而基于 MobileNetv2-YOLOv3 模型针对番茄叶斑病的早期智能识别方法进行了研究，该方法内存消耗少、识别精度高、识别速度快。利用深度卷积神经网络强大的特征学习和特征表达能力来自动学习油茶病害

🌐 拓展资源 3-8

柑橘黄龙病（木虱）监测点

特征，并借助迁移学习方法将 AlexNet 模型在 ImageNet 图像数据集上学习得到的知识迁移到油茶病害识别任务，该方法具有较高的识别准确率。Mishra 等提出了一种基于深度卷积神经网络（图 3-6）的玉米叶部病害实时识别方法，通过对图形处理器系统的超参数调整和利用 GPU 调整系统池化组合，提高了深层神经网络的性能。Pan 等基于移动通信技术和计算机技术研发的柑橘病害智能诊断系统（图 3-7），实现了柑橘病

图 3-6 玉米病害智能识别系统组成

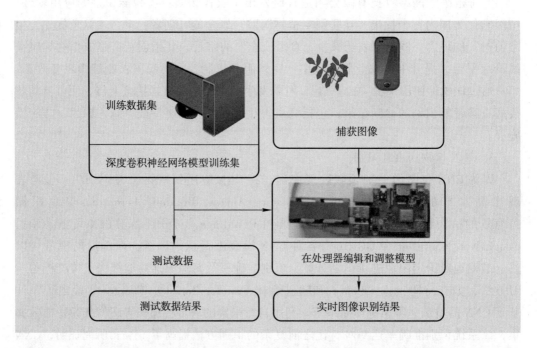

图 3-7 柑橘病害智能诊断系统结构

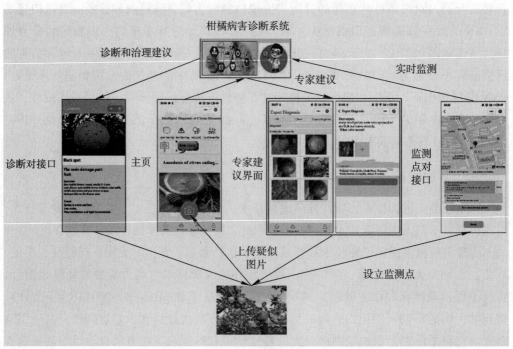

害的智能诊断系统。且该系统是通过移动设备上的微信小程序实现，用户可通过微信小程序上传图片并接收诊断结果和评论，便于广大农户使用。此外，植物病原物的智能检测方法也有研究，通过设计了一种以脉冲信号为控制信号，且具高放大倍数和高分辨率的智能植物病原菌孢子捕捉系统（图 3-8，图 3-9），该系统不仅能自动捕捉病原菌孢子，且能与病害发生指数数据库进行比对，实现了对植物病害的远程自动化监测。植物病害智能识别与诊断技术为人们开展预防植物病害提供了方便快捷的方法，值得进一步研发和推广。

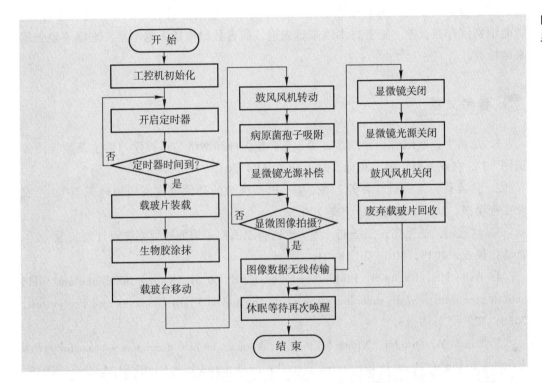

图 3-8 孢子采集与显微图像处理流程图

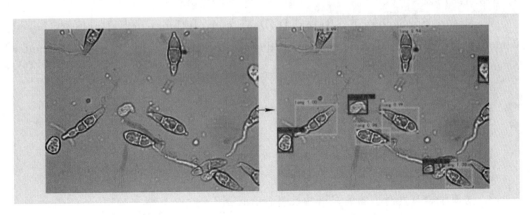

图 3-9 病原菌孢子捕捉系统

三、病害智能识别诊断技术方法的应用与前景

植物病害识别诊断与预警物联网技术是以人工智能、物联网、多媒体和网络通信技术为支撑的植物环境信息监测与控制、病害实时监测与预警、病害远程诊断与防治等主动信息服务技术，该系统不仅拥有高层次、多功能的病害防治决策知识，并能快速、准确地向使用者提供设施植物病害诊断服务与治理决策方案，对于植物病害的早期防控，降低经济损失，具有重要的现实意义。

植物病害智能识别主要是根据植物外部特征这个单一指标进行识别，有一定的局限性。植物生长受到外部环境影响以及多种病原物侵染会呈现出不一样的病害特征，智能识别就存在误差。随着技术越来越先进，病害数据库越来越丰富，准确率也会越来越精准。

拓展资源 3-9
自动采集分析监测点

拓展资源 3-10
自动监测展示一体化系统

📚 参考文献

1. 龙满生，欧阳春娟，刘欢，等.基于卷积神经网络与迁移学习的油茶病害图像识别［J］.农业工程学报，2018，34（18）：194-201.

2. 党满意，孟庆魁，谷芳，等.基于机器视觉的马铃薯晚疫病快速识别［J］.农业工程学报，2020，36（2）：193-200.

3. 赵远超，胡宪亮，王圣楠，等.植物病原菌孢子智能捕捉系统设计与实现［J］.自动化仪表，2019，40（9）：18-21.

4. Baite MS，Raghu S，Prabhukarthikeyan SR，et al. Disease incidence and yield loss in rice due to grain discolouration［J］. Journal of Plant Diseases and Protection，2020，127（1）：9-13.

5. Pan WY，Qin JH，Xiang XY，et al. A smart mobile diagnosis system for citrus diseases based on densely connected convolutional networks［J］. IEEE Access，2019，7：87534-87542.

6. Mishra S，Sachan R，Rajpal D. Deep convolutional neural network based detection system for real-time corn plant disease recognition［J］. Procedia Computer Science，2020，167：2003-2010.

❓ 思考题

1. 如何通过智能识别病害的发病程度确定病害防治的最佳时期？
2. 病害智能识别的技术方法有哪些？
3. 健康植物与发病植物的光谱特性有什么区别？
4. 病害光谱特征分析与提取的方法有哪些？
5. 阐述一个植物病害智能识别诊断应用的案例，并说明其优缺点。

第四章

植物病害智能监测及预警

　　随着全球气候变化和耕作变革，植物病害呈现出新的
发生流行趋势，并造成巨大的经济损失。植物病害智能监
测及预警是实现病害精准科学防控的前提和基础。近年
来，随着病原菌孢子捕捉、环境智能监测、遥感、地理信
息系统、全球定位系统、大气环流分析、分子生物学、物
联网等技术的快速发展，作物病害监测预警技术趋于自动
化、智能化、准确化。本章主要介绍植物病害监测及预警
的发展历史和监测预警技术，探讨了植物病害监测及预警
的发展方向。

第一节 病害监测与预警概述

病虫害测报是植物保护的基础性工作，测报体系建设历来受到高度重视。我国的病虫害测报工作始于20世纪50年代。1952年，在全国螟虫座谈会上制定了第一个螟虫测报方法；1955年，农业部颁布了《农作物病虫预测预报方案》，测报对象包括两种病害，即马铃薯晚疫病和稻瘟病；1956年，我国建立了138个专业性测报站，1 890个群众性测报点。1973年，农林部专门召开病虫害测报座谈会，修订了测报方法。1978年，农林部成立了农作物病虫测报总站，在全国组建了比较完整的病虫害测报体系，设有全国性的农作物病虫测报总站及省（区、市）、地区和县级病虫测报站。1979年，农业部农作物病虫测报总站组织修订了稻、麦、旱粮、棉花、油料作物上的34种病虫害测报方法，从1987年开始组织制定病虫害测报规范。在病虫信息传递技术上也推广了模式测报，20世纪90年代中期又开展了全国病虫测报系统计算机联网工作。1995年12月，国家技术监督局以国家标准发布农业部农作物病虫害测报站主持制定的东亚飞蝗、稻飞虱、稻瘟病、小麦条锈病等15种主要病虫害测报调查规范，标志着我国农作物病虫测报标准化的开始。2000年，全国共建立了2 000余个专业性测报机构，从事测报工作的专业技术人员8 300余人。2009年以来，国家对农业研究投入大幅增加，植保工程大规模铺开，国家级和省级病害测报区域站得到了前所未有的大发展，在原"全国病虫测报信息计算机网络传输与管理系"和"中国农作物有害生物监控信息系统"的基础上，建成了"国家农作物重大病虫害数字化监测预警系统"，年均增加20万条250万项数据，实现了对水稻、小麦、玉米、马铃薯、棉花、油菜等作物重大病虫害数字化监测预警提供基础数据支撑。2011年，全国农业技术推广服务中心组织汇编了我国36个主要农作物病虫害测报技术规范。2013年，以《农业部关于加快推进现代植物保护体系建设的意见》文件发布为起点，利用"互联网+"、物联网等现代信息技术，在自动化、智能化新型测报工具研发应用及重大病虫害实时监测预警系统建设方面取得了明显的进步。以浙江大学研究团队、宁波纽康生物技术公司为代表的，从害虫性诱剂提纯与合成、飞行行为与诱捕器研制、监测数据传输系统构建等方面开展了系统研究，不仅开发了覆盖螟蛾科、夜蛾科、灯蛾科、毒蛾科等种类的重大害虫的测报专用性诱剂诱芯和诱捕器，还开发了实时自动计数、数据直报的害虫性诱信息管理系统；北京汇思君达科技有限公司利用比利时艾诺省农业应用研究中心研制的马铃薯晚疫病预测模型（CARAH），通过安装在田间的小气候仪实时采集温度、相对湿度、降水量、光照强度等气象因子，自动上传到气象因子数据库，并利用所采集的气候因子和预测模型进行拟合，开发了马铃薯晚疫病实时预警系统，通过10年的实践、验证和改进，逐步建立了适用于各生态区的模型参数，在全国马铃薯主产区病害测报中得到了较大范围的推广应用，实现了对马铃薯晚疫病田间发病情况的实时监测和自动预警；西北农林科技大学研究团队经过近40年的系统研究，对陕西关中地区小麦赤霉病的发病机制和流行规律取得了突破性的研究进展，构建了

🅔 拓展资源 4-1

小麦赤霉菌多样性及其与毒素累积关系被揭示

🅔 拓展资源 4-2

小麦赤霉病智能测报技术

小麦赤霉病实时监测预测模型，不仅可以实时监测赤霉病的发病情况，而且可以提前7天预测病害发生趋势，并在此基础上对病害发生进行滚动预测，不断校正预测程度。2015年，陕西省植物保护工作总站开始组织小麦赤霉病监测预警试验，并取得良好的应用成效；2016年起，全国农业技术推广服务中心组织在陕西、江苏、河南和四川等省共计20多县（市、区）开展大范围试验、示范和推广工作，并构建了小麦赤霉病远程实时预警系统，实现了对全国小麦赤霉病的联网实时监测和预警。此外，北京金禾天成科技有限公司、北京天创大地科技有限公司、内蒙古通辽市绿云信息有限公司等基于国家和各地测报数据报送的需要，利用GPS、智能手机等移动端，开发了病虫害测报田间数据移动采集设备。

2020年3月26日，《农作物病虫害防治条例》颁布，开启了我国植物保护工作的新纪元，其中在第二章就病虫害监测与预报制定了六条规定，这是首次以立法的形式确立了作物病虫害行政监测预警、防治体系与防治程序，为新时期农作物病虫害的规范化防治提供了法律依据。

迄今为止，我国在小麦条锈病、小麦赤霉病、小麦白粉病、稻瘟病、马铃薯晚疫病、玉米大斑病等主要作物病害，以及小麦蚜虫等主要作物虫害预测模型的研建上做了大量的工作，已涌现出了一些能真正指导生产的病虫害测报技术体系，为植物保护的智能化发展奠定了基础，病虫害的监测预警工作已经初步实现智能化。

拓展资源 4-3

陕西省植物保护工作总站组织小麦赤霉病监测预警试验

拓展资源 4-4

首个"作物病虫害监测预警研究中心"成立

第二节　植物病害智能化监测预警研究进展

植物病害的监测预警是制定病害防治策略的基础与关键，通过对病害发生的关键期病情、环境因子、寄主等相关因子进行调查，分析影响病害流行的主导因素和关键因子，建立模型，实现病害的预警，科学指导病害防控工作。

关于农作物病害的预警工作起步相对较晚，最早可以追溯到1946年瑞士著名植物病理学家Gaumann在其经典著作《植物侵染性病害》中大篇幅描述病害的流行与测报，后才逐步发展起来。1979年，日本在全国范围内建立了区域自动气象观测点1 300个，约每17 km 1个，记录降水量、风速、风向、气温、日照等因子，并采用大型计算机自动收集存储各个点的观察数据，成功用于水稻叶瘟病的预测。1983年，英国科学家依据作物病害与其生长环境的温度、湿度、叶片湿润情况、降水和风速等因子的关系，研制出了世界首台作物病害预报装置，定名为作物致病外因监视器（crop disease external monitor，CDEM），用于马铃薯晚疫病、大麦云纹病、大麦叶锈病、苹果黑星病和蛇麻霜霉病等病害的早期预报。1986年，比利时HAINAUT省农业应用研究中心开始马铃薯晚疫病预警研究，并通过不断的改进和完善，建立了基于自动微型气象站的马铃薯晚疫病远程实时预警系统，在我国各马铃薯主要栽培区进行测试和推广，实现了晚疫病的远程实时监测和预警，很好地指导了晚疫病的防治工作。1999年，美国佛罗里达州农业技术推广中心和一些推广专家开始通过接收植物样品的数码图像开展病虫害诊断工作，并着力建立远程诊断与识别系统。2004 年，该系统全面向全州各县开放使用。20 世纪 80 年代，日本先后研制了稻瘟病等病害预测模型，较好地指导了农业生产。

近年来，随着分子生物学、气象生物学、计算机技术、互联网及云计算技术、物联网技术、传感器及电子技术、通信技术的飞速发展，作物病虫害智能化监测预警也迎来了新的发展机遇。

一、传统的监测预警技术

传统的病害监测预警主要依赖科研人员和专家的调查与分析，以预测某一地区病害是否发生、发生程度、损失情况等诸多信息。并在此基础上，就是否需要采取防治措施、采取怎样的防治方式、如何实施具体防治等问题提出科学合理的指导意见。在科技飞速发展的今天，传统的病害监测预警技术仍然是了解植物病害发生特点与流行情况最直接的方式。

（一）病害调查

病害调查是指直接从田间获取病害的类型、分布特点、危害程度、发生规律等信息。调查的方式可分为一般调查与系统调查。一般调查又称普查，是指以了解田间病害发生、危害的大致情况来确定是否需要制定防止措施为目的而采取的调查方法。普查的特点是调查范围大，但对调查精度要求不高。系统调查是指以详细获取田间病害发展动态为目的而制定的调查方法，需要对调查对象、调查地点、调查时间进行规范化。系统调查的特点是调查范围较小，但调查精度高，数据可比性强。具体调查方式根据调查的目的而定，不同植物病害的发生危害程度往往不同，而同一种病原菌在不同的寄主上发病情况也不尽相同。对于特定的病害，在调查过程中应遵循统一的方法与标准。我国农业农村部于 2020 年发布的《玉米大斑病测报技术规范》中指出玉米大斑病系统调查的时间从玉米 6 叶 1 心期开始至蜡熟期结束，每 5 天调查一次，调查需要选择当地主栽品种且历年发病较重的地块，在玉米生育期的早、中、晚各选取 1 块，每块的面积不小于 2 000 m²。而对玉米大斑病的普查应在系统调查病情达到 2 以上，在大喇叭口期、抽雄散粉期、灌浆期分别调查 1 次，按品种、茬口、长势等选择各类型代表性地块 10 块进行大田普查。针对小麦赤霉病的调查，农业部在 2011 年发布《小麦赤霉病测报技术规范》中指出普查应在小麦拔节期、孕穗期、抽穗期各调查一次，针对稻麦轮作区及华北、西北、东北等旱作地区应选取代表不同越冬状态类型的田块进行调查。病情系统调查应从抽穗期开始，每日观察发病情况，在始见病穗后每 3 天调查一次，直至病情稳定。调查地点应选取当地早播感病品种田作为系统调查田，面积不小于 667 m²。

调查取样的方式需要根据具体病害的分布、特点及环境影响选取能够代表全田发病情况的样本，在地势、土壤、耕作不一致的地区需要增加取样量以减少调查时产生的误差，反之可以减少取样量。常用的取样方式有以下 5 种。

（1）五点式 从田块的正中央点（田块两条对角线的交点）到四角线的中间点选

取 5 个取样点代表整个田块的发病情况（图 4-1A）。当田块为正方形或长方形时，可采用此种方式。

（2）对角线式　所有取样点位于田块的对角线上，根据具体的病害情况可采用单对角线或双对角线。单对角线取样指每隔一定距离选取田块一条对角线上的所有样品（图 4-1B）；双对角线取样指每隔一定距离从田块的两条对角线上分别进行取样（图 4-1C）。此方法适用于田块为近正方形时，调查取样的数目一般不低于总数的 5%。

（3）棋盘式　将田块均匀划分为棋盘方格一样的小区，取样点选取为其中一定的小区中（图 4-1D）。此方式适宜于田块的发病情况较均匀的情况。

（4）平行线跳跃式　在田块中每隔固定行选取一行进行调查（图 4-1E）。当田块病害分布不均匀，寄主植株进行条播时，可选用此种方式。

（5）"Z" 字式　田块中的取样点田边多、内部少，呈 "Z" 字形分布，又称 "之" 字式（图 4-1F）。此方法适用于狭长田块或病害在分布不均匀的地块。

（二）病害鉴定

病害鉴定是指对田间病害发生情况进行统计与记载，一般由鉴定田间病害的发病率（incidence）、严重性（severity）、病情指数（disease index）组成。发病率是指发病的植物单元数占据所有调查植物总数的百分比，发病的植物单元可以是显症的叶片、茎秆、果实等任何植物组织或整株植物。病害严重性是植物组织发病面积占整个组织总面积的比例。病情指数是指同时考虑病情的发病率和严重性，对病情进行较为全面的评估。

（1）发病率　调查病害发病率是相对便捷、迅速的方式，发病率的调查广泛应用于鉴定特定田块、区域、种植区等病害发生情况。对于部分谷类黑粉病、水稻穗瘟病、核果类褐腐病等病害，发病的植株即为直接的产量损失。因此，此类病害的发病率与严重性和产量损失有直接相关性。而对大多数病害（如叶斑病、根腐病、锈病等），不论植物组织上存在单个病斑还是有上百个病斑，在调查发病率时都只记载为发病，因

📎 拓展资源 4-5

植病流行学专家调查病害田间发生情况

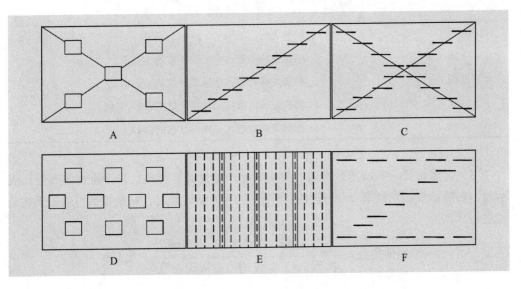

图 4-1　病害调查取样方式

A. 五点式；B. 单对角线式；C. 双对角线式；D. 棋盘式；E. 平行线跳跃式；F. "Z" 字式

此，在此类病害上发病率与严重性和产量损失没有明显相关性。

（2）严重性 相较于发病率的调查，严重性的调查往往更重要但也更困难，某些病害的调查工作需要病害流行后才能开展。小麦条锈病的严重性调查一般在小麦旗叶期进行，通过调查夏孢子堆侵染面积占据整个旗叶面积的百分比反映条锈病的严重性，小麦条锈病在国际调查分级标准中将严重性分为 13 级，即用 0、1、5、10、20、30、40、50、60、70、80、90、100 分别代表发病面积占总叶片面积的百分比（图 4-2）。病害的严重性也可通过发病等级来表示，十字花科蔬菜霜霉病的严重性分为 5 个等级，即用 0、1、2、3、4 级代表不同发病程度的植株（表 4-1）。通过在田间植株不同生长期调查严重性可绘制病害进展曲线下面积（area under disease progress curve，AUDPC）总结病害的动态发展规律。AUDPC 通常以时间或生长期作为 X 轴，以严重性作为 Y 轴，可反映调查病害的发生时间或生育期、每次调查病害的严重性、病害流行的持久性。

图 4-2 小麦条锈病严重性调查分级标准

图 4-2 彩色图片

表 4-1 十字花科蔬菜霜霉病严重性分级标准
（引自中华人民共和国国家标准 GB/T 23392.1—2009）

严重性	分级标准
0 级	植株无病
1 级	植株发病叶数占全株展叶数的 1/4 以下
2 级	植株发病叶数占全株展叶数的 1/4 ~ 1/2
3 级	植株发病叶数占全株展叶数的 1/2 ~ 3/4
4 级	植株发病叶数占全株展叶数的 3/4 以上

（3）病情指数 病情指数可通过发病率和严重性计算得出。当严重性为百分比表示时，病情指数 = 发病率 × 严重性；当严重性为发病等级时，病情指数可通过下述公式进行计算：

$$病情指数 = \frac{\sum（发病等级株数 × 代表数值）}{株数总和 × 发病最重级代表数值} × 100$$

（三）模型的建立与使用

植物病害的发生与流行是一个动态的过程，一般来说病害的发生起始于单个或少部分植物，病害的发展受病原物、寄主、环境等多种因素影响。为防止植物病害对人类生产生活产生巨大影响，科研人员通过对病害进行调查、鉴定，分析病害发生程度与发展过程，对影响病害发生发展的关键因子进行科学计算及分析，以建立数学模型或计算机模型，建立的模型可预测病害发生程度、方式、时间，以便在关键时期对病害进行有效的防控。病害预测模型是实际发生病害的简单化与抽象化，建立模型的目的是通过了解病害发展过程中的重要因素制定持久的防治策略。值得注意的是，模型的建立可以通用于多种病害，也可以仅针对某种特定病害。针对特定病害建立模型的准确度往往更高，由于不同病害的发病特点各异，建立模型时需要将不同特点考虑在内，而即使是同一种病害，在不同地点、不同年份建立的预测模型因受环境因子影响也不尽相同。建立预测模型通常需要考虑病原菌类型、初始菌源量、寄主生育期、寄主抗病性、温度、湿度、叶面湿润时间等因子，模型的建立选取因子越多，建立的预测模型就越复杂，而预测的准确性会越高。

植物病害流行学科奠基人 Vanderplank 于 20 世纪 60 年代首次提出并建立植物病害数学模型，在他的倡导下，植物病害流行的研究进入了定量研究阶段，运用数字和数学模型对病害的发生发展进行更精确的定量研究逐渐取代了定性描述。Kranz 和 Royle 根据建立模型的主要目的差异，将植物病害模型进一步划分为描述模型、预测模型、概念模型。描述模型的作用是提出设想及概括实验结论，而不揭示病害的发生原理；预测模型同样具有描述作用，主要目的是预测病害的发生程度；概念模型又称解释模型或分析模型，用于鉴定及量化特定情况对于病害发生发展的作用。描述模型和预测模型主要依赖简单函数、复变函数、回归分析、微分方程等数学工具进行分析；概念模型则主要结合生物特征与生态特点进行分析。在此研究基础上，基于数学模型的植物病害模型的研究在 20 世纪 90 年代又有了进一步的发展和完善。

自 20 世纪 90 年代起，基于数学模型建立的植物病害预测系统的研究在多种病害上全面开展，如小麦赤霉病、小麦条锈病、小麦白粉病、小麦叶枯病、小麦叶锈病、小麦全蚀病、玉米灰斑病、马铃薯晚疫病、葡萄霜霉病、梨火疫病、苹果黑星病、苹果白粉病、番茄早疫病、花生菌核病等。21 世纪以来，为使植物病害预测模型能够满足当前生产应用，早期建立的预测模型经过不断优化、简化、重建后，其准确性、实用性也进一步完善。聂晓等通过采集与分析 2009—2018 年四川巴中的小麦白粉病数据，对该地区的小麦白粉病预测模型进行了重建：

⬲ 拓展资源 4-6

小麦条诱病在我国西北越冬区预测

$$Y = 3.177\,2 + 0.145\,3X_1 - 0.416\,5X_2 - 0.219\,5X_3\ (R^2 = 0.561\,7,\ P = 0.001)$$

式中，Y 为白粉病在田间的发生程度；X_1 为 2 月下旬平均相对湿度；X_2 为 2 月平均日照时间；X_3 为 2 月下旬平均日照时间。重建后的数据经过肖悦岩（1997）提出的预测预报准确度评价方法，即利用最大误差参照法检验预测准确度：

$$R = \frac{1}{n} \sum_{i=1}^{n} \left(1 - \frac{|F_i - A_i|}{M_i}\right) \times 100\%$$

式中，R 为数据拟合率；F_i 为预测结果的流行等级值；A_i 为实际调查结果的流行等级值；M_i 为第 i 次预测的最大参照误差，为最高和实际流行等级差值与实际流行等级值两者中的较大值。经过对四川巴中小麦白粉病模型的重建与准确性评测，重建后的预测模型的数据拟合率达 82.5%，预测准确性较早期模型有较大的提高。

计算机技术的快速发展使植物病理学家可通过计算机运算建立模型对重要病害进行监测预警。相较于数学模型，建立计算机模型时可输入大量与病害相关的数据，计算机可对不同种类复杂的数据进行运算与分析，从而使建立的模型更贴近于田间实际情况。成熟的计算机模型对病害进行预测较数学模型更为准确，能够精准指导田间病害防控减少产量损失。

1969 年，第一个计算机模型 EPIDEM 由 Waggoner 和 Horsfall 建立，用于对马铃薯、番茄早疫病进行监测预警。通过对马铃薯早疫病病原菌 *Alternaria solani* 在病害循环中每个阶段的模型建立与分析，结合环境因素对病害的影响，EPIDEM 可对早疫病的发生进行模拟从而达到预警的作用。此后多个病害的计算机模型逐渐建立起来，实现了对马铃薯晚疫病、小麦条锈病、玉米小斑病、苹果黑星病等重要病害的预警。表 4-2 列举出了部分重要病害的计算机预测模型。

表 4-2　重要病害的计算机预测模型

计算机模型	病害	病原菌
EPIDEM	马铃薯、番茄早疫病	*Alternaria solani*
EPIMAY	玉米小斑病	*Bipolaris maydis*
EPICORN	玉米小斑病	*Bipolaris maydis*
EPIVEN	苹果黑星病	*Venturia inaequalis*
BLIGHTCAST	马铃薯晚疫病	*Phytophthora infestans*
EPIDEMIC	小麦条锈病	*Puccnia striiformis* f. *tritici*
SYMDYS	小麦赤霉病	*Fusarium* spp.
MARYBLIGHT	火疫病	*Erwinia amylovora*
PLASMO	葡萄霜霉病	*Plasmopara viticola*
NWSRMS	小麦条锈病	*Puccnia striiformis* f. *tritici*
Indo-BlightCast	马铃薯晚疫病	*Phytophthora infestans*
USABlight	马铃薯晚疫病	*Phytophthora infestans*
NDAWN	晚疫病	*Alternaria solani*
	早疫病	*Phytophthora infestans*

二、基于"3S"的监测预警技术

"3S" 技术是指全球定位系统（global positioning system，GPS）、遥感（remote

sensing，RS)、地理信息系统（geographic information system，GIS)，是目前对地观测系统中三大支撑技术，具有空间信息获取、存储、管理、更新、分析、应用等多种优势。在植物病害的监测预警中，"3S"技术综合发挥 GPS、RS、GIS 的特点，开启监测预警智能化时代，各自技术既独立又统一。GPS 可对病害发生地理位置进行精准定位，RS 可用于大规模病害监测的数据收集，GIS 可为收集的监测数据进行空间管理与快速分析。"3S"技术同时可与其他高新技术相结合，形成病害信息获取、分析、处理于一体的监测预警系统。

（一）全球定位系统

全球定位系统（GPS）是 20 世纪 70 年代美国国防部出于军事目的而开发的系统，主要为美国海、陆、空领域提供全天候、全球性的导航与信息收集服务。GPS 由空间卫星、地面控制系统、用户装置等三部分构成的卫星导航定位系统，可提供全天候目标定位、导航服务，具有高精度、高覆盖、快速化、高效率等特点。

利用 GPS 对植物病害监测是预测预报的一种新型手段，可用于病害田间定点调查与监测。在监测过程中将 GPS 与高清摄像机连接，通过多方位拍摄高分辨率病害组图进行病害的数据收集，结合 GPS 定位信息对病害图片进行分析获得田间病害分布信息。对病害发生发展趋势的监测可采取利用 GPS 在寄主不同生育期进行多次、多点拍摄清晰病害图像，通过对时间、地点、病情等多种因素分析实现发病趋势动态监测。在山区、丘陵等地势复杂的区域，传统依赖人工调查的病害监测开展难度很大，GPS 结合高清摄像的病害监测在复杂地形中具备很大的优势。

目前我国大部分植物保护研究及推广机构已配备了手持式 GPS 接收器用于病害的调查与监测。自 2000 年开始，手持 GPS 接收器已广泛应用于小麦条锈病、小麦白粉病等病害的调查中，GPS 的精准定位为病害在不同流行区域的监测预警提供了理论上的数据支持。GPS 技术在森林病害的监测方面也发挥着巨大的作用，利用手持式 GPS 定位森林中感病松树，表明 GPS 技术可以及时监测松树松材线虫病的爆发。GPS 及航空摄像技术可对松材线虫病进行进一步的研究，首先使用航空摄像设备连接 GPS 在划定航测区域进行拍摄并对图像进行提取分析，利用健康的松树与感染松材线虫病的松树颜色不同的特点，通过提取变色点的 GPS 定位数据获取发生病害的地理经纬坐标，在了解到坐标方位后，运用手持 GPS 在林间对病害进行核查，做到对松材线虫病快速、准确的监测。随着芯片技术的快速发展，手机、无人机、航空摄像机等设备已内置 GPS 芯片，可使 GPS 技术在病害监测方面有着更广泛且便捷的应用。

（二）遥感

遥感（RS）诞生于 20 世纪 60 年代，是结合计算机技术快速发展起来的一种技术。遥感技术以电磁波理论为基础，利用各种类型的传感器对目标物体反射或辐射的电磁波进行一系列收集、处理、成像等处理，完成对目标物体的探测与识别。遥感技术的最大特点是能在短时间内取得大范围的数据，所得信息可用图像或非图像的方式展现出来，能够代替人类对难以调查的区域进行观测，同时避免了人工收集数据耗时、耗力的缺点。近些年，随着国内外高分辨率卫星的发射，遥感技术在农业、地质、气象、军事等方面应用越来越广泛。中国的高分辨率对地观测计划发射的高分（GF）系列卫星及欧洲太空局发射的哨兵系列（sentinel series）卫星等将对地观测数据的重访周期从 16 天缩短至 5～10 天，大大提升了观测的效率。GF 系列与我国的风云（FY）系列、资源（ZY）系列、环境（HJ）系列等卫星逐步建立起高频度、多谱段、全覆盖、高分辨率的对地观测系统。此外，无人机技术（大疆、极飞、全丰等）及轻小型无人机载遥感传感器（UHD185 画幅式成像高光谱仪）技术的发展将观测分辨率从米级提升至厘米级，使遥感技术精度得以进一步提升。

在植物病害监测方面，遥感技术主要通过传感器检测植物受病害侵染时所发射或反射出异于健康植物的波谱值，并将相关信息经过传输、加工、解析后，对病害进行快速、精准、实时的监测。由于植物受到病害侵染后会出现不同的症状表现，如叶片颜色改变、植物结构破坏、组织形状变化等，会导致反射光谱曲线发生明显变化。通常在蓝光和红光波段，绿色健康植物的反射率比发病植物的反射率小，而在近红外波段，绿色健康植物的反射率比发病植物的反射率大。因此，在利用遥感技术对病害进行监测时，可通过遥感图像提取田间植物的相关信息，通过判断反射率进行病害的诊断，同时在确定出病害发生的位置后，采取有效的防治措施防止病害进一步扩散。

根据遥感作用特点及监测病害的应用水平，可将遥感分为可见光－近红外光谱监测系统（VIS-SWIR）、荧光与红外热辐射遥测系统（fluorescence & thermal）、合成孔径雷达与激光雷达系统（SAR & lidar）（表 4-3）。

表 4-3　基于遥感作用特点的 3 种遥感系统

遥感系统	主要特征	优势与劣势	应用水平
VIS-SWIR	通过探测可见光谱与近红外光谱区域的反射率鉴定植物病害	稳定、监测结果可靠，但难以用于早期病害监测	高，相关仪器和算法的价格相对低
fluorescence & thermal	检测植物病害在显症前的生理变化	可提供早期病害监测，但目前难以在大范围使用	中等，目前大部分系统主要用于科研，且价格较高
SAR & lidar	捕捉植物病害造成的结构和形态变化	可以检测植物结构变化，但目前缺乏足够研究	低，大部分的研究仍然处于概念阶段

可见光－近红外光谱监测系统是采用光谱反射信号来反映植物在胁迫状态下引起的物理、生化成分的变化，目前已经广泛应用于病害遥感监测当中。Splinelli 等（2006）通过对梨树冠层近红外光谱的导数特征研究实现火疫病的早期识别与监测；Naidu 等（2009）利用叶片的可见光反射率的特征对葡萄卷叶病进行监测，发现绿光波段和近红外波段对病害侵染有明显响应。Shi 等（2017）对小麦条锈病和白粉病的冠层高光谱的小波特征进行提取与分析，表明在 480 nm、633 nm、943 nm 处的小波变化可用于监测小麦条锈病与白粉病的侵染。Delalieux 等（2007）测量了

350 ~ 2 500 nm 光谱波段对苹果黑星病的响应信号，利用构建出基于偏最小二乘和线性判别分析（PLS-LDA）决策树算法，完成对健康苹果和感病苹果的自动识别与筛选，其研究表明，1 350 ~ 1 750 nm 及 2 200 ~ 2 500 nm 的光谱波段在黑星病感染初期有显著响应，580 ~ 660 nm 及 688 ~ 715 nm 的波段对发病显症期有明显响应，此波段可用于病害监测预警当中。除上述病害以外，利用可见光 – 近红外光谱反射率对病害进行遥感监测也在其他病害中广泛使用，如棉花黄萎病、芹菜枯萎病、柑橘黄龙病、水稻纹枯病等。

荧光与红外热辐射遥测系统是通过追踪植物的光合作用和呼吸作用，对植物病害发病初期进行监测。为测定植物在面对胁迫时的荧光响应，激光诱导荧光（LIF）是目前最有效的方法。一些便携式叶绿素荧光计（如 PAM2100、PAM2500、IMAGINE-PAM 等）通过使用饱和脉冲技术对特定波长范围进行荧光诱导。400 ~ 600 nm 和 650 ~ 800 nm 是两种常用的荧光诱导波段，利用这两个波段提供的植物荧光特征，可以对植物的发病状态进行监测。Belasque 等使用 532 nm 波长 10 mW 的激光进行主动诱导，对柑橘主要生长期进行长达 60 天的荧光光谱数据收集，通过荧光波段的不同响应，对叶片的病害胁迫、养分胁迫、人工损害进行了区分，分类准确度达 87%。Chaerle 等通过分析蓝 – 绿荧光图像与烟草花叶病毒病的侵染等级与空间分布的关系，总结出健康叶片和感病叶片在荧光图像中的差异。Bravo 等利用荧光成像技术对小麦条锈病的识别与鉴定效果进行了评估，通过分析条锈病胁迫下的荧光信号，发现健康叶片和感病叶片在 550 nm 和 690 nm 激光诱导下荧光强度差异明显，同时利用构建二次判别模型，完成对健康、感病样品的精准分类。

合成孔径雷达与激光雷达系统是用于监测植物特征及所在环境的系统，对植物病害的监测有着潜在作用。合成孔径雷达与激光雷达系统由合成孔径雷达与激光雷达两部分组成，合成孔径雷达对于云层强大的穿透力可在全气候条件下开展监测工作，随着合成孔径雷达向全极化与高分辨率方向发展，合成孔径雷达已被用于获取植物水分、土壤特征、冠层特点等信息，此类信息将在植物病害的监测方面发挥作用。激光雷达系统能够获取植物冠层更加丰富、详细的信息，采集的信息可以对冠层建立 3D 结构模型，对于一些可造成冠层形态变化的植物病害有监测预警作用，如花生菌核病。合成孔径雷达与激光雷达系统、可见光 – 近红外光谱监测系统和荧光与红外热辐射遥测系统采用不同的作用方式，为监测预警系统的发展提供了新的思路。

在利用遥感技术监测植物病害的研究中，根据遥感平台的不同可将遥感分为近地遥感、航空遥感、卫星遥感。近地遥感是利用光谱仪在实验室或田间测定农作物或冠层受病害侵染后的光谱反射率完成对植物病害的监测，具备使用操作简便、收集数据量大、数据处理容易等优势，也是目前对于病害监测研究最多的遥感类型。近地遥感监测在大量病害中已经建立并应用，包括稻瘟病、玉米小斑病、玉米矮花叶病、小麦赤霉病、小麦条锈病、小麦白粉病、小麦叶枯病、小麦全蚀病、马铃薯晚疫病、棉花黄萎病、芹菜菌核病等。

近地遥感作用面积有限，在对大面积种植的农作物的监测上，其应用有着较大程度的限制。航空遥感一般以无人机、热气球等航空飞行器平台对地面进行监测，较近地遥感而言，监测面积更广、范围更大、数据获取更快捷。航空遥感目前在已应用于水稻白叶枯病、小麦条锈病、小麦叶枯病、马铃薯晚疫病、柑橘黄龙病等重要病害的监测预警中。Li 等利用航空高光谱影像对柑橘黄龙病开展遥感分类监测研究，研究表明选择合理的方法可使独立检测的样品精度超过 60%。Su 等利用无人机技术，结合不同传感器技术（RGB、多光谱、高光谱等）对小麦条锈病田间发病情况进行快速监测，研究表明带有 GPS 信息的时空监测图谱可对条锈病进行快速、有效的监测。通过搭载 5 波段多光谱可视红外相机的无人机对田块进行飞行与拍摄，对图像进行校准与分析后使用基于深度学习的 U-Net 技术开展模型建立、训练、测试并对图像进行分类（图 4-4A），最终完成对拍摄图片的背景像素（未生长植物的土地）、健康植物、感染小麦条锈病植物准确分类（图 4-4B），可实现对田间小麦条锈病的快速监测。

随着国内外航天技术的发展，卫星遥感也在多种植物病害的监测上作出重要贡献，如小麦条锈病、小麦叶锈病、小麦白粉病、柑橘黄龙病等。Franke 和 Menz 使用 Quickbird 影像对小麦病害进行了识别与监测；Zhang 等采用多时相环境星影像在区域范围上对小麦条锈病进行监测，检测了马氏距离（mahalanobis distance，MD）法、最大似然分类（maximum likelihood classification，MLC）法、偏最小二乘回归（partial least squares regression，PLSR）法、混合调谐匹配滤波的混合像元分解（mixture-tuned matched filtering，MTMF）法等在监测中的效果，最终提出一种耦合 PLSR 和 MTMF 的监测法，使监测区域精度达 78%。Lin 等利用 SPOT-6 影像和 SAM 算法，建立出结合地面高光谱和多光谱的小麦白粉病监测体系，并应用于陕西关中地区白粉病的监测，精度达 78%；马慧琴利用多光谱卫星遥感影像数据提取植物长势信息、生长环境信息、地表影像，通过分析各波段反射率特征，结合 Relief 算法和泊松相关系数进行进一步筛选，使用相关向量机得到的遥感气象特征，进行小麦灌浆期白粉病识别区分及监测预警模型建立，模型的预测准确度可达 84.2%。

（三）地理信息系统

地理信息系统（GIS）是以地理空间数据为基础，利用地理模型分析方法，适时提供各种多空间和动态的地理信息，对各种地理空间信息具有收集、存储、分析和可视化表达等功能，是一种为地理研究和地理决策服务的计算机技术系统。GIS 的组成可分为 5 部分，即人员、数据、硬件、软件和过程。人员是 GIS 最重要的组成部分，开发人员必须对 GIS 中被执行的任务进行明确的定义，开发相应的处理程序；数据是 GIS 分析的基础，精确可用的数据会影响查询和分析的结果；硬件影响系统的性能和处理速度；软件不仅包括 GIS 程序，同时还含有数据库、绘图、统计、影像处理及其他相关程序；过程是指 GIS 需要定义明确、一致的方法输出正确且可验证的结果。

GIS 是包含不同学科的综合性系统，包含地理学、地图学、遥感及计算机技术，拥有强大的地理空间信息处理能力，在科学调查、资源管理、发展规划等多领域均有应用。在区域性植物病害研究中，GIS 可以对环境因子、气象数据、病害种类、农作物生长状况进行信息采集，并对病害发生发展的趋势进行预测，同时具备一套图形展

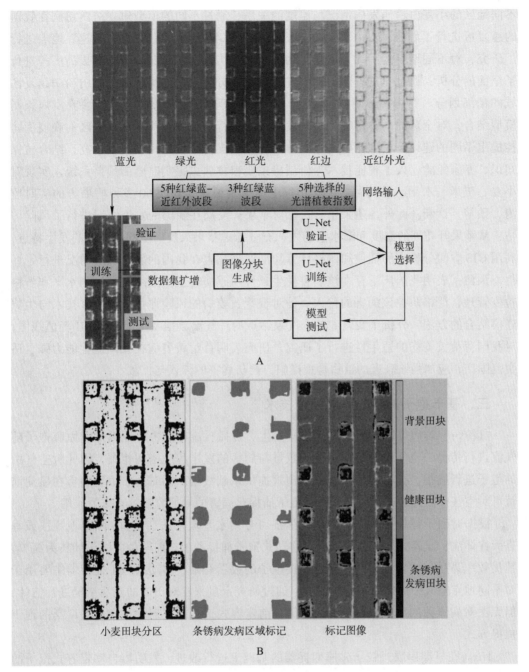

蓝光　绿光　红光　红边　近红外光

5种红绿蓝-近红外波段　3种红绿蓝波段　5种选择的光谱植被指数　网络输入

验证　U-Net 验证

训练　数据集扩增　图像分块生成　U-Net 训练　模型选择

测试　模型测试

A

背景田块

健康田块

条锈病发病田块

小麦田块分区　条锈病发病区域标记　标记图像

B

示功能，在病害的空间分布、预测预报、风险评估等方面应用广泛。

在病害的空间分布方面，Wu 等使用 GIS 聚类分析研究莴苣霜霉病在美国加利福尼亚州田间及 Salinas 山谷分布，研究发现 Salinas 山谷病害可分为南北两个病害区，两个病害区的发病情况差异巨大，而环境因子的不同是病害空间分布差异的决定因素。马占鸿等利用 GIS 和地统计学，结合多年气象数据以及寄主小麦因子，对小麦条锈菌越夏区进行气候区划，明确适合小麦条锈菌越夏的范围。Li 等采用 GIS 技术分析我国不同地区的小麦白粉病发病情况与温度的关系，通过不同的模型建立对白粉病在我国的越夏区进行了划分。Zou 等在此技术上，使用 GIS 技术对更大范围的越夏地点进行了研究，对不同地点的平均温度、平均降水、平均湿度、日照时间、海拔高度等进行了全面的分析，通过建立不同的模型进行关联性分析，最终实现对我国白粉病越夏区域的精细划分。在病害预测预报方面，Hijmans 等应用 GIS 技术与马铃薯晚疫病预测模型结合，对全球的马铃薯晚疫病的发生情况进行了预测，并对不同地区的晚疫病防控提出不同的建议。司丽丽等通过对 GIS 与决策支持系统的相关技术研究，结合植保知识、专家经验、人工智能技术等研制出主要粮食病虫害实时监测预警系统，实现对小麦、玉米、水稻、马铃薯、高粱、谷子等主要粮食作物的 60 多种病虫害的实时监测、预警、诊断。此外，还采用 GIS 针对苹果火疫病在我国的发生情况进行了风险评估：从苹果开花期的温度和降水量切入，充分考虑苹果火疫病在欧洲地区的发生特点，利用 GIS 空间分析中的插值和栅格计算功能对该病害在我国的发生风险情况进行了评估与预测，表明我国广泛存在该病害发生条件与感病寄主，亟须提高检测水平和严格检疫管理，严格防控该病害的传入。针对苜蓿黄萎病的风险评估采取 GIS 技术与生物建模结合的方法，分析了我国 677 个气象站点的月气温数据及全国土壤 pH 等值线图，对我国苜蓿黄萎病的适生性进行了研究，研究表明苜蓿黄萎病在我国适生能力强、适生范围广，应加强该病害的植物检疫措施，严防病害的传入与扩散。

三、基于孢子捕捉的监测预警技术

白粉病、锈病等多循环气传病害的发生、传播、流行的主要原因是病原菌孢子随气流进行传播，空气中的病原菌孢子数量与病害的发生程度密切相关，因此对空气中的孢子进行捕捉、分析可为病害预测预报提供基础数据。同时由于植物病害在显症前就可对空气中的孢子进行监测，因此孢子捕捉对病害的早期监测具有重要作用。

根据对孢子捕捉方式不同，孢子捕捉可分为水平玻片法、垂直/倾斜玻片法或垂直圆柱体法、定容式孢子捕捉器法、移动式孢子捕捉器法。前两种方法设计较为简单，捕捉效率易受气候环境影响，同时捕捉孢子的数量有限。移动式孢子捕捉器主要用于对不同地点空气中的病原菌孢子取样，通过研究定量采样对田间的发病情况进行估计，但无法对病原菌的数量进行连续监测，目前定容式孢子捕捉器法是应用最广泛的孢子捕捉方式。

Hirst 在早期串联式粒子碰撞捕捉器的基础上进行改进，发明出自动定容式孢子捕捉器，该装置的原理是通过空气驱动装置使捕捉仓内形成负压，空气中的孢子通过一个狭窄的口后被吸附到捕捉盘上黏性的捕捉带上。此后，该装置经过不断改进，Hirst 捕捉器被 7 天定容孢子捕捉器（7 day recording volumetric spore trap）所取代，新型孢子捕捉器很快被大范围推广使用。这种新型孢子捕捉器由 Burkard 公司生产，主要的提升是在孢子被孔口吸入后（孔口吞吐量为 10 L/min），孢子可着落至表面覆盖胶带的鼓上，鼓与每 7 天或每 24 小时旋转一圈的时钟相连接，因此在一周或一天内可记录的孢子捕捉数据而无须更换设备（图 4-5A）。近期 Burkard 公司推出一款新型 DNA 自动孢子捕捉器（DNA auto spore trap），这种孢子捕捉器的孔吞吐量高达 300 L/min，设备在捕捉孢子的同时可对孢子进行定量检测，同时可通过特异引物扩增对捕捉的孢子进行 DNA 检测以确认出具体的病原物，所有获取的信息可以通过网络信号传至云端，也可保存至内嵌的存储卡中（图 4-5B）。

　　河北农业大学于 2008 年自行研制出"河农型"电动式病菌孢子捕捉器，可对孢子进行逐小时的捕捉，该装置利用微型风扇抽气使捕捉仓内产生负压，使外部空气携带孢子进入气孔并冲击胶带，孢子会被附着于胶带上进行实验室观测与计数（图 4-6A）。中国农业大学于 2014 年研制出"中农"孢子捕捉器，可用于对稻瘟病、玉米小斑病、玉米大斑病、小麦条锈病、小麦赤霉病、小麦白粉病、马铃薯晚疫病、葡萄霜霉病、瓜类白粉病等病害在田间的孢子捕捉。西北农林科技大学于 2018 年研制出旋转式孢子

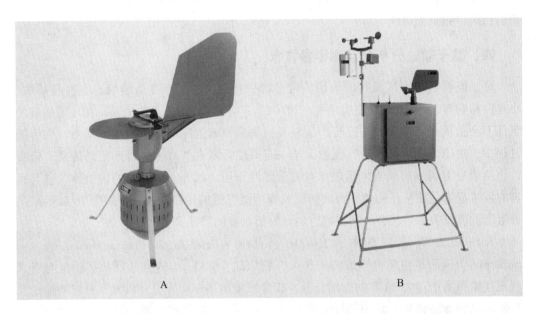

图 4-5　Burkard 公司研发的孢子捕捉器
A. 7 天定容孢子捕捉器；B. DNA 自动孢子捕捉器

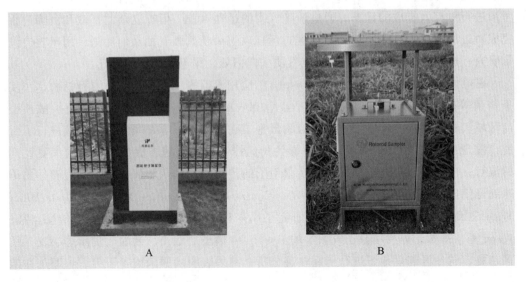

图 4-6　我国研制的孢子捕捉器
A. "河农型"电动式病菌孢子捕捉器；B. 旋转式孢子捕捉仪

捕捉仪，可对多种气传病害的病原菌进行孢子捕捉，可实时监测收集的病菌孢子数量及其动态变化（图 4-6B）。

利用孢子捕捉仪可对空气中的孢子进行计数，结合寄主特点、气候特征、发病情况等因素，可分析不同因子和病害发生的相互作用关系，最终通过建立病害的预测模型完成病害的监测预警。Blanco 等利用定容式孢子捕捉器发现空气中的分生孢子数量和草莓白粉病的病情具有显著的正相关；Cao 等使用 7 天定容孢子捕捉器对小麦白粉病的病原菌分生孢子进行监测，通过分析分生孢子浓度和其他相关影响因素与病害发生的关系，建立了小麦白粉病病害预测模型。郭丽丽等通过孢子捕捉仪和 TaqMan-qPCR 定量的方法，明确了陇南市条锈菌夏孢子的周年变化规律，并分析了温度、湿度、降水量等因素对该地区小麦条锈菌夏孢子的动态影响。基于空气中的病原物孢子数或孢子浓度的监测预警在其他病害中也屡有报道，如苹果白粉病、草莓灰霉病、葡萄白粉病、甜菜褐斑病等。

四、基于轨迹分析的监测预警技术

对于能够造成大区流行的远距离传播的气传病害（如小麦条锈病、小麦秆锈病、小麦白粉病等），病原菌在完成越夏、越冬后，可随气流传播至种植区，在环境适宜的条件下会造成病害的爆发与流行。气流是植物病原菌远距离传播的主要动力，在传播过程中，病原菌孢子被上升气流抬升至一定高度后随大气环流进行远距离传播，传播的轨迹研究对揭示病原物传播规律有着重要的作用。此外，病原菌的初始菌源量与病害的发生程度往往呈正相关，因此研究病原菌随气流的传播路线、传播距离与菌源区、着落区的菌量关系，将会为病害的监测预警提供新的思路和方法。

大气质点轨迹分析平台 Hysplit（hybrid single-particle lagrangian integrated trajectory）模型是由美国国家海洋和大气管理局（NOAA）的空气资源实验室与澳大利亚气象局基于过去 20 年的数据分析，联合研发出用于计算与分析大气颗粒物输送及扩散轨迹的专业模型。该模型计算方法是拉格朗日方法的一种混合算法，采用移动参考系进行对流及扩散的计算，通过计算气团的运动轨迹、模拟复杂的扩散和沉降过程完成轨迹的溯源与追踪，Hysplit 可通过后向轨迹分析判断气团从何而来，用于轨迹溯源研究；也可通过前向轨迹分析推测气团去向何处，用于轨迹预测研究。

在植物病害的监测预警方面，Hysplit 已应用于监测大豆锈菌、小麦秆锈菌、小麦条锈菌等病原菌的远距离传播。Pan 等（2006）结合 Hysplit-4 颗粒运送及扩散模型与区域气候预测模型（MM5）对大豆锈菌孢子在洲内、洲际之间的传播轨迹进行了研究，发现 2004 年传播进入美国南海岸各州的锈菌孢子引起了次年美国国内大豆锈病的流行，同时通过模型预测出大豆锈菌孢子的传播轨迹是从非洲传播至南美洲，再传播到哥伦比亚；国际玉米小麦改良中心（Centro Internacional de Mejoramientode Maizy Trigo，CIMMYT）利用 Hysplit 模型研究了小麦秆锈菌小种 Ug99 的远距离传播路径；Wang 等、王海光等利用基于气象学的 Hysplit-4 模型对四川、云南、贵州等小麦条锈菌越夏、越冬区的夏孢子进行传播轨迹分析，结果表明病原菌孢子于春、秋两季在四川、云南、贵州等地频繁交换，这些省份的菌源大概率影响了我国北方地区、西北地区、西南地区条锈病的发生与流行。

第三节　植物病害及影响因子监测

植物病害流行系统的监测是开展病害预测和防治决策的前提和基础。本节主要介绍植物病害、病原物，以及与病害发生密切相关的寄主、环境等因子的常规监测方法和新技术。

植物病害的流行系统监测（epidemic system monitoring）是对病害流行的动态分布及其影响因素进行全面持续的定性和定量观察，并予以表述和记录。其目的在于掌握植物病害的流行动态和影响病害流行因素的变化情况，从而为生产中开展植物病害的预测和防治决策提供可靠依据，为植物病害发生发展规律和预测方法的科学研究提供服务。著名的植物病害流行学家曾士迈先生曾说过："在植物病害综合防治体系中，以预测为基础的防治决策是核心，而实况监测则是预测和决策必不可缺的依据，没有大量合格、可靠的检测资料，预测方法的制定和防治对策的研究便无从下手。"对监测数据加以科学分析，以便对防治策略进行恰当的评价，从而提高植物病害的防治效率和水平。

一、病害监测

通过植物病害监测，可以了解一种病害在某地区是否发生、发生的面积和程度，以及病害流行的时空动态信息，在此基础上通过预测，确定是否制定防治策略及采取防治措施等，因此病害监测是病害预测和防治的基础。

（一）常规的病害监测方法

病害调查可以从田间直接了解病害的发生和流行情况，也是目前病害监测最常用的方法，通常分为一般调查和系统调查两种。由于生物种群特性、种群栖息地内各种生物种群间的相互关系和环境因素的影响，某一种群在空间散布的状况会有差异，即空间分布格局不同。病害空间分布格局是指某一时刻在不同单位内病害（或病原物）数量的差异及特殊性，通常有 4 种类型，即泊松分布（Poisson distribution）、二项分布（binomial distribution）、奈曼分布（Neyman's distribution）和负二项分布（negative binomial distribution）。病害调查时取样方法必须适合具体病害的空间分布格局，否则就不能获得准确的代表值。在病害的调查过程中，需要对病情进行记载。通常病情用病害发生的发病率、严重性和病情指数来表示。

（二）利用"3S"集成技术与植物病害监测

应用"3S"集成技术监测植物病害的基本流程是：利用 RS 提供的最新图像为植物病害调查的数据源（或由 GPS 提供的点线空间坐标作为数据源），通过计算机将 RS 图像进行矢量化，并判断出病情发生点；利用 GIS 作为图像处理、分析应用、数据管理和储存的操作平台，确定病情发生点的精确地理坐标、危害程度、发生范围和面积等所需信息；利用GPS作为定位目的点位精确空间坐标的辅助工具，可制定出测报点分布图、勘察线路图，并帮助地面实地调查人员找到病源地的准确位置，三者紧密结合可为用户提供内容丰富的病情资料和及时准确的基础资料。Nutter等运用地面GPS定位，通过地面高光谱测量、小型飞机搭载光谱仪低空飞行和Landsat-7分别获得地面、航空和卫星三个不同平台的遥感数据，利用GIS进行数据分析，监测大豆孢囊线虫（*Heterodera glycines*）的危害范围和危害程度，建立了田间病情与地面光谱以及航空和卫星遥感数据的关系。2019年，李卫国等为快速、大面积进行县域冬小麦病害遥感监测，将GIS、RS、GPS、组件技术以及数据库综合集成，采用常用的C/S模式，利用Delphi编程语言开发了县域冬小麦病害遥感监测信息系统（winter wheat disease remote sensing monitoring information system，WDRSMIS）。WDRSMIS系统包含影像数据管理、空间地理信息分析、生长参数反演、病害估测、产量估算与统计、遥感信息生成和系统使用指南7个功能模块，该系统在方便提供地理空间信息数据的浏览、分析与管理性能的同时，能较好实现对该区域冬小麦病害的有效监测，还可依据监测数据进行图像显示和统计比对分析（图4-7）。"3S"集成技术使植保研究的病害信息以及环境信息的获取、采集、分析和利用更加自动化、科学化，提高了对农业有害生物的监测预警能力和综合治理水平，是未来监测作物病害的发展趋势。

（三）计算机技术与植物病害监测

当今，以信息技术为特征的信息化浪潮席卷全球，人类社会信息化进程不断加速。

图 4-7 冬小麦病害遥感监测信息系统的功能结构

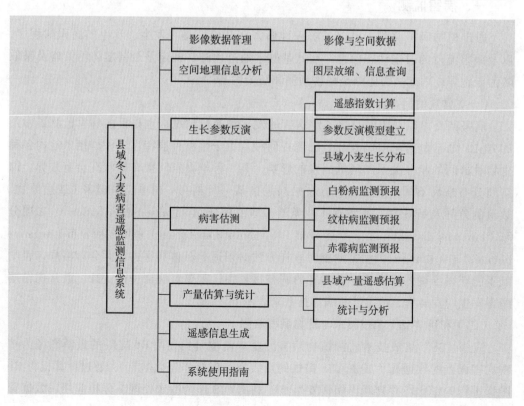

信息与物资、能源同等重要，已经成为现代社会人类可以利用的最重要战略资源之一，并将在社会生产和人类生活中发挥日益重要的作用。以计算机为核心的现代信息技术，自 20 世纪 70 年代末进入我国农业领域，多年来经历了起步、普及、发展和提高 4 个阶段，在应用的广度和深度上均达到了一定的水平，已渗透到农业的各个学科。在植物病害监测上，信息技术也发挥着越来越大的作用。

1. 植物病害数据库管理

数据库（database）是指长期存储在计算机设备内的有组织和可共享的数据集合。目前，我国关于病害监测的数据很多，管理和利用这些数据对研究病害流行和预测有着十分重要的作用。数据库系统不是从具体的应用程序出发，而是立足于数据本身的管理，它将所有数据保存在数据库中，进行科学的组织，并借助于数据库管理系统，与各种应用程序或应用系统接口，使之能方便地使用数据库中的数据。数据库技术的发展为信息的存储、分类、查询、传递等提供了保证。随着有害生物综合治理（integrated pest management，IPM）理论和实践的丰富与发展，病害数据库技术已成为研究和治理病害生态系统的一种必要手段，并建立了植物检疫数据库、植物病毒分类鉴定数据库、外来有害生物数据库、植物病虫害数据库等，在国内外已广泛运用于 IPM 决策中。

2. 病害信息的网络化传递

自美国政府提出以信息高速公路为标志的国家资讯通信基本建设（national information infrastructure，NII）计划后，各国也纷纷推出了自己的计划，全球信息化建设飞速发展。作为信息高速公路基石的美国第一公用数据网，如今已经成为全球的计算机互联网，共有 180 多个国家和地区、全球 134 000 多个网络、近亿台计算机主机、600 多个大型图书馆、400 多个学术文献库、100 多万个信息源与之相连接，用户总量超过 10 亿。目前，植保领域的信息网络化已得到一定的发展。例如，我国科研人员根据小麦赤霉病发生规律和病害发生特点，开发了基于物联网的赤霉病自动监测预警系统。2012—2015 年，研发了 3 代小麦赤霉病预报器，投放到全国多个观测点，从区域实时数据采集（初始菌量等）、无线传输与存储预测到发布预警信息至手机或电脑客户端，该平台构建了大数据分析预测系统，基于植保系统传统的预测模式和业务流程，集成了数据上报查询、统计分析、预测预警等功能，提升了预测的时效性、可靠性和准确性，实现了小麦赤霉病监测预警的数字化、网络化，为小麦赤霉病的预测提供了重要依据。

计算机信息技术在植物病害监测和管理中的应用，能够更加准确地监测病害的动态变化，进行各种不同时效预测及综合治理，从而大大提高了监测预警能力和防灾减灾效率。

二、病原菌监测

病原菌是植物病害三角或四角关系中的要素之一，其繁殖或传播的量是病害发生和流行的一个重要驱动因子。病原菌具有侵染能力的繁殖体或传播体的生存力、传播能力与病害的流行速度、流行期长短及分布范围有很重要的关系，因此在一些病害的预测和管理中，对其病原菌的繁殖体或传播体的监测是必需的。对病原菌种群数量的估测，技术难度较大，在绝大多数情况下，由于个体微小或计数单元无法划分，很难测定，只有一些病原菌的繁殖体或传播体如菌核、孢子等可进行直接测定，且只能测定传播体相对数量的变化或相对特定条件下群体的数量。这些原因制约了对病原菌的监测研究。近年来，一些现代监测仪器的发展和改进特别是分子生物学技术的飞速发展，为此方面的研究提供了先进的技术支持。

（一）病斑产孢量的测定

对产孢量的测定是病害流行分析和流行预测中不可缺少的组分。传统的产孢量测定是利用套管法，即将产孢叶片插入开口朝上的大管中或两头开口的 J 形管中。换管前将叶片上的孢子抖落在管中，或用 0.3% 的吐温水冲洗孢子。冲洗液离心后，在显微镜下用细胞计数板检查孢子的数量。黄费元等采用透明胶粘贴的方法来测定稻瘟病菌（*Magnaporthe oryzae*）田间片的孢子量，方法是将透明胶带对准叶片病斑粘贴，轻压后将胶带撕下，贴于载玻片上镜检。对病斑正面和反面依次粘贴，直至最后粘贴的透明胶带检查不到孢子为止，将各次粘贴检查到的孢子数相加，即为该病斑的产孢数。

与人工计数分生孢子相比，自动图像分析速度更快，数据的准确性更高。2021 年，Muskat 等通过计算机辅助图像分析，建立了一种快速、准确、高通量的真菌产孢定量方法。该研究假设散布在光滑表面上的分生孢子会反射光，而这种漫反射的光与分生孢子的数量有关。结果表明，分生孢子产孢带的灰度值（分生孢子反射光的大小）与计数分生孢子的实际数量之间的相关性高达 0.99（图 4-8，图 4-9）。

（二）空气中病原菌的监测

对于气传病害（如小麦条锈病、白粉病等）来说，流行初期繁殖体和传播体（孢子）的数量是病害预测预报的重要依据。用于植物病原菌繁殖体或传播体（孢子）数量或密度监测的方法和仪器与监测非生物粒子或花粉的方法和仪器较相似。因为非生物粒子与病原菌孢子的大小比较接近，非生物粒子的直径大小为 1~40 μm，真菌孢子为 10~40 μm，气传细菌为 0.5~5 μm，只不过对生物粒子的采样要求尽可能不要损伤或不要破坏它们的活性。尽管用于病原菌繁殖体或传播体的取样装置或方法较多，且每种装置或方法有各自优、缺点并只适于一定的粒子大小范围，但其截获繁殖体或传播体的原理主要是基于重力沉降、惯性碰撞等。

1. 水平玻片法

水平玻片法是最早使用的孢子采样方法，采用水平放置涂有黏性物质（凡士林等）的玻片，依靠重力沉降来收集病原菌孢子。该方法具有经济、简便易行的特点，并可提供一定程度的定量或半定量信息，但易受旋风、涡流的影响，只适于收集较大孢子。一般在中等风速下，用此方法获得的孢子量就明显低于实际值，高风速下，边缘效应或涡流使玻片表面很难截获病原菌孢子。尽管水平玻片法不适于准确度要求高的大田和室外定量监测，但可用于靠降水传播的病原菌或室内（温室和保护地等）病原菌的监测或取样。玻片也可换成含有选择性培养基的培养皿，用来收集气传真菌孢子或菌

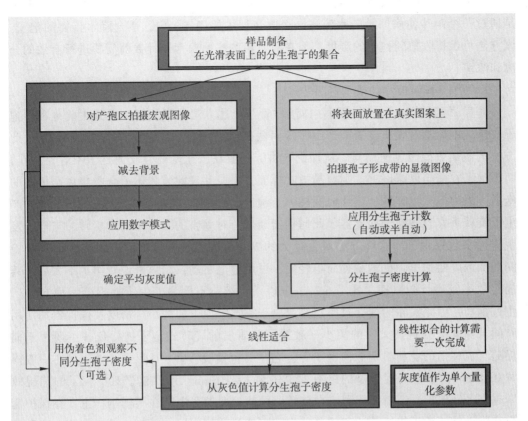

图 4-8　显微产孢图像与孢子数量的分析流程

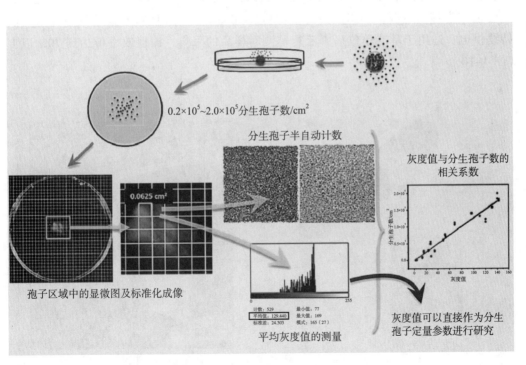

图 4-9　显微产孢图像转换成孢子数量的工作原理

丝，提供繁殖体或传播体的生活力和种类信息。利用重力沉降方法取样的另一个变型是通过一个漏斗使病原菌随水流进一个收集器（如烧杯）中，适合降水传播的孢子。该方法可保持收集到孢子的湿度，但在对收集的病原菌孢子计数前需要进行有效的分离和浓缩。

2. 垂直 / 倾斜玻片法或垂直圆柱体法

垂直 / 倾斜玻片法或垂直圆柱体法尽管与上述方法非常相似，但其主要是利用孢子在空气中运动对收集器表面产生碰撞而截获孢子。由于需要借助外界风的力量，此方法的收集效能因风速而异。从理论上讲，一般在风速低的时候大孢子不容易截获，而小孢子在中等风速以上，则容易被吹掉而丢失，并且此装置不适合收集风雨传播的孢子。因为孢子很容易从玻片或圆柱体上被冲刷下来，所以此方法被进一步发展，产生了旋转垂直胶棒孢子捕捉器。此捕捉器通过一对垂直的黏性棒高速旋转，与孢子发生碰撞来收集孢子。这种方法对直径大约 20 μm 的孢子的捕捉效率最高，而且能检测到低浓度的孢子，机械装置简单轻便，可用电池驱动，相对来说费用也不太高。其捕捉效率较高且受风速（低于 6.2 km/h 以下）影响不明显，由于捕捉器表面容易产生过饱和，因此实际的捕捉效率主要取决于空气中孢子的大小、密度及捕捉器的使用时间。西北农林科技大学的胡小平教授团队研发的旋转式孢子捕捉仪，主要用于捕捉随气流传播的花粉、病原菌孢子等。它主要包括旋转臂、U 形丙烯捕捉棒（一般棒宽 0.48 mm，它对捕捉粒子的最有效范围为 1 ~ 10 μm，且棒越窄对小粒子的捕捉效率越高）和保护盒，捕捉棒固定在旋转臂两侧，保护盒固定在不锈钢杆上，在保护盒内有驱动旋转臂工作的马达和控制工作状态的开关控制器。同时，设置有蓄电池和太阳能板作为移动电源，在田间野外，都可以持续工作，即使在不良天气条件下也能持续供电，适用于基层单位病害流行监测时样品的采集，捕捉效率可达到 70% 以上（图 4-10）。

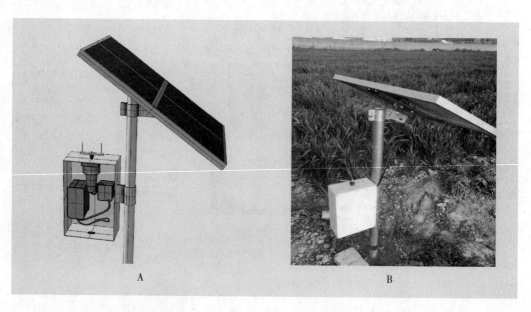

图 4-10 U 形旋转式孢子捕捉仪结构图
A. 模式图；B. 田间实物图

3. 定容式孢子捕捉器

此类捕捉器大多数是用真空泵或其他空气驱动装置把孢子吸入捕捉器内，通过碰撞落到一个运动的收集表面，它可测出单位时间的孢子数量，由此可计算出孢子在空气中的浓度即单位体积的孢子数目，也称为吸入型孢子捕捉器。此装置相对不受风速和孢子大小的影响，其误差主要来自两个方面：一是吸入误差，即孢子未进入捕捉器的口；二是截获误差，即孢子没有着落到正确的位置，或被捕捉器的内壁所截获，或者孢子随空气穿过捕捉器。这类捕捉器采用了孢子从环境中分离出来的最理想方法，即等空气速度取样。其收集效率随粒子的大小和风速的增加而增加与取样器口的大小成反比。孢子被吸入后可着落在一个表面覆有胶带的鼓上，而鼓与一个每 7 d 或 24 h 旋转一圈的时钟连接，因此它可自动记载 7 d 或 24 h 的孢子数据，而不需要在此期间更换截获孢子的鼓。河南兆迪电子科技有限公司研发的 ZD-NYA1 定容式孢子捕捉器，可以自动识别、孢子自动捕获（气体采样：采集流量 120 L/min，采集时间 1 ~ 160 min）、培养观察、多角度成像等功能（1 000 万像素能够自动对所捕获病菌孢子进行高清显微拍摄，所拍摄图像清晰度能够达到人工识别病菌孢子种类的要求），系统在自动解决了孢子捕捉功能基础上，升级为无人值守自动完成培养（孢子采集完成之后，经过培养液滴定后的载玻片自动进入培养仓进行 25℃ 恒温培养，可设置培养时间）可用于对小麦锈病、小麦白粉病、小麦赤霉病、稻瘟病、马铃薯晚疫病、玉米大（小）斑病、葡萄霜霉病和瓜类白粉病等病害田间空气中病菌孢子的捕捉，为研究和掌握各种病菌孢子萌发条件与规律提供了便利（图 4-11）。

（三）土壤中病原菌的监测

土传病害的发生与发病程度，取决于病原物和土壤中有益微生物以及寄主植物在土壤中复杂而特殊的生态环境条件下相互竞争、相互联系和相互制约的结果，土壤中病原菌的种群数量定量是病害预测和防治的重要依据。一般来说，对土壤中病原物定

图 4-11 定容式孢子捕捉器

量首先需要从土壤中分离病原物，目前常用的方法包括直接提取和使用选择性培养基。直接提取适用于线虫和真菌产生的菌核，不能产生菌核的真菌和细菌则往往先将土壤配制成悬浮液，然后用稀释法或划线法分离。

潜伏状态病原菌的监测病害一般在发生初期或越夏、越冬阶段处于潜伏状态，而此阶段病害菌源量的准确估计对病害流行预测预报十分重要，它是预测病害发展趋势的重要参数。但使用常规方法调查病害时，用肉眼无法观测到处于潜育状态的植物病害，而叶片培养法费工费时，且受环境干扰大，结果误差也比较大。快速发展的分子生物学方法和技术为此提供了强有力的工具，它可解决一些用传统植病流行学方法无法或很难解决的问题。20 世纪 60 年代以来，世界各国研究者对土壤中病原物的定量检测开展了大量研究。目前，已报道的定量技术可以分为半选择性培养基平板计数法、酶联免疫分析、指示植物法和分子生物学方法。

1. 半选择性培养基平板计数法

半选择性培养基平板计数法是将已知量的土样涂布于半选择性琼脂培养基上，经过培养，微菌核萌发并且形成菌落。涂布之前，土样需要经过烦琐的预处理和微菌核回收过程。培养之后，用流水冲洗掉平板表面的土壤，然后在显微镜下对菌落进行计数。最终结果以每克干土中菌落形成单位（colony forming units，CFU）的数量表示。虽然该方法是检测土壤中大丽轮枝菌微菌核最经典的技术，但是采用此方法进行定量检测时，常因某些化学组分缺乏、土壤类型和土壤微生物区系的差异，造成应用效果不一致，且耗时较长。

2. 酶联免疫分析

Heppner 和 Heitefuss 建立了双抗体 ELISA，这种方法使用的是单克隆抗体和多克隆抗血清，它们能与菌核中的可溶性蛋白质反应。该方法包括提取土壤悬浮液、水筛、风干 20 ~ 125 μm 的土壤颗粒、超声处理、离心分离和在微量滴定盘上培养上清液，测定 405 nm 的光学密度等步骤，其检测极限是每克土 2.4 μg 微菌核（为每克土 1 ~ 2 个微菌核）。

3. 指示植物法

指示植物法是在田间或盆栽土壤中种植感病指示寄主植物以间接评估土壤中病原菌密度和侵染潜势的一种检测方法。该方法并不是真正意义上的定量检测技术，通常用于特殊目的，如筛选植物抗病植株或者评估生防剂效果。在进行生物检测时，首先要在土壤中种植感病寄主，如茄（*Solanum melongena*）、拟南芥（*Arabidopsis thaliana*）或抗病的曼陀罗，在标准化环境下生长 3 ~ 8 周后，采集植物根部，冲洗干净接种于选择性培养基上。培养结束后，测量根部被侵染长度或者每单位长度根部的菌落数量。Soesanto 和 Nagtzaam 等采用人工接菌土壤确定了该方法的检测下限为每克土 1 个微菌核，但是并没有测试该方法在大田中的检测下限。指示植物法需要标准化的生长环境（培养温度和土壤湿度），专业化的操作技术以及标准化的试验步骤（移栽、病害评估和根的离体培养），因此实际操作中较难实现。

4. 分子生物学方法

基于 PCR 的分子生物学手段为病原菌的检测和定量提供了一个快速的方法。分子生物学方法检测土壤中大丽轮枝菌是通过检测种间特异性引物的 PCR 扩增实现的。1996 年，美国 Applied Biosystem 公司研究发明了实时定量 PCR（real time quantitative PCR，qPCR）反应技术，该技术通过绝对定量或者相对定量达到边扩增边检测。该技术因具有灵敏、快速、重复性好、特异性强和定量准确等优点，目前已成为分子生物学研究的一个重要工具，并被广泛应用到科学研究的很多领域。例如，魏锋结合土壤水筛提纯微菌核和 qPCR 技术，建立了适合田间大量土样中微菌核的快速定量检测方法（水筛 +qPCR 方法）。该方法具有特异性强、灵敏度高及快速准确等优点，检测下限为每克土 0.5 个微菌核，检测结果与传统的选择性培养基平板法检测结果具有显著相关性（ $R^2 = 0.93$ ）。为掌握土壤传播病害的发生发展变化，研究病害流行学、进行综合防治提供技术支持（图 4-12）。

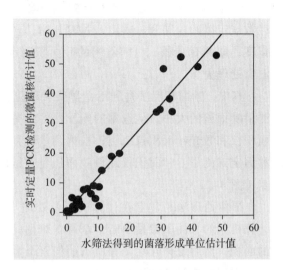

图 4-12　常规水筛涂平板法和水筛后实时荧光定量 PCR 法检测结果的相关性
图中直线表示这 34 个样品拟合的线性关系：qPCR=1.205（±0.042）×CFU（ R^2=0.93）

三、寄主监测

寄主是病害发生的本体和场所，同时也是病原物赖以生存繁殖的物质基础。但是在研究过程中，人们往往容易忽视作物本身的动态而只热衷于病害的动态监测。实际上，作物个体发育和群体动态对病害动态的影响很大。在作物动态监测中，生长发育阶段的进展和生物量的增长是两个最基本的观测项目。生物量中又以有害生物直接危害的器官或部位最为重要，如对叶部病害来说，叶片数和叶面积是最需要测量的参数。

（一）生长发育阶段的划分

植物在不同生长发育阶段的抗病性存在差异。如农秀美等研究表明，有的水稻品种在苗期对细菌性条斑病表现出感病，后期则转变为抗病，并且这种抗性差异达到显著水平。因此，把作物的生长发育过程划分成不同的阶段，如萌发、出苗等，在病害流行监测上有十分重要的意义。此外，由于任何生物或器官都有自身的生命周期，而这种生命周期也能明显影响寄主的抗病性。因此，对某些病害系统来说，还需要记录寄主的年龄，如苹果树的树龄与苹果腐烂病的发生有关。

而目前常用的测量树龄的原理为：根据该树种物候特征库获取历年关键生育期中分辨率卫星影像，并构建关键生育期中分辨率归一化植被指数（NDVI）时序影像，根据果园区域矢量对关键生育期中分辨率 NDVI 时序影像进行裁剪，获得历年果园区域矢量，并进行逆时序逐像元累加算法得到的果树树龄。

（二）生物量

对有些病害如苜蓿褐斑病来说，在某些阶段，由于没发病新组织的增加和部分已死亡组织的崩解，虽然发病组织的绝对数量在增加，但是病害的相对严重度在下降。对这类病害来说，就应该对作物群体结构的动态变化进行监测。实际上，作物群体结构的变化可以分解为处于不同发育阶段的个体或不同器官的数量变化。其中最常用的观测为叶片面积和叶面积系数，除此之外还有茎数、分蘖数、果数和根长等。

叶片数、茎数、分蘖数和果数比较容易调查，但也需要明确计数的标准，如叶片计数规定以叶片展开、露出叶舌时开始计量。叶面积可以通过测量叶片的长度和叶片宽度，取两者乘积。目前常用的叶面积测定方法有方格纸法、称重法、叶面积仪法、图像处理法等。

其中，叶面积仪法是利用光学反射和透射原理，采用特定的发光器件和光敏器件，测量叶面积的大小。从选用的光学器件来分，叶面积仪可分为光电叶面积仪、扫描叶面积仪和激光叶面积仪三类；根据测量过程中是否移动叶片来分，可分为移动式测量和固定式测量。叶面积仪测量叶面积具有精确度高、误差小、操作简单、速度快等优点（图 4-13）。

图像处理法是建立在计算机图像处理基础之上，具有严谨的科学性，其原理为：计算机中的平面图像是由若干个网状排列的像素组成的，通过分辨率计算出每个像素的面积，然后统计叶片图像所占的像素个数，再乘以单个像素的面积就可以得到叶面积。常用扫描仪和数码相机获取图像，然后通过计算获得叶面积。例如，刘小锐等以叶用莴苣为例，运用 Image J 图像处理软件进行植株叶面积的测定（图 4-14），然后与传统测定方法方格计数法及纸样称重法的测定结果进行比较验证。结果表明方格计数法、纸样称重法与 Image J 图像处理 3 种方法测定结果之间不存在显著性差异（表 4-4），通过方程线性回归分析发现，3 种方法之间的相关系数均在 0.99 以上。

图 4-13　叶面积仪在田间测量玉米叶片面积

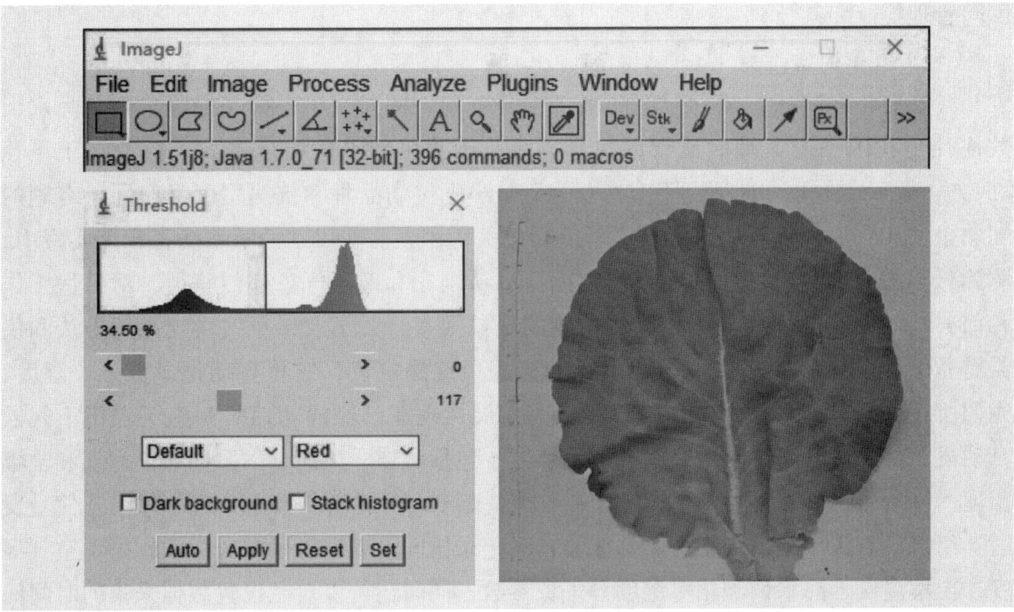

图 4-14　Image J 软件操作界面

表 4-4　三种叶面积测定方法的标准差及变异系数（刘小锐等，2020）

方法	叶面积 /cm^2	标准差	变异系数 /%
方格计数法	166.1	27.09	16.3
Image J	170.6	27.57	16.2
纸样称重法	164.2	26.61	16.2

四、环境监测

众所周知，任何生物都不能脱离其周围环境而独立存在，植物或病原菌也是如此，依存于围绕它们的环境条件。作为植物、病原菌相互作用而发生的植物病害，更易受环境条件变化的影响。一方面，直接影响病原菌，促进或抑制其传播和生长发育，如能够传播病毒的介体昆虫就能促进病原菌的传播，而降水则能够抑制气传病害的传播；另一方面，环境条件影响寄主的生活状态及其抗病性。因而，环境对于病害的影响是通过植物及病原菌双方改变其实力对比而起作用的。因此，只有当环境条件有利于病原菌而不利于寄主植物时，病害才能发生和发展。

病害流行是病原菌群体和寄主植物群体在环境条件影响下相互作用的过程，环境条件常起主导作用。对植物病害影响较大的环境条件主要包括以下 3 类：①气象因素，能够影响病害在广大地区的流行，其中以温度、水分（包括湿度、降水天数、降水量）、光照和风最为重要，气象条件既影响病原菌的繁殖、传播和侵入，又影响寄主植物的生长和抗病；②土壤因素，包括土壤结构、含水量、通气性、肥力及土壤微生物等，往往只影响病害在局部地区的流行；③农业措施，如耕作制度、种植密度、施肥、田间管理等。

（一）气象因素监测

气象变化影响病害流行程度的事例十分普遍。例如，小麦扬花期降水量和降水天数往往是我国小麦赤霉病流行的主导因素，因为引致该病的病原菌广泛存在于稻茬（南方）、玉米秸秆、小麦秸秆（北方）上，小麦抗病品种和抗病程度又有限，有利的气象条件和感病生育期的配合就成了流行的关键因素。在以前的植物病害预测实践中，监测最多的就是气象因素。大气候数据可以从国家和地区气象部门获得，对植保工作者而言，农田小气候观测则是其应监测的气象因素。关于农田小气候观测的方法和仪器有很多，例如，便携式电子温度计和光照风速测定仪，它可自动记录温度、湿度、光照强度及风速（图 4-15）。随着科技的发展，现在已经成功地研制出了农田小气候自动气象站（图 4-16）。系统主要由传感器（包括风速、风向、太阳辐射、空气和土壤温度、降水量、相对湿度等），数据采集器，支架，密封箱和数据分析芯片组及信号发射器组成。农田小气候自动气象站能够自动记录田间的风速、风向、太阳辐射、空气湿度、土壤温度、降水量和相对湿度等气象参数，同时还可以自主设置数据采集的时间间

图 4-15 便携式电子温度计（左）和光照风速测定仪（右）

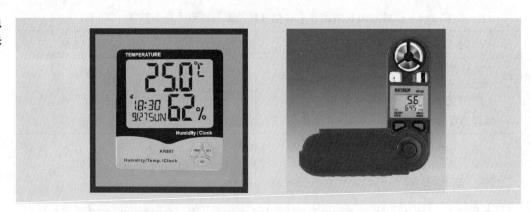

图 4-16 农田小气候自动气象站

隔。例如，国产的 NL-GPRS-I 型农田小气候自动气象站，不仅具有气象站自动采集和分析功能，还支持云平台和 APP 信息发布系统，工作人员可以在任何地方通过网页或手机查看实时数据。

（二）其他因素的监测

主要有土壤因素的监测，包括地形、地势、土质、地下水、排灌等情况（图 4-17），但土壤中的微生物种类及数量，以及氮、磷、钾等元素的含量则需要在实验室中进一步分析。分析方法有常规分析法和速测法，常规分析法虽复杂，但相对准确度较高，在田间施肥中有一定指导意义。速测法采用一种通用浸提剂将土壤中硝态氮、氨态氮、速效磷和速效钾提取出来，然后用不同的比色法来确定它们在土壤中的含量。

图 4-17 便携式土壤水分检测仪

第四节 植物病害预测

人类在地球上产生、生存、发展的过程中，对客观事物的认识也在不断地深入与提高。自工业革命以来的 200 多年间，科学水平和生产技术迎来了突飞猛进的发展，人类对客观事物的产生和发展的规律有了更深、更广的认识，对各种事物的预测能力在不断提升，预测技术和方法也日臻完善。植物病害预测是在充分认识病害发生发展规律的基础上，利用已知客观规律对未来病害的发生时间、发生程度及发生范围进行推测的过程。植物病害预测是通过对病害发生流行情况进行评估，对布局病害防治策略和制定病害防治工作提出指导性建议，以达到降低防治成本、提高防治效果的目的。

一、预测的历史、发展和意义

向往美好事物或美满的结果是人类的本能需求，古代从事渔猎活动时会根据经验选择行动路径和活动场所，从事种植活动时会依靠经验选择作物类型和种植方式，而许多自然灾害则对人类的生活产生毁灭性的打击。在避免灾难的过程中，人类逐渐对预知未来、洞悉未见展现出迫切的需求。在科学技术远未发达的时期，由于对客观世界一知半解的认知，人类仅可凭历史经验和直觉进行简单的逻辑推断，那时候的预测往往被少数预言家、占卜者、星相学家垄断并披上神秘的面纱。

直至 19 世纪 40 年代，随着预知未来这一需求的不断增加，科学理论知识体系的不断完善，预测逐渐形成一门学科。1943 年，未来学（futurology）的学科概念首次被提出，其包括未来预测和未来研究两个方面。19 世纪 60 年代，预测学由纯理论转向应用，并取得了长足的发展。19世纪70年代后，多学科理论和技术的高速发展提供了日趋成熟的预测方法，促进了经济发展和社会进步，同时现代化社会生产也带来了人口、资源、环境等全球性问题，致使预测学和未来学更加引起重视。目前，大量的人力、物力和财力已投入广泛的预测研究中。预测将在当代社会、经济、科学技术领域的许多重大活动中发挥着启动和导向作用。

我国病虫害预测工作始于20世纪50年代。1952年，第一个蝗虫测报方法被制定；1955年"农作物病虫预测预报方案"正式颁布。1973年测报方法进一步被修订。1979年稻、麦、旱粮、棉花、油料作物等多种作物的34种病虫害测报方法被修订，1987年病虫测报规范被组织制定。20世纪90年代中期病虫测报系统计算机联网工作在全国实行。

病害预测是实现病害管理的先决条件，在现代有害生物综合治理中占有重要的地位。预测的意义在于增加谋事的成功率，减少风险度。病害预测服务于病害防治决策和防治工作，根据准确的病情预测，可以及早做好各项防治准备工作；可以更合理地运用各种防治技术，提高防治效果、效益；也可以减少不必要的防治费用和减少滥用农药所带来的环境污染。

二、预测的概念

开宗明义是既重要又困难的事，因为任何事物都有复杂性的一面。同一事物，从不同角度去观察或表述可以给出不同的定义。况且预测学尚处于年轻的成长阶段，对它的认识还需要一个逐步完善的过程。夏禹龙等在《软科学》一书中指出学科发展的预测阶段是在揭示客观事物发展规律的基础上，展望未来，预测尚未发生，而又必然发生的现象。马海平等在《新兴学科概要》一书中指出：科学的预测是依据已知的科学事实、科学理论、科学思想和科学方法，揭示客观事物的发展规律，推测未来必然或可能发生的现象。冯之浚等则为预测作出以下定义：科学的预测，指的是在正确的理论指导下，在自觉地认识客观规律的基础上，借助于科学预测的技术和方法，对大量信息资料进行系统分析，揭示出客观事物发展过程的本质联系和必然趋势。从上述几种定义中，可以归纳出病害预测的概念：①是对病害发展趋势或未来状况的推测和判断，是主观见之于客观的一种活动，属于软科学；②是在认识病害客观动态规律的基础上展望未来。而这种认识又是对大量病害流行事实所表露的信息资料进行加工和系统分析的过程，有关生物学、病理学、生态学等科学理论、科学思想和科学模式则是现有认识的结晶，也是预测的依据；③预测是概率性的。其本质是将未来事件或者说可能性空间缩小到一定的程度，只是对某一尚不确知的病害事件作出相对准确的表述；④其目的是为了现在，在可能预见的前景和后果面前，决定我们应该采取何种正确的防治决策。

三、预测的基础和要素

社会需求是开展预测工作的基础和前提。病害预测的价值首先体现在满足用户对防治决策的需求，预测的对象应该是实际生产中发生危害严重的病害，预测的内容应包含病害发生时间、发生程度及发生范围。病害预测的研究可总结为寻找预测规律和利用预测规律。寻找预测规律需要在对病害、病原菌、寄主、环境的长期监测的基础上，筛选影响病害发生流行的关键因子，明确关键因子与病害发生的关系；利用预测规律则是运用病害和关键因子的关系对病害未来发生情况进行推测。

（一）基于经验思考的专家评估

专家评估要求评估人员具备完备的植物病理学知识、丰富的病害研究经验和强大的逻辑思维能力。在缺乏足够的统计数据和完整的信息资料的情况下，专家评估可以整合病害发生的历史规律及目前可收集到的信息，根据多年积累的经验构建病害的系统结构模型。此模型可以是抽象的，是在考量多种因素影响下对病害发生的主观判断；也可以是形象的，是包含病害系统各组分及其相互关系的系统结构物理模型，可展现组分间、阶段间的动态变化过程，能够体现对预测对象的总体认识。专家评估是病害科学预测发展的基础，对病害发生情况的调查、重要影响因素的监测、数学模型的建立具有指导作用。专家评估可对病害发生进行中长期、长期至超长期的预测，可随知识的积累、扩充和更新不断完善评估者的预测能力。面对纷繁复杂的生态系统，目前尚无计算机或人工智能预测技术能够将所有影响病害发生的因素考虑在内，因此，专家评估在未来很长时间内仍具有不可或缺的作用。但由于专家评估过于依赖直观判断和创造性思维，选择领域内具有丰富研究经验的专家在病害预测中至关重要。

（二）病害相关信息的收集

建立预测准确率高、实用性强的预测模型的重要基础是收集完整、可靠的病害资料信息。病害的资料信息包含观念和数据两部分内容。观念是指对病害发生流行情况的客观认识，对病害系统主体结构的搭建，对影响病害发生重要因素的判断。数据是指对病害发生类型、时间、程度、频率、范围及病害相关的气象条件、水肥状况、土壤环境、耕作制度、栽培措施等因子的定量收集。数据的收集，一方面是对病害相关的历史数据进行收集和筛选，在收集过程中遇到缺少某项数据的情况，需要对特定数据进行调查、询问或运用递推修正法对数据进行补充；另一方面是对病害当前发生相关数据的收集，通过实地调查病情、实时监测病原菌动态、大量收集相关气象因子等方法全面掌握影响当前病害发生发展的数据。病害相关信息的收集是明确病害发生流行规律的前提，为构建符合病害客观发生的预测模型的建立提供数据支持和理论依据。

（三）科学预测模型的建立

建立科学预测模型是在收集病害相关信息的基础上，对病害发生的关键因子进行评估、归类和整合后，使用数学语言或其他方式描述病害发生与各因子之间的数量关系，从而揭示病害发生流行的内在规律。选择合适的病害预测模型应在充分了解病害发生流行特点的基础上进行，针对不同类型的病害，如细菌和真菌病害、单循环和多循环病害、气传和土传病害，要根据不同的预测对象对预测因子和预测模型进行调整与优化，通过反复验证模型的预测准确性和实用性，最终建立出最合适的模型。线性回归模型、逻辑斯蒂模型、神经网络模型等均是较常用的病害预测模型，在小麦条锈病、小麦白粉病、小麦赤霉病等病害的预测上发挥着重要作用。

四、预测的步骤

（一）明确预测的目的和对象

从实际生产中存在的对于病害预测这一社会需求的角度出发，在充分了解预测的目的情况下，确定预测病害的具体对象。

（二）收集病害相关的信息

根据预测病害的具体对象，收集大量病害发生的背景资料及影响病害发生的相关因素。对特定病害数据的收集，应采取历史资料收集和病害实际调查相结合的方式，确保收集信息的可靠性与准确度。

（三）建立病害预测模型

分析与整合病害相关的信息，在充分熟悉病害发生流行规律的基础上，建立符合病害发生发展规律预测模型，如数学模型、生物模型、人工智能模型等。

（四）模型的测试与评价

利用建立的病害预测模型对未来病害发生的情况进行预测，并依据病害实际发生的调查结果对预测模型进行评价与改进。

（五）模型的应用

在实际生产过程中进一步检验预测模型的稳定性、可靠性和准确性，经过不断应用、反馈、优化，完善预测模型在生产中的实际应用效果。

五、预测方法

植物病害的预测方法主要是利用知识积累、逻辑思维能力、自主判断意识探索人和技术之间的关系。依据预测目的的不同及已经掌握资料的差别，预测的方法也有一定的区别。植物病害流行的中期、短期预测，通常是预测一个月或数天内病害可能发生的情况、发生始期或防治适期，为制定防治措施服务。而病害的长期、超长期预测则是预测病害的发生程度和了解病害的发生趋势，为制定病害的防治策略服务。按照植物病害预测的原理、应用条件、适用范围、特点的不同，可将预测方法分为类推法、专家评估法、数理统计模型法、计算机模型模拟法四大类（表4-5）。

（一）类推法

类推法是指利用不同事物各自发展规律之间的相似性，推测事物间在其他方面存在可能性的方法。在植物病害预测中，类推法利用与病害发生相关的某种现象作为预测的标准，从而推测病害的发生时间和发生程度。类推法主要包括物候预测法、指标预测法、发育进度预测法和预测圃法。物候预测法是利用病原菌、作物、气候在长期生存演化过程中表现出的相互联系和相互制约的关系，通过长期的经验积累，探寻与病害发生直接相关、紧密联系的现象作为病害预测指标的方法。例如，若黄淮麦区冬季温暖，3—5月潮湿多雨，则小麦条锈病大概率发生严重。指标预测法指运用特定的指标值进行预测的方法，指标的选择包括病原菌的孢子密度、寄主的抗病性水平或特

表 4-5 植物病害四种主要预测方法的特点及比较

预测方法	原理	应用条件	应用范围	特征
类推法	根据观察现象推测未来发生情况	（1）系统结构简单 （2）影响因素单一	（1）区域性病害 （2）有相似性病害发生情况	定性预测 短期预测容易
专家评估法	依靠专家知识和经验进行主观判断	（1）专家经验丰富 （2）专家覆盖面广 （3）归纳整合专家意见	（1）涉及问题复杂 （2）缺乏病害基础数据	定性预测 长期或超长期预测较容易
数理统计模型法	利用数学统计模型进行预测	（1）病害相关资料收集 （2）具备数理统计和计算能力	（1）病害流行由少数几个因子主导 （2）病害发生和因素间具有数学关系 （3）较常规流行情况	定量预测 短期至长期预测较容易
计算机模型模拟法	运用计算机处理信息进行模拟和预测	（1）大量病害相关信息收集与整理 （2）计算机与编程能力	（1）影响病害发生因素复杂 （2）具备大量病害相关基础数据	定量预测 短期至长期较复杂

定气候特点等影响病害发生的因素。例如，若江苏地区小麦扬花期至灌浆期日平均温度在 15℃ 以上，降水天数占总天数的 75% 以上，小麦赤霉病大概率会发生流行。发育进度预测法是指利用作物生育期和病原菌危害期的关联性进行预测的方法。例如，油菜菌核病、小麦赤霉病的病害发生期可通过调查作物易感病期和病原菌侵入期结合的方法进行预测。预测圃法是指在容易发病的地区设置区域种植感病品种，并创造适宜发病的条件以诱导作物发病，待预测圃发病时，可对其他田块进行病害调查。例如，在水稻白叶枯病预测的过程中，可在病田设置预测圃并创造高肥、高湿的条件以诱导病害发生，根据预测圃发病情况可预测病害的始发期。

（二）专家评估法

专家评估法指利用专家的知识和经验对病害未来发生情况进行主观的判断和评价。在缺乏病害发生相关统计资料和原始数据的情况下，评估人可根据病害发生的具体情况，利用植物病理学知识和病害流行学规律，选定病害发生的重要指标并对每个指标作出等级评价，最终在关系错综复杂的病害系统中完成预测。专家评估法包括专家会议法、特尔菲法、头脑风暴法和交叉影响法等。专家会议法指召集某个领域的专家围绕重要问题进行交流与讨论，以期对该问题产生共识或提出相应的解决方法。在病害预测方面，全国每年会召集专家对翌年病害发生情况通过会议的形式进行预测。在组织专家会议时应考虑邀请植物病害理论研究专家、深入田间地头的一线工作者以及组织或从事病害防控人员，通过从不同角度进行讨论从而提出合理的预测方案。特尔菲法又称德尔菲法，是专家会议法的一种发展，其本质是反馈匿名函询法，是对某种病害预测征求专家意见后，通过整理、归纳、统计专家意见后匿名反馈给各专家，再次进行征集、整理、归纳、统计、反馈，在经过多次循环后确定病害预测结果。头脑风暴法是专家会议法的另一种发展，是群体决策的另一种形式，一般可分为直接头脑风暴法和质疑头脑风暴法。前者利用专家提出的意见，对病害未来发生的特点进行预测，并尽可能多的收集可能性预测方案；后者是对前者提出的各种预测方案进行逐一质疑，细致分析预测方案的可靠性，最终讨论得出统一的方案。交叉影响法是在特尔菲法的基础上发展出来的一种新的预测方法，利用主观估计事物在未来出现的概率及事物间的影响，对事物未来发展趋势的预测。在病害预测方面，专家通过分析影响病害发生的各因素间相互作用影响情况后，提出病害预测概率，取各位专家预测的平均值，降低预测的不确定性。

（三）数理统计模型法

自 20 世纪 60 年代起，数理统计模型法在我国病虫害预测工作中就已经开始应用。数理统计模型是以概率论为基础，运用数学统计方法建立的模型，具有建模简单、使用方便等诸多优点。对于一些发生规律比较简单、影响因素较为单一的病害，数理统计模型法可产生较好的预测效果。数理统计模型法根据其包含内容可分为资料整理、预测因子选取、模型选择和拟合度检验等部分。资料整理是建立预测模型的基础，包括资料的收集、分析、归类、处理等多方面。首先需要收集影响病害发生的生物和非生物资料，分析收集资料的可靠性并对不同类型的资料进行归类，结合实际病害发生规律对归类的资料进行处理。预测因子选取可以直接影响预测效果，由于影响病害发生的因素复杂，不可能将全部影响因子用于数理统计模型的建立中，因此需要筛选出影响病害流行的主要因素作为预测因子，在预测因子选择的过程中同时应该考虑预测因子与病害发生情况的符合度与相关系数。由于不同的预测模型有各自的特点和不同的应用范围，对数据资料的要求也不相同，因此，应根据具体的病害特点选取适合的数理统计模型。一般可通过绘制病害发生情况和预测因子的相关图明确它们之间的相关性，然后根据相关性开始模型的制作。拟合度检验是比较制作模型的预测结果与病害实际发生情况一致性的检测方法。剩余平方和检验、卡方检验和线性回归检验等是较为常用的拟合度检验方法。

（四）计算机模型模拟法

随着数据处理水平和病害预测技术的提升，人们希望在预测中加入更多的因素，从而获得更精确的预测结果。计算机拥有远超人类的数据处理能力和计算速度，基于计算机系统的模拟预测法有望从根本上解决早期病害预测存在的准确度不高、实用性不强等问题。研究人员可将病原菌的动态变化数据、作物的抗病性数据和多维气象数据输入至计算机中，建立病害数据库；利用机器学习技术分析数据并建立基于计算机网络的学习模型用于对于病害的预测。例如，人工神经网络预测系统就是利用计算机技术结合神经生物学、仿生学、信息学与数学等学科，具有模仿人脑智能化处理和并行处理机制，可对大量复杂性、非结构、非精确性的规律进行适应和研究的预测系统。BP 神经网络是人工神经网络的一种，是基于误差反向传播算法的多层前馈型神经网络，由一个输入层、一个输出层和一个或多个隐蔽层组成的网络结构，在对收集大量的样本数据经过反复训练学习后，最终得到准确的预测结果。计算机模拟预测法具有适用面广、容错性强、预测准确性高等特点，目前已在小麦赤霉病、小麦条锈病、小麦白粉病、水稻白叶枯病、黄瓜蔓枯病、黄瓜白粉病、黄瓜猝倒病、葡萄白粉病等病害上广泛应用，但是由于算法较为复杂，预测效果很大程度取决于所设置参数及原始数据。因此，计算机模拟预测法需要在现有预测基础上不断进行验证、学习与优化，以达到最佳的预测效果。

参考文献

1. 魏锋. 土壤中大丽轮枝菌微菌核的定量流行学研究［D］. 杨凌：西北农林科技大学，2016.

2. Cao XR，Yao D，Xu XM，et al. Development of weather-and airborne inoculum-based models to describe disease severity of wheat powdery mildew［J］. Plant Disease，2015，99：395-400.

3. Hu XP，Madden LV，Edwards S，et al. Combining models is more likely to give better predictions than single models［J］. Phytopathology，2015，105：1174-1182.

4. Sharma-Poudyal D，Chen XM. Models for predicting potential yield loss of wheat caused by stripe rust in the US Pacific Northwest［J］. Phytopathology，2011，101：544-554.

5. Su JY，Yi DW，Su BF，et al. Aerial visual perception in smart farming：field study of wheat yellow rust monitoring［J］. IEEE Transactions on Industrial Informatics，2021，17：2242-2249.

思考题

1. 简述病虫害测报的重要性。
2. 简述我国病虫害监测预警的发展过程。
3. 试述病害田间调查取样的方法及适用范围。
4. 简述传统病害监测预警的基本步骤。
5. 植物病害模型可分为几类，有什么特点？
6. 论述"3S"技术在病害监测预警中的应用。
7. 以小麦条锈菌为例，论述如何利用孢子捕捉技术测定条锈菌孢子数量动态变化规律。
8. 简述植物病害预测的概念和特点。
9. 试述植物病害预测的基础和要素。
10. 如何选择科学的预测模型。
11. 以小麦赤霉病为例，阐述病害的预测步骤。

12. 以你熟悉的病害为例，论述类推法、专家评估法、数理统计法和计算机模拟法的特点与优缺点。

13. 试述现代植物病害流行系统监测系统在植物病害管理中的重要性。

14. 计算机技术在植物病害监测中的应用有哪些？

15. 空气中病原菌的监测方法有哪些？

16. 土壤中病原菌的监测方法有哪些？

17. 气象因素的监测指标有哪些？

第五章

植物虫害智能监测及预警

　　我国是农作物虫害重发、频发的国家，虫害发生消长此起彼伏，屡屡爆发成灾。因此，准确的虫害测报是防治虫害的关键和基础。传统的虫害监测预报方法存在主观性强、效率低等缺点，不能实时、客观地提供宏观的指导建议。植物虫害智能监测及预警的应用是病虫测报预警实现快速、准确、高效的必由之路，为控制病虫大爆发和应急防控提供基础。虫害智能监测及预警的应用可将农作物虫害的监测提升到一个新的高度，为虫害治理作出重要贡献。目前国内已经实现了智能化水稻"两迁"虫害的虫源追踪和迁飞危害的实时监测、黏虫大发生的预警、草地螟虫源监测及防控、蚜虫监测预警网络系统的建立等，使虫害诱捕率和识别准确率均显著提高，有效控制重大虫害的大爆发。目前，应该继续完善智能化监测技术，推进我国农业虫害预测与预警的智能化发展，为我国农业虫害的防治贡献力量。

第一节 虫害监测与预警概述

一、虫害智能监测及预警的重要性

农作物虫害是制约农业生产的重要因素，为了降低农作物虫害造成的损失，需要植保技术人员对虫害发生面积、数量水平、严重程度进行监测和预警。目前基层植保技术人员还无法对所有农田进行虫情调查，只能选取样地开展虫害监测与预报，使得调查结果无法全面、精确地反映虫害危害情况。传统虫害监测手段主要采用性诱剂、诱虫灯和黄板等诱虫工具，存在着人工任务繁重、时耗长、数据效果差等问题，常让基层植保技术人员叫苦不迭。此外，人工虫情调查受调查者经验的影响较大，经验不足的调查人员得到的数据往往存在较大的误差和遗漏，不利于虫害精准防治。

虫害智能监测和预警是指将人工智能技术、无线通信技术、物联网技术、自动化技术、"3S"技术（地理信息系统、遥感和全球定位系统）等多个领域的新技术成果集成到虫害智能监测和预警系统中，将传统依赖纯人力的虫情调查和预警模式转化为依托自动化田间虫情信息采集装备、田间虫情数据无线传输技术、田间虫情数据处理和分析云平台、虫害发生预测模型的一体化虫害智能监测和预警系统。虫害智能监测和预警系统通过田间虫害信息自动采集装备来收集田间的虫害信息（如卵块、幼虫、成虫和危害状的图像），然后通过无线通信技术将数据传回虫情数据处理和分析平台，平台中的人工智能程序会对数据进行自动处理（如虫害图像识别），人员只需要调控装备参与数据分析，既可以节省人力，也能提高田间虫害调查的效率，使得虫情调查覆盖面更广，调查数据更全面准确，对虫害爆发期和数量的预测更符合实际发生情况。

（一）传统虫害监测及预警技术存在的问题

传统的虫害监测预报方法采用田间定点监测或随机调查的方式，通过人工观测或者利用黄板、灯光诱集等取样手段，掌握种群动态变化，并对虫害发生期、发生量、分布情况和危害程度进行判断。通过对害虫种群动态的监测来防控虫害的发生，但传统的虫害监测预警技术仍然存在很多问题，具体表现为以下 4 个方面。

（1）虫害监测方法大部分需要测报人员下田调查，存在劳动强度过大、任务繁重、工作效率低等问题。

（2）人工诊断虫害的发生情况（包括虫害发生种类、数量和发生等级等）都是根据肉眼进行主观监测，缺少客观依据，结果准确率低。

（3）在虫害发生的高峰期，有限的人工操作无法及时地获取害虫的种类与数量，导致不能及时做出虫害防治决策。同时其监测结果不能反映大范围虫害的实时和动态变化情况。

（4）传统的监测预警技术所得的预报信息存在传递不及时，信息滞后的问题。导致不能及时反馈给农户，从而延误虫害防控时间。

（二）植物虫害智能监测及预警的意义

在农作物重大虫害的智能化实时监测和早期预警的基础上进行预测预报和防治决策，有效解决了传统虫害监测预警技术存在的问题，对及时、有效地控制虫害爆发，科学治理虫害具有重要意义。主要表现为以下 7 个方面。

1. 节约人力物力，提高工作效率

智能化的监测预警工具逐步取代了人工调查，虫害自动识别、自动计数等智能化监测手段应用节约了调查时间，降低了人力、物力的损耗，有效提升了工作效率，使虫害监测预警工作更简单、便捷，尤其适宜在恶劣环境下开展工作。

2. 客观依据充分，准确率显著提高

测报大数据的建设、智能学习等大数据分析方法的应用，进一步提高了病虫害监测数据分析质量和效能，同时使调查结果更具有客观性。据统计，智能化监测预警技术使全国重大病虫害长期预报准确率提高到 92% 以上，中、短期预报准确率提高到 98% 以上。

3. 虫害监测范围更广泛

智能监测手段可以针对某一个观测点的一种或几种虫害发生情况进行实时监测，也可以通过系统联网，对多点的同一种虫害或者多种虫害进行联网实时监测。能够大尺度监测虫害发生情况，监测范围更加广泛。对于同时控制多种虫害的爆发以及预警定位虫害发生地点具有重要意义。

4. 预报发布更及时，时效性显著增强

智能监测预警在数据的传输及处理方面，通过专业信息系统、无线网络进行传输，传输速度和效率明显增强。预报数据网络化提高了测报信息传递的时效性，虫害发生情报普及率、到位率显著提高。

5. 减少农作物损失，提高作物产量

开展农作物虫害发生危害动态的监测，评估虫害爆发危害趋势，开展早期预警和防治决策可以有效减少农作物虫害造成的损失，提高作物产量。据统计，2000—2006 年，自智能化监测预警技术应用后，我国农作物防治面积从 $2.02 \times 10^8\ hm^2$ 增加到 $2.73 \times 10^8\ hm^2$，增加了 35.1%；年挽回产量损失从 $5.845 \times 10^{10}\ kg$ 增加到 $6.813 \times 10^{10}\ kg$，增加了 16.6%。

6. 减少农药使用，保护生态环境

药剂防治隔断虫害传播的方法常常造成环境污染，会影响生态环境，不利于可持续发展。通过智能化虫害监测预警技术，加强虫害监测及时准确地发布信息，有效指导虫害防控，大幅度减少农药使用，实现虫害绿色防控，保护生态环境。

7. 对智慧农业发展具有重要意义

近年来智慧农业的发展使虫害防治上升到了新高度，智能化监测预警技术是智慧农业的重要技术之一，同时体现了智慧农业在植物保护以及虫害防控治理上的重要价值。对推动智慧农业、智慧植保的应用和发展具有重要意义。

二、适用于智能监测及预警的重要害虫及其发生特点

（一）迁飞性害虫及其发生特点

迁飞性害虫主要包括黏虫（*Mythimna separata*）、草地螟（*Loxostege sticticalis*）、棉铃虫（*Helicoverpa armigera*）、草地贪夜蛾（*Spdoptera frugiperda*）、二点委夜蛾（*Athetis lepigone*）、稻纵卷叶螟（*Cnaphalocrocis medinalis*）、东亚飞蝗（*Locusta migratoria manilensis*）、稻飞虱类等。迁飞性害虫以其突发性、爆发性、毁灭性和扩散快的特点始终威胁着我国的粮食安全。普通的人工监测很难及时准确掌握其发生动态并提出预警，实施智能监测是解决这一问题的有效方法。

目前，最常见的方法是用昆虫雷达来监测和预警迁飞性害虫的发生情况，并且昆虫雷达可以与高空测报灯、同位素示踪、花粉检测、地理信息系统（geographic information system，GIS）、分子标记等多种技术结合，使监测更为准确和迅速。例如，将昆虫雷达与高空测报灯、卵巢解剖、同位素示踪、种群遗传分化分析、植物花粉检测和轨迹分析等技术与方法综合运用，系统研究渤海湾地区跨海迁移的棉铃虫、黏虫以及草地贪夜蛾的迁飞生物学、群落结构、种群动态和迁飞路线。昆虫雷达、GIS、分子标记等先进技术也可以研究草地螟的成灾规律、监测、预报和防控技术。昆虫雷达中的毫米波扫描昆虫雷达及相关辅助设备可以对中国华南地区稻纵卷叶螟的空中飞行参数进行研究。

拓展资源 5-1

佳多高空诱虫灯安装视频

高空诱虫灯也是监测迁飞性害虫的有效方法。高空诱虫灯可以与卵巢解剖、诱捕器、虫情测报灯搭配使用来提高监测效果。例如，高空诱虫灯与卵巢解剖结合来监测黏虫的迁飞动态，与飞蛾诱捕器结合监测草地贪夜蛾虫源地分布，与虫情测报灯配合监测黏虫迁飞动态。与气象资料相结合来预测二点委夜蛾的迁飞。

由于诱虫灯监测无法直接将害虫分类。为了解决这一难题，我国研究人员根据国外的图像识别技术，开发了昆虫识别系统 Bug Visux，可以自动识别迁飞性害虫的种类并进行监测和预报，在此基础上又开发出了一种通过雷达探测来识别昆虫体重和特征，进而确定种类的方法，对昆虫进行雷达监测的同时，也可对昆虫进行自动分类。有了这两种技术的支持，使害虫智能自动分类成为可能。

除了雷达和高空诱虫灯外，遥感技术、性诱剂和虫情测报灯也应用在虫害监测预警中。例如，利用遥感技术和光谱数据对东亚飞蝗进行动态监测和预警。运用含有性信息素的飞蛾类诱捕器监测小地老虎和草地贪夜蛾的发生。结合性诱剂、漏斗式诱捕器以及虫情测报灯对虫害进行监测。

随着现代信息技术的发展，利用大数据技术、数学模型来预测与预警迁飞性害虫发生情况的探索研究在近几年也不断增多，根据每年的天气情况和害虫的发量情况制作数学模型，之后只需要将本年的天气数据输入即可得出本年的虫害预发生情况。例如，运用数学模型来预警本年黏虫的发生；利用向量回归预测方法，建立数学模型来监测棉铃虫的发生；利用图像分割识别方法和数据库结合来推测出害虫的种类和数量，并且提出预警。

（二）地下害虫及其发生特点

地下害虫主要为蛴螬、蝼蛄、金针虫、地老虎。它们主要危害植物地下部分、种子、幼苗或近土表主茎，造成断根，枯苗，营养不良甚至大片作物绝收。由于地下害虫栖息、繁殖和生存的场所在土壤中，运用人工抓捕调查的监测方法费时费力，因此亟待运用智能检测及预警的方法解决该难题。

地下害虫的监测难度大，通常是利用各种类型的诱虫灯以及黑光灯进行监测。例如，利用高效节能双波灯诱捕金龟甲、蝼蛄；黑光灯诱杀铜绿丽金龟、大黑鳃金龟等害虫。运用黑光灯的诱集数据可以掌握这些害虫的发生发展规律，成虫羽化活动的周期，起到预测预报的效果。

目前还可以将诱虫灯、诱捕器和引诱剂结合使用来达到更好的效果。例如，运用诱虫灯和诱捕器结合使用监测田间蝼蛄的种群发生动态；运用诱虫灯和引诱剂结合监测八字地老虎的发生情况；还有将 3 种方法结合到一起，设计具有光、引诱剂等多种引诱信息源的地下害虫成虫监测诱捕器。通过金龟子成虫及幼虫的理化诱控技术研究，设计开发地下害虫成虫与幼虫的监测与灭杀装置，解决现有诱捕器只能诱杀地下害虫成虫，而对幼虫诱杀效果不明显的问题。

（三）微小害虫及其发生特点

该类害虫主要包括各类蚜虫、粉虱、蓟马、螨类、蝇类等。微小害虫有着体型小、繁殖快等特点，会对作物的品质和产量造成很大的威胁。人工监测有着延迟性大，劳动量大且效率低等缺点，所以对微小害虫开展智能监测具有更好的应用前景。

目前生产上主要结合遥感、自动图像处理技术、引诱剂和黑光灯来实现监测和预警更加智能化。例如，以黄板为基础，结合遥感图像处理技术、归一化植被指数（normalized difference vegetation index，NDVI）和 TM 影像，提取蚜虫的空间分布格局，包括其发生面积和地区分布，从而实现对蚜虫的智能检测。还有利用黄板诱捕，图像自动拍摄图像及处理之后，自动识别计数并生成发生曲线来监控黄瓜蓟马的发生情况。利用多功能诱捕器，以性信息素和糖醋液为诱捕器芯，对实蝇进行监测和预警。利用黄板、黄盆和黑光灯荧光灯结合的方法，将麦长管蚜和禾谷缢管蚜引诱到灯内进行监测。

运用自动拍摄图像处理和计算机技术结合的方式使监测预警更加方便和快捷。例如，利用计算机视觉技术解决了潜叶蝇、螨类、粉虱等微小害虫种群密度的自动估算，以达到在爆发之前提出预警的目的；或基于无人机获取的多时相影像数据，使用得到的螨害识别模型提取各期影像的螨害信息，在此基础上，通过影像信息统计法与变化检测法分析螨害时空上的发生发展过程，并使用数据插值法计算时间序列上的螨害发生面积，建立螨害随时间变化的指数曲线监测模型，实现对螨害发生面积的动态监测。

（四）储粮害虫及其发生特点

储粮害虫主要包括米象、豆象、谷盗、谷蠹以及螨类。粮食在较长时间的储存过程中，储粮害虫会在适宜条件下迅速生长繁殖，导致粮食的严重损失，防控储粮害虫是经济发展的迫切需求。此类害虫体型较小，在粮食储存的过程中监测较为困难，因此,储粮害虫的智能监测尤为重要。

储粮害虫目前使用最久的智能监测方法为传感器感官监测与粮虫诱捕器。在感官判断应用的基础上,将传感器进行发展探究,制作出更高级的电子鼻。将传感器与诱捕器结合,开发出了探管诱捕器和结合声音学研制出的声音监测传感诱捕器。例如,通过电子鼻技术对玉米象不同虫态及虫态组合进行检测,并采用主成分分析(principal component analysis,PCA)法和判别因子分析(discriminant factor analysis,DFA)法对检测数据进行分析,结果表明电子鼻技术结合 DFA 法可用于玉米象不同虫态及虫态组合的检测。最早发明粮食探管诱捕器,用于监测粮食中的锈赤扁谷盗。通过采用 Web 技术结合自主设计的粮虫诱捕器,建立了储粮低密度虫害实时监测系统。随着传感器技术的发展,粮温监测技术成为监测储粮害虫的重要方法之一,粮食在储存的过程中发生虫害会对粮食温度的变化产生特定的影响,该技术利用声音在不同温度下传播速度及衰减情况的变化来推测粮温的变化,用以监测麦蛾、印度谷螟等害虫的发生。

近些年,CO_2 检测技术成为储粮害虫监测的新型技术,其通过检测储粮中昆虫的主要代谢气体 CO_2 来监测昆虫危害活动。研究表明:安全储粮状态的 CO_2 浓度为 $400 \sim 500$ mg/L。当储粮中出现昆虫活动时,储粮 CO_2 浓度会出现局部异常升高,因此,根据 CO_2 浓度的异常,即可推测出粮食中的赤拟谷盗、锯谷盗、大谷盗、黑皮蠹等害虫的活动状况。

(五)林业害虫及其发生特点

林业害虫是指危害森林及林产品的昆虫,主要包括天牛、枯叶蛾、叶蝉、叶甲等。其中,天牛是钻蛀害虫,影响树木主梢生长或主干形成,或使主干扭曲,顶梢丛生,降低木材利用价值,甚至引起整株枯死;叶蝉其若虫和成虫均以刺吸树木汁液为生,可引起枝叶萎缩和枯黄,或形成瘿瘤。由于森林面积庞大、人工调查难度大等原因,因此智能监测及预警显得尤为重要。

现阶段在林业害虫的监测中遥感监测技术应用较广,主要包括雷达遥感、卫星遥感、航空遥感和高光谱遥感。其中雷达遥感应用最为广泛,可以直接用于观察昆虫种群,很早就被用于监测空中马尾松毛虫成虫踪迹;利用卫星遥感技术监测舞毒蛾、松毛虫的危害面积和危害程度,实现对林业害虫的遥感监测;航空遥感技术最先应用于铁杉尺蠖,通过航摄试验观察其对落叶林危害情况;高光谱遥感技术主要通过测定植物生活力,如叶绿素含量、植物体内化学成分变化来对植物进行分析,从而反映虫害情况。

利用诱虫灯进行诱捕林业害虫的技术也已经很成熟,虫情测报灯诱测害虫种类多、数量大,可作为一种有效地监测、诱杀工具,应用于林业害虫的测报与防治工作。例如,黑光灯及其他种类诱虫灯有被应用到叶蝉和栗山天牛中。在对林业害虫的监测中,利用昆虫信息素和引诱剂也取得了良好的效果。例如,利用昆虫信息素诱捕器监测重齿小蠹、舞毒蛾、松毛虫的种群动态。利用人工合成的引诱剂实现了对松褐天牛、美国白蛾、光肩星天牛、舞毒蛾等林业害虫的监测。

除上述技术外,近年来的先进技术手段有声音识别与计数技术监测。有试验结果表明，每种昆虫的声信号均有其独特时频特征，同科昆虫内部及不同科昆虫之间均有差异性，部分差异性较大。试验表明利用声音监测技术对林木蛀干害虫进行早期监测的研究具有可行性。

综上所述，植物虫害智能监测及预警不仅能够提高当前虫害田间调查的效率和预警信息的准确度，同时也通过提供全面准确的田间虫害信息和预警情报，而使得虫害防治的效果得到显著提升。此外，通过虫害智能监测系统，可以帮助农户较全面地掌握本地害虫的发生状况和分布状态，进行精确施药、精确防治，减少农药施用量，减轻农药对环境造成的不良影响。

第二节　植物虫害数据采集

一、田间虫情采集

在虫害智能监测中，田间虫情采集指的是安装着摄像头或传感器的可移动虫情调查装备在人员的调控下调查田间的虫情，装备摄像头可以探入作物间拍摄作物表面的害虫卵块、幼虫、成虫和危害状。这种田间虫情调查方式不需要调查人员亲自去田间搜查计数，调查人员只需要对装备的运行轨迹进行调控，并在计算机上查看摄像头传回的画面以及经过人工智能程序处理和识别后统计的结果。这种方式的优势在于提高了田间虫情调查的效率，节省了人员的时间和精力，提高了田间虫情调查的覆盖面积。目前，已经有研究者研发了手持式和车载式两种田间虫情采集的装备。

（一）手持式田间虫情采集仪

手持式田间虫情采集仪主体是两个由旋转关节连接的碳纤维材料伸缩杆，伸缩杆 1 完全伸长后长度在 10 m 以上，伸缩杆 2 长度为 70 cm；转动关节是一个由电机驱动的可旋转部件，用于调整拍摄的角度，进行俯拍或侧拍：当调整伸缩杆 1 和伸缩杆 2 处于同一条直线方向时，可以俯拍；电机为旋转关节提供动力，旋转关节改变两个伸缩杆之间的角度，使得伸缩杆 2 处于竖直状态，可以拍摄作物的侧面。伸缩杆 2 下连一个转盘，转盘下连接一个摄像头，转盘由内置电机提供旋转动力，转盘通过自身的旋转来带动下部摄像头转动以改变其拍摄朝向。握把上有一个手机卡座，可以将智能手机安置其上，通过蓝牙实时接收摄像头的画面，并且手机上可以安装控制手持式田间虫情采集仪的姿态、动作和对摄像头画面中的虫情进行识别的 APP。握把上的按钮可以供使用者手动控制伸缩杆的伸缩和旋转关节的旋转（图 5-1）。

（二）车载式田间虫情采集工具

车载式田间虫情采集工具以汽车作为移动载体，通过可伸缩的机械臂将摄像头送入作物间进行虫害信息的搜集。机械臂通过 3 个伸缩杆实现在水平方向上的伸缩。伸缩杆 1 的作用有两个，一是将摄像头送入作物间，二是遇到离路面较远的田地时能够抵消掉一些距离。伸缩杆 1 和伸缩杆 2 之间有一个竖直的滑柱，供伸缩杆 2 和其后面

图 5-1　手持式田间
虫情采集仪示意图

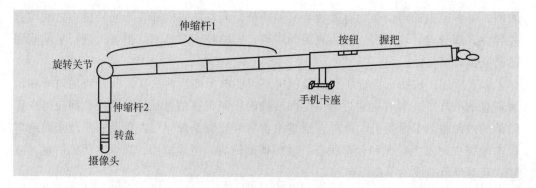

的部分改变水平高度，以适应田地和路面之间的高度差。伸缩杆 2 和伸缩杆 3 之间有一个连接部，连接部让伸缩杆 3 在伸缩杆 2 的基础上向前延伸，这是伸缩杆 3 通过齿条结构与连接部产生相对移动而实现的。伸缩杆 3 末端固定有一个电动转盘，转盘下接一个搭载着相机的滑轨，相机可以在滑轨上做竖直方向上的移动，从而能对作物的不同部位进行拍摄，电动转盘用于调节摄像头的朝向（图 5-2，图 5-3）。

机械臂与车辆之间存在着两个转轴，垂直转轴使机械臂在作业结束后通过轴在垂直方向的旋转收叠起来，水平转轴让机械臂通过基部的水平旋转改变方向，从而既能调查车辆左侧的农田也能调查车辆右侧的农田（图 5-4）。机械臂的姿态、动作以及相机在滑轨上的移动由人员在车内的计算机上进行调节和控制。车内计算机与机械臂末端的摄像头之间建立无线连接，用于将摄像头的数据传回至计算机，计算机内的图像

图 5-2　坡垄环境中
车载式田间虫情采集
工具工作方式示意图

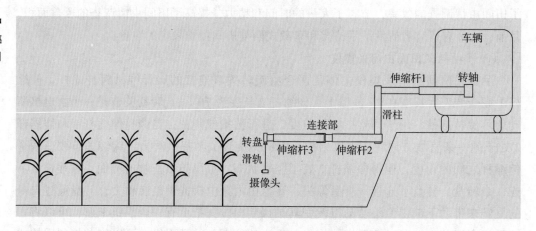

图 5-3　平坦环境中
车载式田间虫情采集
工具工作方式示意图

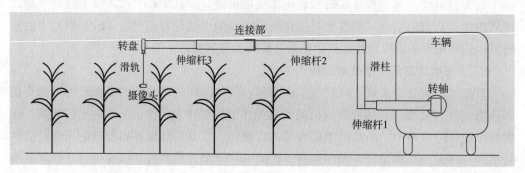

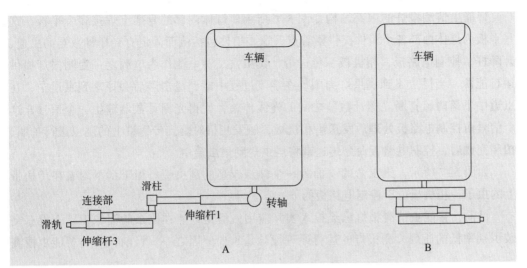

图 5-4　收叠状态下车载式田间虫情采集工具俯视图
A. 不完全收叠；
B. 完全收叠

处理和识别软件对摄像头传回的图像帧进行实时处理和虫情自动识别。

随着物联网技术和无线通信技术的不断进步和成熟，人们实现了田间虫情调查的自动化智能化，用自动化装备来采集田间虫情，这种调查方式在很大程度上提升了田间虫情采集的效率和覆盖面，使得田间虫情信息更加准确，更接近实际情况。未来，随着人工智能技术产业和物联网技术产业不断地更新和发展，田间虫情采集的自动化和智能化程度会越来越高，采集到的数据结果也会越来越准确，更先进的新田间虫情采集装备也会被推向实地应用。

二、智能虫情测报灯

智能虫情测报灯是指通过灯光将昆虫引诱过来并对昆虫进行拍照识别的测报灯，这种测报灯在对昆虫进行拍照后会通过无线通信技术把虫害图像传回数据处理平台。智能虫情测报灯有两个核心原理。第一是昆虫的趋光性，一些昆虫的复眼和单眼中的感光细胞会对特定波长范围的光产生感应，这种感应使昆虫做出一种定向的活动，该现象称为昆虫的趋光性；第二是人工智能程序对昆虫图像的识别，数据处理平台中的人工智能程序会对传入的昆虫图像进行处理和识别。

如图 5-5 所示，智能虫情测报灯的上部入口安装着三块成 120° 的撞击屏和一个诱虫灯，诱虫灯是根据靶标害虫敏感波长定制的专用光源，诱虫灯可以根据靶标害虫的改变而随时更换。撞击屏上显示测报灯的运行状态。设备由顶部的太阳能电池板和内部蓄电池联合供电。

图 5-5　智能虫情测报灯的外观结构

诱虫灯

撞击屏

智能虫情测报站

　　智能虫情测报灯的内部结构如图 5-6 所示。灯体内部的骨架上焊接多个平板，这些平板为灯体内部各个组件提供附着点，这些组件包括侧面固定有光栅计数器的虫道、升降杆、控制电路板、相机板、传送带、集虫盒。蓄电池作为电源之一为测报灯提供运行能源，当昆虫飞到诱虫灯周围，在绕飞过程中撞到撞击屏后会掉落到虫道中，在虫道中下落时，打断光栅计数器之间的光线传递，使得光栅计数器输出一个信号，这个信号由控制电路板处理后发送给相机板，触发相机对落到传送带上的昆虫进行拍照，拍照完成后，控制电路板命令传送带将昆虫送到集虫盒中。

　　如图 5-7 所示，集虫盒的一面为一个顶缘较高的刮虫板，用于刮下附着在传送带上的虫子，相机板位于控制电路板的下方。

　　目前，智能虫情测报灯已经投入实际应用，但是依然在昆虫的图像识别上没有突破识别率低的瓶颈，测报灯的运行原理设计是重要原因之一。目前，一些智能虫情测

图 5-6　智能虫情测报灯的内部结构

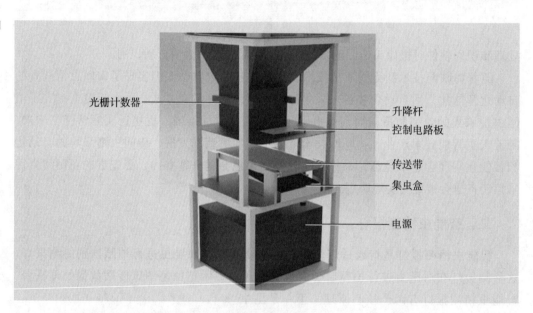

光栅计数器
升降杆
控制电路板
传送带
集虫盒
电源

图 5-7　智能虫情测报灯中图像采集装置（上）及昆虫收集装置（下）

安装板
相机板
刮虫板

报灯内部采用将昆虫热杀后铺洒到传送带上进行拍照的方法，这个方法会造成两个问题，一是昆虫在传送带上的姿态很凌乱，有的昆虫甚至在热杀过程中躯体发生变形，这对识别工作造成了很大的困难；二是一些昆虫会在传送带上堆叠，这就导致一些靶标害虫被遮挡，导致漏识。所以对于现有的采用 AI 图像识别技术的测报灯研发者来说，提升测报效果的关键切入点在于改善图像的质量，降低识别难度。这就需要该领域的研究开发人员在测报灯的内部结构、内部组成和运行方式等方面做出源头层面上的革新，取得对 AI 图像识别模型而言更清楚、更容易分辨、更容易识别的昆虫图像数据。

第三节　植物虫害数据传输

一、虫害数据的无线通信

由于田间虫情调查的地点大多远离城市，所以采用有线方式来传输虫害数据是不现实的，因此采用无线通信技术将虫害数据由调查点上传至基站，再由基站将汇总后的数据上传至云服务器。下面介绍几种目前常用的物联网无线通信技术。

（一）LoRaWAN

1. LoRaWAN 协议

LoRa 的全称为 Longrange，即长距离。LoRa 技术是军事和航天领域中 Chirp 技术（能够长距离传输，具有很好的抗干扰性）商业化的产物，LoRa 技术延续了后者低功耗、长距离传输的优点。

（1）网络服务器（network server，NS）　NS 可以直接与网关通信，NS 是网关和应用服务器（application server，AS）之间的中继，NS 会对网关发送来的数据进行预处理然后再传递给 AS。NS 的任务有以下 4 种：验证数据是否合法；将提取自网关的数据整理成 JSON（JavaScript object notation，JavaScript 对象表示法，一种数据交换格式）数据包；验证数据包是否合法，然后将合法的 JSON 数据包传递给 AS；在进行 OTAA 类型的入网时，NS 将接受自网关的节点入网请求上传给 AS，再将 AS 的回复传递给网关，NS 是网关和 AS 进行通信的桥梁。

（2）应用服务器（AS）　AS 在服务器端负责数据处理。也就是对节点和网关上行的数据包进行解密和对下行的数据包进行加密，还有处理节点的入网请求信息（OTAA）。

（3）用户服务器（customer server，CS）　CS 是面向用户的服务器，上面运行用户自定义的协议，并将 AS 给的数据转化为用户定义的数据协议格式。现在已经清楚了 LoRaWAN 的架构，那么就可以开始了解它是如何工作的了，以及 LoRa 网络中节点的入网方式。

LoRaWAN 协议的数据传输方向有两种。上行：节点的数据通过一个或数个网关发送到服务器；下行：由服务器向指定终端设备发送消息，只经过一个网关。

图 5-8 LoRaWAN 协议层次结构

图 5-8 展示的是 LoRaWAN 协议的层次结构。顶层代表应用层，是用户定义的各种程序和软件接口；第二层代表介质访问控制层，主要负责 LoRa 设备及节点的接入控制、逻辑链路的管理，包括对 A、B、C 三种模式的终端控制。在 A 模式下，节点终端只有在发出上行数据后，才会在一段时间内开启接收窗口以获取来自服务器的下行数据，不发送上行数据则无法接收下行数据，这使得 A 模式的功耗是三种模式中最低的。在 B 模式下，节点需要和服务器协调好何时开放节点的接收窗口，并按约定的时刻接收，因此 B 模式的功耗是第二低的。C 模式的功耗是最高的，因为该模式规定节点的接收窗口在发送数据包以外的时间都是开放的，它的优点是通讯的延时要显著低于前两种模式。

2. LoRaWAN 网络结构

如图 5-9 所示，LoRaWAN 网络结构由 4 个部分组成：节点、网关、网络服务器、应用服务器。节点为植入了 LoRa 模块的田间虫害图像采集设备，如智能虫情测报灯、车载式田间虫情采集工具、手持式田间虫情采集仪，各节点将设备的数据传递给附近的网关；网关负责将节点上传的数据封装并转发给网络服务器；网络服务器负责校对来自网关的封装数据包的完整性；应用服务器负责终端设备的入网和数据的加密解密。

图 5-9 LoRaWAN 网络结构

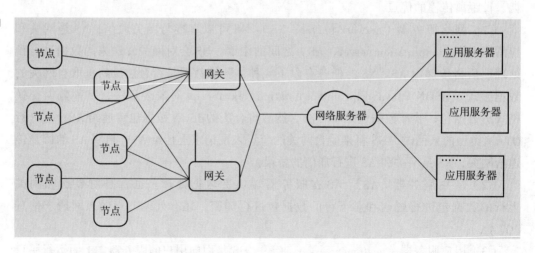

（二）NB-IoT

NB-IoT 全称为 narrow-band internet of things，即窄带物联网。NB-IoT 主要由 5 个部分构成：终端、无线网侧、核心网侧、物联网支撑平台和应用服务器。图 5-10 为 NB-IoT 的网络结构。

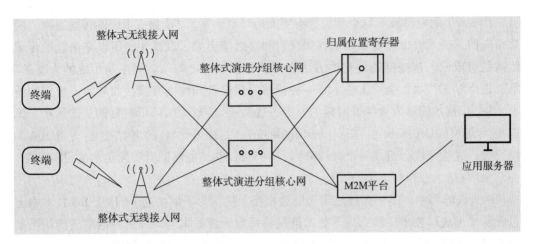

图 5-10 NB-IoT 网络结构

1. 终端

终端是指植入有 NB-IoT 模块的田间虫害图像采集设备。终端通过空口与基站相连，NB-IoT 模块主要包含软 SIM 装置、无线传输接口和设备接口等。

2. 无线网侧

无线网侧有两种组网方式，第一种是 single radio access network，即整体式无线接入网，包含 NB-IoT 无线网和 2G/3G/4G 无线网。第二种是 NB-IoT 新建。NB-IoT 新建主要进行空口接入处理等相关功能，与核心网通过 S1-lite 接口实现连接，并且能将非接入层的数据上传至高层网元进行处理。

3. 核心网侧

核心网侧网元有两种组网方式，第一种是 EPC（evolved packet C），即演进分组核心网网元，包括 2G/3G/4G 核心网。第二种是物联网核心网，核心网侧通过 IoT EPC 网元、GSM、UITRAN、LTE 共同使用的 EPC 供 NB-IoT 和 empts 用户接入网络。

4. 物联网支撑平台

物联网支撑平台由归属位置寄存器、策略控制、计费规则单元和 M2M 平台构成。

5. 应用服务器

应用服务器汇集了所有的 IoT 数据，并可按用户需求对进行数据处理等操作。

以上介绍的无线通信技术是目前应用范围较广的物联网组网技术，通过这种技术可以将部署在乡镇田地的数据采集设备终端（如地面测报灯）与城市中的服务器和互联网连接起来，并通过互联网发布数据。

（三）5G 技术

2019 年是中国使用 5G 技术的元年。2019 年，国内已有多个城市作为 5G 技术的试点，5G 技术的商用化将大大推动物联网行业的发展，而在此前，物联网行业的发展速度可以说是比较缓慢的。这是由于在 5G 技术之前出现的各种无线通信技术都无法满足物联网对低时延、高速率、高带宽的需求，而 5G 技术恰恰契合了物联网对无线通信技术的要求。5G 技术的核心技术点包括毫米波、全双工技术和大量 MIMO。第一是毫米波。华为公司开发的 5G 技术使用的就是毫米波。毫米波是指波长为毫米级

（1~10 mm）的电磁波。这个频段拥有更大的带宽，所以 5G 拥有很快的传输速率。但是相应的，毫米波也是有缺点的，如绕射和穿透能力差、衰减快，所以毫米波的传输距离是有限的，这些问题的解决方法在于部署大量的小基站，而不是传统的大基站。第二是全双工技术。全双工技术是一种能够实现设备同时同频段接收和发送数据的技术，是 5G 技术能够大大降低时延的原因，这是 5G 能够大大降低时延的关键所在。第三是大量 MIMO（multiple-input multiple-output）技术。5G 的基站能够支持 100 多根天线，这些天线会组成一个天线阵列，一个 5G 基站能够同时收发更多的设备数据，一个 5G 网络也会拥有更大的容量。

在天线阵列中，多根天线之间无疑会相互干扰，为了解决这一问题，5G 技术中还包含了波束成形技术，波束成形技术就是将每根天线原本全向发射的电磁波能量汇集于特定的方向，这样不仅可以规避天线之间的相互干扰，还能延长传输距离。

5G 技术的成熟使得虫害智能监测物联网的大批量数据传输和终端设备之间的数据共享互动成为现实。

（四）虫害智能监测物联网的结构

图 5-11 为虫害智能监测物联网的结构示意图。用 LoRa 技术将田间作业的设备终端采集到的虫害数据传递至网关，网关将汇总的数据传递给云服务器，云服务器中的虫害数据分析处理平台对害虫数据进行分析、整理和呈现。

图 5-11 虫害智能监测物联网的结构示意图

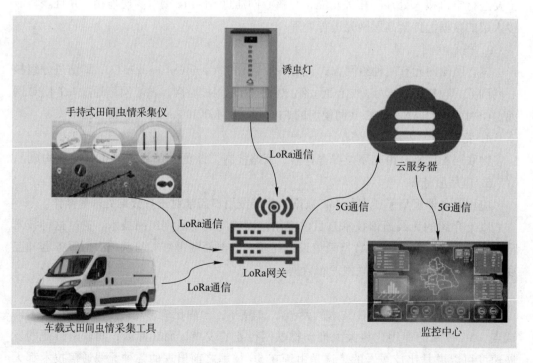

二、虫害数据的共享互动

虫害数据的共享互动是指在虫害智能监测物联网中，不同的节点终端借助各种技术实现终端之间的信息交流。这些技术包含无线传输技术、RFID 技术和 GPS 定位技术等。其中 RFID 技术能够对物体自动识别，并采集物体的信息，然后编码解析与寻址系统和互联网对信息进行编码，然后传递给信息处理系统，信息处理系统会对信息进行智能分析和处理，然后对其他终端发出指令，控制终端对采集到的信息作出反应，这就是所谓的物联网系统中的物体之间的数据共享和互动，由此可见，这种数据的共享和互动也必须经过互联网这一媒介以及信息处理系统这一枢纽。

随着 5G 技术和人工智能技术的发展，在虫害智能监测物联网中，监测模块互联互通，协同调查虫害，既能得到更加准确的虫情，也能实现虫害的精准防治。如图 5-12 所示，气象监测模块监测到该区域刮大风、下大雨，信息处理系统收到这一信息后，向无人机发出指令，告知无人机该天气不适宜无人机活动，还会提醒智能虫情测报灯开启保护模式，注意防水、防风、防雷。如果智能虫情测报灯在某一时段诱集到大量的靶标害虫，它将这一信息传递给信息处理系统，然后由信息处理系统向无人机发送协同调查请求，无人机起飞对监测点进行机动式的虫情调查和精准式的虫害防治。同时，如果无人机在工作过程中发现了某种作物受害严重，也可以借助信息处理中心向智能虫情测报灯分享这一信息，智能虫情测报灯开启工作模式，采集靶标害虫信息，实现虫害智能监测与预警。

拓展资源 5-2

智能虫情测报灯应用场景

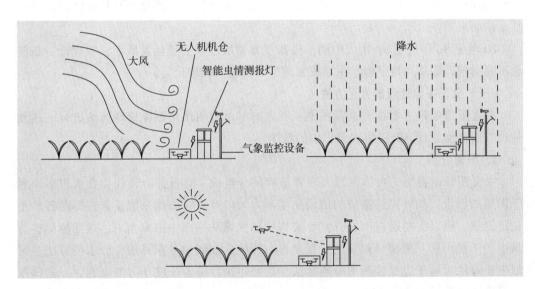

图 5-12 虫害智能监测物联网的数据共享互动设想

第四节 植物虫害数据处理

一、基于机器视觉技术的虫害图像处理

（一）机器视觉技术的定义

机器视觉技术是指利用图像传感器代替人眼去获得物体的图像，并将图像转化为

数字图像，用计算机模拟人脑的视觉分析和判断原理，对数字图像进行分析并给出结论。最典型的应用实例就是用 AI 模型来识别虫害图像，它的过程包括：摄像头采集虫害图像；计算机图形处理单元将彩色图像转化为计算机内部元件所能理解的像素值矩阵；计算机内存中已载入的 AI 模型对矩阵进行运算分析；AI 模型给出对图像的分析结果，对应害虫的类别。

（二）机器视觉技术的发展历史

机器视觉技术起源于猫的视觉神经实验。1959 年，Hubel 等在猫观看幻灯片的实验中发现猫的视觉神经只对幻灯片切换时出现的锋利边缘产生神经反应信号。在更深入的研究中，人们揭示出大脑的视觉处理过程是从诸如边沿轮廓、结构和排列方式等简单形状的提取开始的。这个发现为当时刚刚诞生的机器视觉领域提供了非常重要的素材，为机器视觉领域打下了第一块理论基石。20 世纪 60 年代，人们开始研究图像中的三维特征，Lawrence Roberts 发表了一个提取积木图片中的积木立方体棱边的方法。这篇研究论文给其他机器视觉研究者带来了极大的启发，并开启了人们对基于积木图片的三维特征提取技术的探索。

20 世纪 70 年代，MIT 的 AI 科学家 David Marr 提出了不同于 Lawrence Roberts 理论的计算机视觉理论，即著名的 Marr 视觉理论，该理论成了 20 世纪 80 年代机器视觉研究的重要框架。Marr 视觉理论的核心思想是人对物体的三维视觉是从物体的二维特征重构而来的。

20 世纪 80 年代至 90 年代中期，机器视觉领域迎来了蓬勃发展期，新理论、新概念不断涌现，如感知特征群、主动视觉理论、视觉集成理论等。

（三）虫害图像处理的常见方法

虫害图像处理主要指在虫害图像识别之前对虫害图像用图像处理算法进行一些预处理，通过预处理降低虫害图像识别的难度。

1. 图像分割

虫害图像由目标（虫体区域）和背景两部分组成，背景部分往往存在着很多不利于识别的因素，如补光灯造成的图像亮度不均匀以及虫害图像采集设备内部的各种不确定因素，所以需要通过图像分割算法将目标区域从原图中抽离出来，过滤掉那些背景中的干扰因素。图像分割算法有很多种，传统的如阈值分割算法、分水岭算法、区域生长算法、基于边缘检测的分割算法，近些年来，随着深度学习的崛起，一些深度学习算法也被用于图像分割。

（1）自适应阈值分割算法　自适应阈值分割算法由日本学者大津在 1979 年提出，也称为大津算法。算法的原理是：将彩色图像灰度化为灰度图像，将像素灰度值分为 l 级，统计从 1 级到 l 级每一级对应的像素个数，在 $1 \sim l$ 级选取一个 k 级作为阈值，灰度级在 k 级以上的像素会被划为背景像素，灰度级在 k 级以下的像素会被划为目标像素。每次在 $1 \sim l$ 选取一个 k 级，计算每个 k 级下背景类像素值与目标类像素值之间的类间方差，类间方差最大时的 k 值即可作为划分图像中背景区域和目标区域的阈值。

（2）最大熵阈值分割算法　最大熵阈值分割算法的核心在于将熵值理论应用于图

像分割，算法的原理是：将彩色图像转化为灰度图像，再把像素灰度值分为 l 个灰度级（$0 \sim l$），选取一个 $0 \sim l$ 中的一个灰度级 t 作为阈值。计算每个灰度级下的像素个数占总像素个数的比例，即图像中每个灰度级的概率；计算灰度级小于阈值 t 的像素总概率，计算灰度级大于阈值 t 的像素总概率；通过算法得到每个阈值 t 下的背景部分（灰度级大于 t）和目标部分（灰度级小于 t）各自的熵值，将两者数值相加，熵值最大时的阈值即为最大熵阈值，则依照此熵阈值可将图像中目标部分（虫体区域）从图像背景中提取出来。

2. 腐蚀

图 5-13 中，A 表示图像中的一个物体，B 表示腐蚀用的卷积核，B 的中心称为锚点。B 的锚点沿着物体 A 图像的每一个像素滑动，当 B 的每个元素都能和 A 图像中的像素重合时，则保留 B 的锚点所在的 A 图像中的像素。当 B 的锚点处于一个无法让 A 图像完全包裹 B 的像素点时，则腐蚀掉该锚点所在的像素点。腐蚀操作可以去除物体之间的连接，消除离散点，收缩并细化物体的轮廓。

3. 膨胀

如图 5-14 所示，膨胀操作的原理是 B 在图像中 A 上进行像素遍历，每个使得 B 和 A 有交集的锚点所属的卷积核所覆盖的所有像素均划入 A，且原本不属于 A 的位于 A 边缘外的像素被 B 与 A 交集区域中拥有最大像素值的像素所替换。

二、基于机器学习技术的虫害图像识别

（一）机器学习的定义

若一个计算机程序在某任务上的处理效果能随着处理次数的增加而增加，则这个计算机程序具有从任务中学习的能力，称为机器学习。

举一个例子来说，现在有一个昆虫图像分类的任务，首先收集大量的昆虫图片构建一个昆虫图像数据库。其中一部分是农业中的重要害虫，假设第一阶段，对机器学

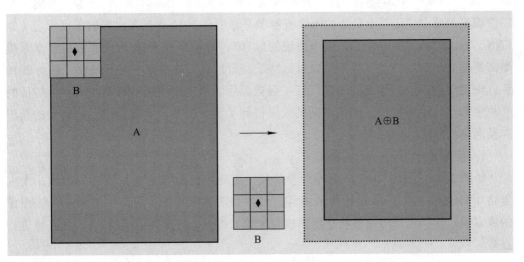

图 5-13　腐蚀操作示意图

图 5-14 膨胀操作
示意图

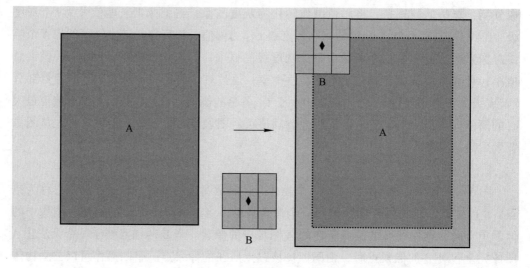

习程序的要求是能识别出一种重要害虫，则先对该种害虫的图片进行人工标注，然后将这种重要害虫的图片输入机器学习程序中。在对这种重要害虫的每一张图片的学习过程中，机器学习算法会逐渐习得这种重要害虫的特征和标注之间的关系，且次数越多，机器学习程序的学习效果就越好，对虫害图像的鉴别能力也越强。当完成了一定的标注图像学习后，进行鉴别效果的测试，这种测试能够显化机器学习程序的鉴别效果，且随着学习轮数的增加，测试效果也会越好。

以上内容描述的是机器学习中的监督学习，机器学习可分为监督学习和无监督学习。监督学习主要用于数据分类，无监督学习主要用于数据聚类以及强化学习。虫害图像识别属于监督学习的一个应用场景。

（二）虫害图像识别的原理

可以用于虫害图像识别的机器学习算法有很多，如 BP（back propagation）神经网络、支持向量机（support vector machine，SVM）、卷积神经网络（convolutional neural network，CNN）、VGG-Net、残差神经网络（Res-Net）、Dense-Net，等等。目前，在图像识别领域中使用频率最高的图像机器学习算法是 2012 年后才成熟的深度学习（如 CNN、VGG-Net、Res-Net），因为传统的以 BP 神经网络和 SVM 为代表的机器学习模型需要建立复杂的特征工程来提取目标特征，而且识别的准确率也不理想。直到 2012 年，深度学习兴起，传统的图像特征工程被深度学习模型中能够自动提取目标特征的卷积层和池化层所替代，图像识别的效果得到了大大提升。下面介绍一种典型的卷积神经网络的原理。

1. 卷积层

如图 5-15 所示，九宫格矩阵为卷积核，矩阵内的数字为卷积核中的参数；十六宫格矩阵表示一个 4×4 的图像值矩阵，可视为图像的局部，矩阵中的数字为该图像的像素值。卷积运算的过程就是卷积核与图像上每一个与其大小相当的 3×3 区域进行点乘。

图 5-15 卷积运算示意图

点乘的形式如下图 5-16 所示。在卷积核每一次覆盖的图像区域中，重合的卷积核参数位和像素进行数值相乘，然后将一次卷积操作的乘积相加作为卷积处理后图像一个像素的像素值。经过卷积运算后，图像被大大地压缩，并且突出某些物体的特征。卷积核的参数最初是由人设定的，但在后期训练过程中，参数在数据训练的驱动下不断的自动调整直至最优。由图 5-16 可见，一个 4×4 大小的像素值矩阵卷积核的卷积运算后，会得到一个 2×2 的矩阵，这就是所谓的卷积。卷积神经网络的卷积层（convolutional layer）就是对图像执行卷积运算操作。

2. 池化层

池化操作往往跟随于卷积操作之后，用于压缩图像，最大值池化原理的池化运算如图 5-17 所示，用图像像素值矩阵中的每个 2×2 区域中的最大值像素构成新的矩阵。

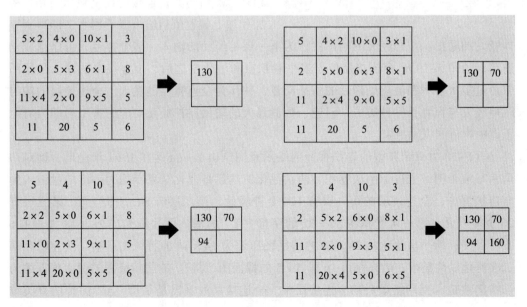

图 5-16 点乘形式的卷积运算示意图

图 5-17　池化运算示意图

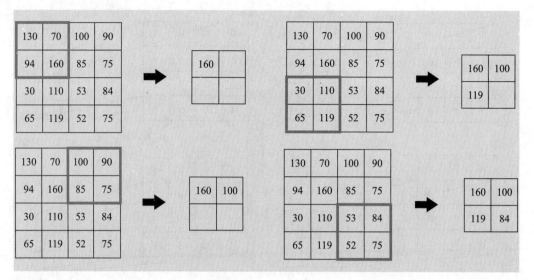

图 5-18　单神经元结构图

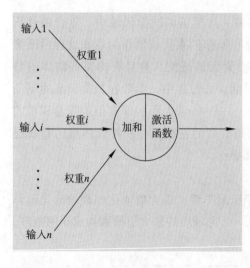

卷积神经网络的池化层（pooling layer 或 subsampling layer）就是对图像执行池化运算操作。

3. 全连接层

全连接层（fully-connected layer）由多个神经元交叉串联而成，图 5-18 为单神经元结构图，输入 i 为上一层第 i 个神经元输入到该神经元的数值，层间的单神经元连接均带有权重，上层第 i 个神经元输出到下层特定神经元的数值需要与该连接对应的权重相乘，然后与其他连接的权重乘积加和。将加和加上偏置值后输入激活函数，即得到该神经元的输出。该神经元的输出就作为下一层神经元的输入。多个神经元可以组成全连接层（图 5-19），全连接层位于多个卷积层和池化层之后，全连接层的输入是原图像经过多次卷积和池化处理后的特征向量，并作为全连接层的输入。全连接层的输出层神经元与识别目标种类一一对应，数值最大的输出层神经元对应的害虫名即为对原图像中物体的识别结果。

图 5-20 为一个典型的卷积神经网络示意图，由 Lecun 等在 1998 年提出，针对一个手写字母图像进行了两次卷积、两次池化，然后将池化结果压缩为一维向量输入到全连接层中，全连接层的第一层有 120 个神经元，第二层有 84 个神经元，第三层有 26 个神经元。第一次卷积将 32×32 的字母 "A" 的输入图片压缩成 28×28 大小的 6 张特征图；第一次池化将 28×28 的特征图压缩为 14×14 的特征图；第二次卷积和第二次池化以此类推，最终获得 16 张 5×5 的特征图，将这 16 张特征图的像素值压缩为一维向量输入到网络最后的全连接层中。全连接层的输出是字母 "A" 图片的分类结

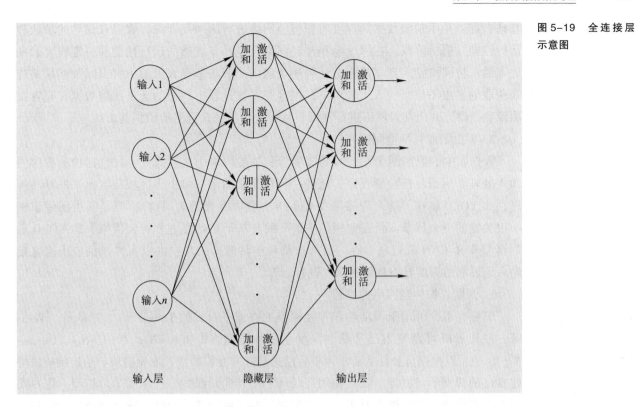

图 5-19　全连接层示意图

输入层　　　　隐藏层　　　　输出层

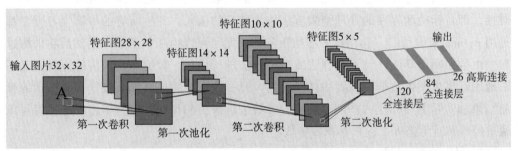

图 5-20　卷积神经网络（LeNet）结构示意图

果，输出是一个 26 维的结果向量，如（0.97，0.02，0.03…0），结果向量中的最大值对应的字母即为分类结果。

（三）虫害图像识别的实现

1. 虫害图像数据库的构建和标记

当使用深度卷积神经网络来进行虫害图像识别时，每种目标害虫的训练所需要图片数量至少为数千张，且需要对每张图片都进行虫名的标记。如果是只含有单只害虫或多只同种害虫的图片，这个工作可以用程序来完成，可以将同种目标害虫的图片放到同一个文件夹内，然后编写一个图片自动标记程序遍历这个文件夹内的所有图片，自动标记所有图片。害虫图片既可以是只有单只害虫的图片也可以是包含多只害虫的图片。

虫害图像数据库的构建分为两个阶段。第一阶段，在田间采集害虫，对害虫进行人工分类，对害虫进行人工图像采集，用这些人工采集的害虫图像构成害虫数据库的基础数据，并用基础数据对深度卷积神经网络进行第一期训练，取得较成熟的参数和运行性能。第二阶段，在深度卷积神经网络已经具备成熟的运行性能和一定程度的准确率后，将网络投入到实战中，让程序接触由部署在偏远农田的虫害田间数据采集终端获取的害虫图像，在人工核对下，用这些实战过程中产生的害虫图像数据扩充害虫图像数据库，并用其对网络进行加训，从而进一步提升网络的识别能力。

2. 害虫图像目标检测程序

数据库中的原始图像在输入到深度卷积神经网络中之前需要经过目标检测程序的预先处理，所谓目标检测程序，就是一种在原始图像中将虫害区域截取出来的算法程序，如 YOLO 程序（这个程序可在 Github 上获取源代码）。目标检测是害虫图像识别中很关键的一个环节，目前使用频率最高的有基于 CNN（卷积神经网络）的 YOLO 系列模型和 R-CNN 系列模型等。目标检测程序将原始图片中的虫害区域提取出来之后输入到后端的深度卷积神经网络中进行运算。

3. 深度卷积神经网络的搭建

现在有不少可用于深度卷积神经网络的搭建平台，如 Tensorflow、Pytorch、Teras等。使用者既可以使用已开源的深度卷积神经网络（如 ResNet、VGG-Net、Dense-Net），也可以根据自身任务需求用平台已封装好的卷积模块、池化模块、全连接模块搭建自己的深度学习框架。如果使用互联网上已有的开源共享的深度学习模型，用户需要在模型代码中定义模型对害虫图像数据库的读取方式。网络的输入与目标检测程序对接，即目标检测程序的处理结果直接作为网络的输入。几乎所有的机器学习模型都是用 python 来编写的。卷积核的参数矩阵的初始值可以由随机函数产生然后在训练过程中由数据驱动算法、粒子群算法或遗传算法进行优化。数据驱动算法的原理就是不断地用新害虫图像数据训练卷积神经网络，每一轮训练完成后都会根据输入图像的预测结果和实际图片标注的差别对卷积核参数进行修正和优化。经验丰富的开发者可以通过经验和直觉来人工设置卷积核参数。

4. 深度卷积神经网络的训练

将构建的害虫图像数据集划分为训练集（80%）、验证集（10%）和测试集（10%），训练集用于深度学习模型对害虫图像特征的学习，如害虫体表的颜色、斑块、纹理；验证集用于调整模型的超参数以及初步评估模型的能力；测试集用于检验模型的训练效果，以及提升模型的泛化能力，避免模型出现对训练集的过拟合问题。模型训练过程按 epoch 划分，epoch 的含义是：一个 epoch 的完成意味着模型已经与训练图片数据库中的所有害虫图片发生了至少一次接触，因为每个 epoch 中，输入到模型中的害虫图片是通过随机选择算法选取的；每个 epoch 中，训练数据库中的害虫图片被划分为多个批次输入到模型中，数十张或数百张甚至数千张图片构成一个图片批次。在完成一个 epoch 训练后，进行一次模型的识别能力测试，用不存在于训练数据库中的测试数据库中的模型未曾接触过的害虫图片对模型进行识别能力和泛化性能的评估。

第五节　植物虫害数据发布

一、基于云平台的虫害数据分析

虫害数据处理分析平台属于 SaaS 类型的云计算服务模式，是指在已有云服务器上开发的的应用程序。

（一）单个节点的数据分析

1. 田间虫情调查数据

田间虫情调查数据通过节点自身的通讯芯片传给云端，云端虫害数据处理分析平台对数据按调查地点和调查时间进行储存、分析和发布，数据内容为每个地点害虫图像、种名、虫态、单日田间数量和作物受损程度，并由此绘制一段时期内害虫数量消长曲线、地区的害虫数量（卵块、幼／若虫、成虫）地理分布图、作物受损程度的地理分布图。

2. 智能虫情测报灯数据

智能虫情测报灯采集的数据通过灯体内置的通讯芯片将虫害数据上传至云端，云端中的数据分析处理平台按调查地点和调查时间对数据进行储存、分析和发布，数据内容为测报灯内部拍摄的诱集到的害虫图像、种名和单日数量，并由此绘制一段时期内的害虫数量消长曲线。

（二）全部节点的数据分析结果汇总

对所有节点的数据进行归类统计和汇总：地理位置、省级尺度下的害虫数量、当前危害最严重的害虫相关数据和信息；节点地理位置分布图；将大地理尺度的数据汇总后向植保机构呈现，辅助植保专家对虫害的发展趋势和迁飞趋势进行判断。

（三）气象监测模块

通过降水量传感器和风速风向监测仪感知每个监测点气象状况，并将气象数据上传至数据处理与分析平台，辅助判断虫情变化。

（四）设备运行监控模块

设备运行监控模块用于监控设备的运行状况并将设备运行数据定时上传至数据处理分析平台，及时发现、排查和解决问题。这一模块的主要作用是将田间设备出现的运行异常和故障及时地反馈给技术人员，从而便于设备的维护，保证系统的运行完整性、流畅性。

二、基于云平台的虫害数据发布

（一）用户系统

用户系统分为管理员用户和普通用户。管理员用户负责对云平台的后台维护和运行维护，并实时掌握田间虫情采集终端的运行情况，如终端设备出现损坏故障，管理员能够及时向技术维护人员发送相关消息，从而能够及时地维护设备，保证虫害智能监测物联网系统的正常运行，保证不出现监测缺口和预报缺口。管理员用户也可以根据用户反馈，针对性优化云平台架构和布局，根据普通用户的新需求、新理念和行业的新趋势新动向做出针对性的平台优化、更新甚至创造。

普通用户是得到系统使用授权的单位或个人。普通用户可以是县级植保站和省级植保站。次级区域尺度的用户没有获取上一级区域尺度的用户虫情查看权限，而上一级区域尺度的用户拥有调取下一级区域尺度的用户的虫情数据的权限。例如，省级植保站虫情测报科能够查看省内所有终端设备的虫情数据，而县级植保站只能调取查看县内终端设备的虫情数据。普通用户能够人工审核系统的自动分析结果，并能够人工增删虫情数据库的数据和信息。普通用户拥有向农户发送虫情预报信息的权限。

（二）Web 端

Web 端会向用户呈现田间虫情采集设备采集到的害虫信息，如害虫图片、卵块图片、作物危害状图片，并有系统对图片内容的自动识别结果。同时，在 Web 端，用户可以进行数据的审核、校对、修改、调取和删除等操作。Web 端为用户提供当地害虫数据库的访问入口，并供用户对数据库进行编辑和修改等操作。

（三）APP 端

APP 端可供用户下载到手机上，并在用户手机上向用户呈现田间虫情采集设备采集到的害虫信息，内容与 Web 端相同。同时 APP 端会呈现由系统对当前虫情的自动分析结果。

第六节 虫害智能监测及预警技术的应用案例

一、雷达技术在虫害智能监测及预警中的应用

我国地处东亚季风区，很多农作物重要害虫都具有远距离迁飞的习性。迁飞性害虫以其突发性、爆发性、毁灭性的特点始终威胁着我国的粮食安全。近年来，迁飞性虫害在我国常年发生面积约 $4.67 \times 10^8 \text{ hm}^2$，造成近 $2 \times 10^{10} \text{ kg}$ 粮食的重大损失。除传统的防治方法外，监测预警也对迁飞性害虫的防控起着极大的作用，明确它们的迁入情况能够实现从源头上治理这些害虫，有效地将危害降到最低。

雷达是指利用电磁波进行空中目标探测的系统，是无线电探测和测距的简称。雷达对目标发射电磁波并接收其回波，由此获得目标至电磁波发射点的距离、速度、角度等信息。由于昆虫体内含有水分，可反射电磁波产生雷达回波信号。

1949 年，气象学家 Crawford 首次证实雷达可探测昆虫目标，此后雷达得到昆虫学家的高度关注。1968 年，英国建立了世界上首部昆虫雷达，此后被安放在非洲撒哈拉对蝗虫进行了观测。昆虫雷达可以远距离大范围且对目标没有干扰的情况下快速地对空中种群进行取样观测，获得回波数量、迁移方向、迁移高度、迁移速度等重要参数。昆虫雷达还可以揭示空中迁飞昆虫的起飞、成层、定向等行为特征及其与大气结构之

间的关系。经过几十年的发展，雷达科学与昆虫科学不断交叉，理论基础不断丰富，建制技术取得长足进步，雷达功能不断拓展完善。为监测及预报迁飞性虫害的工作提供了一种卓越的、无可替代且强有力的工具。

（一）昆虫雷达技术类型及在虫害智能监测及预警中的应用

1. 传统昆虫雷达——扫描雷达

20世纪60年代，当昆虫学家Rainey准备开始建造专门用于昆虫学研究的昆虫雷达时，曾用雷达观测鸟类活动的Schaefer帮助设计建造了传统的扫描昆虫雷达，此后30多年，这种设计一直被沿用下来。当Schaefer建造第一部扫描昆虫雷达时，航海雷达的收发机是当时的最佳选择。它的工作波长是3.2 cm（X波段），峰值发射功率是20~25 kW，脉冲宽度可以下调至0.1 μs（相当于15 m的空间解析度），安装上适当的天线可以在1~2 km探测到单个的中大型昆虫。航海雷达不适合昆虫观测的原因是它的横杆形天线，这种天线可以产生宽1°或2°，高30°的"扇形"扫描波束，虽能保证船在起浮摇摆时也能发现目标，但不能有选择性地观测不同的高度。Schaefer改进的方案就是将横杆形天线改为抛物面天线，可以不同仰角进行360°旋转，监视空中昆虫的迁飞情况，并使用这台雷达研究了撒哈拉沙漠南部蝗虫的迁飞，显现了雷达用于迁飞昆虫研究的巨大潜力。

使用扫描昆虫雷达在20世纪80—90年代达到顶峰。扫描雷达逐渐应用到昆虫研究中并成功地观测到重大害虫的迁飞，这极大地激励各国争相建立扫描昆虫雷达。在Drake的领导下，澳大利亚对沙漠蝗和棉铃虫等的迁飞进行了观测，美国建立了机载雷达对美洲棉铃虫的迁飞进行了观测，加拿大也在Schaefer的帮助下对纵色卷蛾进行了研究，我国的第一部昆虫雷达是在20世纪80年代由陈瑞鹿领导建造的，连续用于观测草地螟、黏虫、油松毛虫在空中的飞行动态，研究飞行活动规律，探索雷达观测昆虫迁飞的方法。

扫描雷达最开始用于昆虫迁飞的研究，它利用摄影机录制平面显示器（plain position indicator，PPI）图像，然后用电影放映机回放，完全依赖人工计数统计进行数据处理与分析，需要耗费大量的时间与精力，并且扫描雷达也不适于在野外长期的自动运转，这些问题让昆虫学家不能专注于昆虫学的研究，因此，程登发等利用三色图像叠加原理，使昆虫扫描雷达实现了回波数据采集、处理与分析的自动化与智能化，为扫描雷达的推广与应用提供了技术支撑。

2. 新型昆虫雷达

20世纪80年代，英国自然资源研究所的研究人员认识到：昆虫雷达的散射截面同昆虫目标个体大小存在函数关系，个体越小的昆虫，在瑞利散射区域里，其散射截面越小。使用3 cm的雷达系统在有效的范围内无法检测到微小昆虫。传统扫描昆虫雷达如此成功，但它只限于观测中大型昆虫。许多小型昆虫如稻飞虱和蚜虫都是迁飞性害虫，这些害虫的迁飞就无法用上面所说的传统扫描昆虫雷达进行观测。对于3 cm雷达，昆虫的雷达截面积（radar cross section，RCS）与昆虫质量的大小成正比，飞虱和蚜虫由于质量非常小，它们的RCS只有$10.4 \sim 10.6 \ cm^2$，因此无法被探测到。为了更有效地监测虫害迁飞，科学家们共同努力研发出了新型的昆虫雷达。

（1）毫米波昆虫雷达 在扫描雷达自动化和智能化的发展过程中，昆虫雷达学家又研制了适用于研究蚜虫、稻飞虱等小型昆虫的毫米波扫描雷达。对于 3 cm 雷达，昆虫的 RCS 与昆虫质量的大小成正比。RCS 也与波长的 4 次方成反比，所以用短波长可以增加小型昆虫的 RCS，从而可以被探测到，这就是后来出现的毫米波昆虫雷达。Riley 领导的自然资源研究所雷达昆虫团队设计建造了第一部波长 8.8 mm 的 Q 频带扫描雷达，可检测到 1 km 高处的单个飞虱。用这部雷达于 1984 年在菲律宾、1988—1991 年在我国成功地观测了稻飞虱的迁飞。2007 年在程登发博士的领导下，利用这部雷达监测水稻"两迁"害虫稻飞虱和稻纵卷叶螟的迁飞动态，雷达观测场设在广西兴安县，处于水稻害虫迁飞路径范围内，实现了利用昆虫雷达观测稻飞虱夏季北迁活动。

（2）垂直监测昆虫雷达 为了实现雷达无人值守的自动运转，科研工作者研发了垂直监测昆虫雷达。垂直监测昆虫雷达是 20 世纪 70 年代率先从英国发展起来的一种独特的昆虫雷达系统。垂直监测昆虫雷达的出现，是雷达昆虫学发展史上的一个里程碑，它推动了昆虫雷达由研究型向实用型的转变。第一部一代垂直监测昆虫雷达诞生于 1975 年，并在非洲马里观察了蝗虫的迁飞。1985 年，英国 Bent 等针对一代垂直监测昆虫雷达只能获得回波数量、高度和定向角度等参数的问题，对一代垂直监测昆虫雷达进行了优化与改进，成功研制出了二代垂直监测昆虫雷达样机，取样测试成功提取了数量、高度、位移方向、位移速度、定向等参数，可推测出昆虫的形状与重量。垂直监测昆虫雷达的出现促使昆虫迁飞的研究从短期集中的观测转变为长期、全自动的实时监测，在大范围监测和研究重大农业迁飞性害虫领域中具有巨大潜力，有利于虫害监测与预警系统的建立，提高了对害虫种群的控制与管理水平。与扫描昆虫雷达相比，垂直监测昆虫雷达操作更为简单，并且具有参数解算丰富、目标识别能力强、自动化程度高等优势。

（3）昆虫谐波雷达 昆虫谐波雷达是监测低空飞行昆虫的一种重要手段。根据谐波雷达原理，昆虫谐波雷达需要在被观察目标的身体上固定一个很小的电子标签（变频二极管），该装置收到谐波雷达天线发出的电磁波后，会发射 2 倍或多倍于原频率的谐波信号。谐波雷达接收系统自动屏蔽地物返回的杂波，针对性地接收调制回波，通过比较相位，获得目标的方位信息。与上述两种雷达相比，昆虫谐波雷达具有监测速度快、抗干扰能力强等优点，更为重要的是昆虫谐波雷达可以在扫描昆虫雷达和垂直监测昆虫雷达的盲区内有效开展工作。

世界上第一台真正意义上的便携式昆虫谐波雷达诞生于 1986 年，Mascanzoni 和 Wallin 的研究小组利用谐波雷达，成功跟踪了土壤洞穴中的昆虫活动行为。目前，已有的昆虫谐波雷达分为便携式和基站式两种类型，主要对隶属于鞘翅目、鳞翅目、双翅目、膜翅目和直翅目等类群的数十种昆虫的行为开展定量观察。Rilry 团队研制出一部基站式昆虫谐波雷达，该雷达系统在 X 频带扫描雷达的天线上方，增加了一个接收谐波信号的天线，两个天线同时以 20 r/min 的转速旋转，该雷达系统检测高度可达 700 m，水平可检测距离最远约 900 m，在当年的首次野外观测试验中，成功地跟踪了蜜蜂在蜂巢与蜜源之间的飞行。利用昆虫谐波雷达对昆虫行为开展研究，可更好地理解其行为机制，不仅能为授粉昆虫的应用提供数据支持，也可以为害虫防治提供新的理论基础和防治策略。在实际监测工作中，为避免电子标签影响昆虫的正常行为，标签重量不能超过目标自重的10%。目前，最轻的电子标签为0.3 mg，因此，还很难应用昆虫谐波雷达开展小型昆虫的行为研究。昆虫谐波雷达产品每次只能发射一个频率的电磁波，理论上只能跟踪一只昆虫目标，但便携式昆虫谐波雷达通过标记昆虫、转换跟踪角度和设置时间差异，可以同时跟踪超过30只昆虫目标。

（4）激光雷达　激光雷达是激光探测和测距系统的简称，由激光发射机、光学接收机、转台和信息处理系统等部分组成，工作波段位于红外和可见光波段，主要应用于探测、测距和地理信息测绘等工作。2009年，*Applied Optics* 杂志首次报道了瑞典隆德大学（Lund University）利用激光雷达对 *Calopteryx splendens* 和 *C. virgo* 两种豆娘标本进行识别的研究结果，发现在距离60 m时，可以利用激光雷达区分 *C. splendens* 的雌雄。浙江大学和瑞典隆德大学合作利用瑞典的雷达系统对褐飞虱、白背飞虱、灰飞虱、棉铃虫、斜纹夜蛾、甜菜夜蛾和二化螟的标本进行了探测，结果发现距离为50 m时，可以检测到飞虱，可以将2只斜纹夜蛾标本识别成独立目标，不同大小昆虫的荧光强度有明显分离。研究表明，激光雷达系统在昆虫迁飞研究中具有可行性，而且不受白天和夜晚的限制。

（5）气象雷达　气象雷达能探测到昆虫返回的晴空回波，因此气象雷达也是迁飞性昆虫研究常用的手段。如芬兰利用气象雷达对小菜蛾与蚜虫的迁飞性进行监测与预警。美国也开始利用气象雷达用于昆虫迁飞行为的常规观测。国内的气象雷达也能探测到鸟类、昆虫等非气象回波，我们可借鉴国外的经验，利用气象雷达监测网完善对农业迁飞性虫害的监测与预警。

（二）昆虫雷达技术研究进展

经过几十年的发展，昆虫雷达除在类型方面逐步多样化以外，在一些建制技术方面也取得了许多明显进步。这些进展为未来的虫害智能监测及预警运用打下了坚实的基础。

1. 数字化昆虫雷达替代模拟昆虫雷达

目前，昆虫雷达已经实现数字化探测。数字化是指雷达回波信息（角度、强度等）经过 AD 采样技术，实现了由模拟信号向数字信号的转换。数字信号可以方便地利用计算机存储、分析、处理和传输。在实现昆虫雷达数字化的过程中，最关键的是对回波强度进行 AD 采样，主要涉及 AD 采样的精度和速度。在建制昆虫雷达特别是垂直监测昆虫雷达时，AD 采样位数和 AD 采样频率是非常重要的指标。

2. 网络型雷达

昆虫雷达一般均是单机工作，但澳大利亚实现了2部雷达的联网监测。利用网络技术实现数据的远程传输还不是真正意义上的网络型雷达。网络型雷达应该是采用网络型的数据采集接口，借助互联网实现雷达的远程监控和数据传输，数据终端可以快速对数据进行拼接显示。构建网络型雷达，首先，要确保终端数据格式统一；其次，要设计远程监测与控制功能；最后，数据采集接口的网络化，实现数据的高保真录取和传输。

3. 扫描昆虫雷达的自动伺服与分析能力大幅度提升

由于受硬件的影响，早期的扫描昆虫雷达不适于长期自动运转，数据分析也需要耗费使用者大量的时间和精力。2001 年，程登发博士成功开发了相应软件，实现了扫描昆虫雷达的数据采集与分析自动化，极大地推动了扫描昆虫雷达技术的发展。借用天气雷达运转经验和早期扫描昆虫雷达采集分析程序的结构，2016 年，无锡立洋电子科技有限公司开发了伺服程序，该程序可以自动按照设定的仰角进行扫描，并实现了 3PPI 图像的实时合成与存储。通过非实时程序，可以对数据进行进一步分析。目前，相关软件仍在不断优化之中。如果得以应用，扫描昆虫雷达的能力将会进一步显现，实用性更强。

4. 多模式融合

双模式昆虫探测雷达是指利用一套收发、信号采集处理及终端系统实现扫描昆虫雷达和垂直监测昆虫雷达所有探测功能的新型昆虫探测雷达。受某些部件功能的限制，真正意义上的双模式昆虫探测雷达技术并不是两种体制雷达的简单组合。常规雷达建制时，需要使用旋转关节。垂直监测昆虫雷达一般需要 1 个旋转关节，扫描昆虫雷达一般需要方位和俯仰 2 个旋转关节。如果将两种扫描体制的雷达简单地合成，至少需要使用 3 个旋转关节。目前，无锡立洋电子科技有限公司在双模式昆虫雷达生产方面取得重要突破。2016 年，该公司先后与北京市植物保护站、新疆师范大学等单位合作，研制生产出 2 部双模式昆虫探测雷达，相关雷达正在测试运转之中。

5. 高机动型雷达

为了全面及时了解害虫的种群情况，在经费有限的情况下，不可能密集安放多部昆虫雷达，因此，使用高机动性能的昆虫探测雷达将成为今后昆虫监测领域的一个方向。我国第一、第二部昆虫雷达均是车载式昆虫雷达，后期装备的均是固定式雷达。车载式昆虫雷达可随载车移动，具有一定的机动探测能力。但常规车载雷达与现代高机动型雷达比较，尚存在许多差距。作为现代昆虫探测雷达，对机动探测的要求也应与时俱进。今后，高机动型昆虫探测雷达可参考军用机动雷达建设技术。首先，高机动型昆虫雷达应该具备快速的安装、架设和拆收速度，雷达除了要具有较强的自动控制功能外，还应具备自动调平、自动标定正北的功能；其次，作为最高端的机动型昆虫探测雷达，还应具有行进间不间断探测的能力。

二、高空诱虫灯在虫害智能监测及预警中的应用

近些年，迁飞性害虫在不同地域不同程度频繁爆发，给农业生产造成不少损失。有效利用诱虫灯吸引靶标害虫是虫害综合治理应用中的一个重要措施。目前，以昆虫趋光为原理设计的诱虫灯已被广泛应用于虫害的监测和治理，并在虫害防治和预测预报中起到重要作用。

高空诱虫灯能够有效诱集高度 500～1 000 m 的昆虫，对迁飞性害虫（草地贪夜

蛾、棉铃虫、黏虫、小地老虎）等有很好的监控作用，对昆虫的迁入时间、迁飞路径、迁入量和迁出时间进行有效的监测和防控。对研究昆虫空中迁飞的过程，探究其关键控制机制、实现虫害的监测及预警起着重要作用。

（一）高空诱虫灯的构造及原理

1. 主要构造

高空诱虫灯主要由诱虫装置、收集装置、排水装置、光源、开关（时控）和支架组成。在箱体的上端设有端盖，箱体内位于端盖的下方设有诱虫装置，箱体内位于诱虫装置下方设有收集装置。诱虫装置包括设在端盖下方的基座，基座和端盖之间通过固定杆固定，基座上设有转盘，转盘沿轴向设有转轴，转轴的下端延伸至基座内并连接有动力机构，转盘上靠近边缘的位置处设有连接杆，连接杆的上端朝向转盘的中心倾斜，连接杆的上端铰接有诱虫灯，相对的两根固定杆上部还设有用于支撑诱虫灯的支撑机构。收集装置主要是不锈钢集虫箱，同时设有排水装置，按外界降水量变化自动控制整灯的工作，有效做到水、虫分离。

2. 工作原理

高空诱虫灯是一种利用昆虫趋光性，以各种光源为基础，通过高压电击或诱捕结构，实现诱杀昆虫或监测其种群动态的诱捕器。

（二）高空诱虫灯在虫害监测及预警中的工作特点

1. 诱虫效果明显

高空诱虫灯的监测范围非常广泛，$500 \sim 1\,000$ m 高度的害虫都在其监测范围内。在成虫发生高峰期，采取高空诱虫灯诱杀成虫、能够干扰交配，减少田间落卵量，压低发生基数，减轻危害损失。并且在设置高空测报灯后，第二年诱捕到的各种害虫的数量都大幅度减少，降低了害虫危害程度。与传统诱虫灯相比，高空诱虫灯的监测峰次更多、诱虫种类更广、诱集数量更大，对迁出、过境、迁入虫群均具有较强的诱捕作用，对后续虫害监测及预警工作提供基础。

2. 预报结果精准

由于迁飞性害虫的危害发生具有突发性，高效实用的监测技术与早期预警是实现迁飞性害虫有效防控的重要手段。灯光诱杀不但是一种高效环保的害虫治理方法，还是虫害测报的重要手段。迁飞性昆虫在聚集降落时，诱虫灯设置在降落地周围，该昆虫种群数量会有一个明显的突增。因此，利用诱虫灯长期监测，观察种群动态是否存在突增，可以对昆虫的迁飞事件进行有效判断。研究表明高空测报灯比自动虫情测报灯监测昆虫更灵敏，为预测迁飞性害虫发生情况提供有效的虫源数据支持，为科学的预防迁飞性害虫提供一定依据。

3. 虫体保留完整

高空诱虫灯诱集到的昆虫，由于保持虫体新鲜完整，对于后期的检测基因、通过虫体携带的花粉追溯虫源地以及相关联发生、迁飞路径方面的研究等具有重要价值。因此，根据高空诱虫灯的虫量突增情况，辅以雌蛾卵巢发育级别剖查及其他鉴定手段，可以准确对迁飞性昆虫的虫源性质做出判断。

（三）高空诱虫灯在虫害监测及预警中的应用进展

目前，利用高空诱虫灯对棉铃虫、草地螟、草地贪夜蛾、黏虫、白背飞虱等迁飞性害虫进行数据采集已经得到广泛应用，将诱虫灯采集到的虫情数据进行分析整理，为虫害的有效监测及预警提供有效数据支持。

1. 高空诱虫灯对棉铃虫数据的采集

棉铃虫是世界性重大致灾害虫，其兼性迁飞行为是其区域性灾变的重要生物学基础。山东潍坊地区利用投射式高空诱虫灯和地面诱虫灯诱捕监测重大迁飞性害虫棉铃虫的发生动态。结果表明，棉铃虫在高空诱虫灯下的诱集量远远高于地面诱虫灯。中国农业科学院植物保护研究所近年来利用高空诱虫灯配合其他技术手段积累了大量的棉铃虫迁飞数据，明确棉铃虫等迁飞性害虫的迁飞生物学和迁飞规律，对构建监测预警技术体系具有重要意义。

2. 高空诱虫灯对草地螟数据的采集

草地螟是我国三北地区（华北、东北和西北）重要的农牧业害虫，给我国农牧业生产造成巨大损失。中哈边境塔城地区利用高空诱虫灯结合昆虫雷达技术，监测了包括草地螟在内137种昆虫的诱捕数据及地面气象数据，探究了草地螟的迁飞规律及特点，其研究结果为利用高空诱虫灯及昆虫雷达长期监测中哈边境昆虫迁飞提供基础数据，为深入探讨中哈边境区域害虫迁飞规律和监测预警提供科学依据。

3. 高空诱虫灯对草地贪夜蛾数据的采集

根据草地贪夜蛾具趋光习性，借鉴国外草地贪夜蛾监测经验和我国迁飞性害虫监测实践，2019年，各地设置了高空诱虫灯用于监测，为掌握虫情数据发生动态提供了重要保障。高空诱虫灯在广西、湖南、湖北、河南、陕西、山西、宁夏、天津8省（区、市）14个点设置，统计诱集的草地贪夜蛾数据，多数观测点蛾峰明显。综合说明高空诱虫灯监测草地贪夜蛾在作物生长后期性能较好，可作为监测工具与防控手段大面积使用，为有效积累草地贪夜蛾虫情数据提供保障。

4. 高空诱虫灯对黏虫迁飞数据的采集

黏虫是典型的远距离迁飞性害虫，具有突发性、暴食性、聚集性和多食性等特点，严重损害作物生长。2014年，全国农业技术推广服务中心在全国17个省（自治区、直辖市）设立了19个高空诱虫灯观测点，通过各地全年系统监测逐日蛾量，掌握了黏虫全年南北往返迁飞的种群发生动态，总结出了黏虫全年发生代次（时间）、发生区域和发生数量。为我国黏虫的发生动态监测及预警提供有力的数据保障。

5. 高空诱虫灯对白背飞虱迁飞数据的采集

白背飞虱是危害水稻生产的最重要的害虫之一，其具有周期性的南北往返迁飞过程，给我国水稻的安全生产造成了很大损失。农业部桂林野外科学观测试验站内于2012—2015年进行白背飞虱的监测工作，利用高空诱虫灯收集虫情数据。7台高空诱虫灯进行分时段取样，将监测的诱虫数据进行空间定位，将虫情数据导入ArcGIS10.1中，得到广西地区此次白背飞虱发生的种群数量的时间-空间分布图，从而进行系统分析，为白背飞虱的发生动态监测及预警研究提供有效支持。

　　高空诱虫灯具有操作方便、自动化程度高、使用安全、诱集害虫种类多、数量大、能大幅度降低田间落卵量、压低虫口基数、节能省电、保护天敌、减少中毒、减少农药使用量、不污染环境等优点，其社会效益、经济效益和生态效益都非常显著，对智慧农业和可持续农业的发展有重要意义，在虫害的监测及预警中发挥着重要的作用，具有较好的应用推广前景。

三、物联网病虫害的监测预警系统

（一）佳多农林 ATCSP 物联网病虫害监测预警系统的组成

　　主要包括虫情信息自动采集系统、生态远程实时监测系统、小气候信息采集系统、孢子自动捕捉培养系统、信息处理设备五部分，通过无线传输将全天候实时采集信息数据发送到中心站自动上传数据库，根据实时数据及历史大数据，系统分析对比运算，自动进入模型，智能控制范围内任何区域的四情（苗情、墒情、病虫情、灾情）监测、预警、预报达到标准化、网络化、可视化、模型化、智能化。以下主要介绍虫情信息自动采集系统、生态远程实时监测系统和小气候信息采集系统。

　　1. 虫情信息自动采集系统

　　虫情危害成为直接影响主要作物生长的重要因素。若要成功监测虫情的发生，发展必须对虫情信息、天敌种群进行综合掌握。虫情信息自动采集系统根据全天候实时采集，自动上传的高清图像数据可准确掌握区域内棉铃虫等害虫发生、发展数据信息。根据实时数据及历史大数据，系统分析对比运算，虫害预测模型，虫情识别系统自动显示形成虫害发生趋势图。其优势在于可以进行自动诱杀处理、实现野外全天候无人值守自动运行工作、测报准确度高、可进行远程实时传输。利用虫情信息自动采集系统，结合生态远程实时监控系统，实时掌控、监测靶标植物危害状态，为管理者及时进行防控提供决策依据。

　　2. 生态远程实时监测系统

　　生态远程实时监测系统运用无线网络视频技术通过区域内装备的高分辨率、可旋转的监控视频摄像机采集区域实时信息，可上下 90° 垂直操作，左右 360° 灵活旋转，无障碍进行多路通道田间监控、录像、拍照。其单路摄像，可进行高清晰焦距调节监控，达到近距离可以观测到植物叶面、茎干蚜虫等小型害虫的虫态特征。一般距离可以看到病虫害的发生状况、植物叶面等生长情况。远距离可观察监控区域内作物整体长势状况以及环境状态并进行智能轮询监控。快速准确预测预报监控区的病虫害发生动态、环境因子、益害生物种群的空间格局。并且系统平台可与全国、省、市各级测报站信息共享，为专家指挥防治、决策提供科学依据，大大促进了农业病虫害预测预报预警工作的标准化、网络化、现代化、自动化、可视化。

　　3. 小气候信息采集系统

　　由于农田局部小气候环境因素、地理环境因素比较复杂，不同农作物和不同植株的密度、株距、行距、行向，不同生育期和叶面积大小等都能形成特定的小气候，小气候信息采集系统可以全天候实时监测农作物种植区域内的空气和土壤的温度、相对湿度、光照强度、风速、风向、降水量、蒸发量、总辐射、光合有效辐射、结露等区域性小气候气象数据（图5-21），为用户提供精准的农作物生长发育和提高产量所需要的重要环境信息。通过实时采集田间各类气象因子，并自动传输、上传数据库统计分析，再结合病虫害流行规律，建立病虫害预测模型，自动生成病害、虫害的预测预报发生期走势图，快速实现数据统计分析、准确预报。目前，病虫害预测模型已经囊括了棉铃虫、二化螟、铜绿金龟子、小麦赤霉病、小麦条锈病等多种主要病虫害。

图 5-21 佳多农林 ATCSP 物联网病虫害监测预警系统田间采集设备
A. 虫情信息自动采集系统；B. 生态远程实时监测系统；C. 小气候信息采集系统；D. 孢子信息自动捕捉培养系统

（二）佳多农林 ATCSP 物联网病虫害监测预警系统的应用

佳多农林 ATCSP 物联网病虫害监测预警系统已在河南、江苏、山东、广东、贵州、甘肃、新疆、上海、北京、安徽等全国25个省（自治区、直辖市）的农垦系统安装运行。

2018年在吉林省公主岭市陶家屯，应用佳多农林 ATCSP 物联网系统对吉林省3种主要鳞翅目害虫（玉米螟、黏虫、小地老虎）进行了监测试验，结果表明与实地调查计数相比较，误差率为 –10% ~ –5%，得出的诱虫动态曲线基本一致，峰期明显。该系统减少了虫情监测人员的下地次数，一定程度上降低了劳动强度。

在辽宁省岫岩县果园，使用该技术装备中的诱控设备诱捕果树害虫，全年没有使用化学农药，有效地抑制了食心虫和卷叶虫的发生，产品经农产品检测检验中心进行检测，完全符合绿色食品标准。

2001年在湖南省汉寿县，在棉田利用佳多农林 ATCSP 物联网系统所特有的升压、保护、启动、节能技术，提高了对靶标害虫的诱控效果和产品使用的安全性、适应性，降低了对天敌的影响；2016年，利用佳多农林 ATCSP 物联网系统、佳多虫情测报灯记录水稻害虫稻纵卷叶螟、稻螟蛉、稻飞虱诱虫数量。佳多农林 ATCSP 物联网系统诱虫数量为系统发送图片到计算机后根据图片人工分辨后计数，结果记入害虫远程实时监测情况记载表。佳多农林 ATCSP 物联网系统观测的稻飞虱、稻纵卷叶螟、稻螟蛉水稻主要害虫发生盛期和高峰期基本一致，对于预测迁飞性害虫的发生期准确性和可信度较高，具有推广价值。

1993年在河南省在汤阴县，利用佳多农林 ATCSP 物联网系统诱集量大的特点，创下 55 盏灯一夜之间诱虫 69 kg 的记录。2011 年，在佳多琵琶寺生态园，安装佳多农林 ATCSP 物联网系统对小麦、玉米、蔬菜和果树等作物害虫成虫、幼虫、病菌孢子和田间气候进行了准确监测，预报准确率可达到 90% 以上。频振、生物诱控系统通过预警遥控系统，得到监测预警系统的指令，对病虫害进行了成功的控制，控害效果在 95% 以上；在有效控害的同时，有益生物种群数量迅速上升，七星瓢虫成虫、幼虫量达到 40 ~ 70 只 /m²，成为麦田捕食天敌优势种，百穗蚜茧蜂寄生蚜虫量 300 ~ 600 只 /m²，通过调整作物布局和瓢虫助迁等手段，有益生物得到持续利用，可长期控害。2012 年，在河南省佳多农林科技有限公司的基地，佳多农林 ATCSP 物联网病虫害监测预警系统控制面积达 330 km²，实现了有机生产病虫害远程智能化管理，满足了农林病虫害监测预警及防控的管理要求。不仅在虫情预警、预报、防控方面得到完善，促进园区有机食品生产与利润的同时，也为当地农民带来了经济效益。

佳多农林 ATCSP 物联网病虫害监测预警系统用信息化的思维打破传统农林病虫测报预警模式，显著改善病虫监测预警条件，为病虫监测预警与防控提供技术支持，对提升农作物病虫防灾、减灾能力具有长远意义。同时该系统加快了农业与物联网之间的融合，推动了传统农林植保向现代智慧植保的转变。

📚 参考文献

1. 陈仕林，张景浩，戴子正，等 . 基于 LoRa 的户外农业监测系统的设计 [J]. 现代计算机，2020，32：99-104.

2. 于大群，孙磊，林维涛，等 . 一种用于 5G 移动通信的毫米波大规模天线系统 [J]. 微波学报，2021，37（1）：1-7.

3. 王圣楠 . 基于物联网技术的农林病虫害生态智能测控系统构建及其应用 [D]. 泰安：山东农业大学，2017.

4. Hubel DH, Wiesel TN. Receptive fields, binocular interaction and functional architecture in the cat's visual cortex [J]. The Journal of Physiology, 1962, 160（1）：106-154.

5. Kil-Nam K, Huang QY, Lei CL. Advances in insect phototaxis and application to pest management: a review [J]. Pest Management Science, 2019, 75: 3135-3143.

6. Lecun Y, Bottou L, Bengio Y, et al. Gradient-based learning applied to document recognition [J]. Proceedings of the IEEE, 1998, 86（11）：2278-2324.

7. Roberts LG. Machine perception of three-dimentional solids [D]. Boston: Massachusetts Institute of Technology, 1965.

❓ 思考题

1. 虫害智能监测及预警技术相比传统虫害监测及预警技术而言有何优势？

2. 虫害智能监测及预警技术的核心技术主要包括哪些方面？

3. 在哪些方面做出改进才能降低虫害智能监测及预警装备的价格？

4. 如何将人类对昆虫识别特征的理解融入昆虫图像自动识别的代码编写中？

5. 田间虫情采集仪与智能虫情测报仪采集的昆虫图像数据有何差异？

第六章

抗病虫分子育种策略与应用

作物的抗病性是作物抵抗病原微生物入侵、扩展和危害的能力；抗虫性是作物所具有的抵御或减轻有害昆虫侵袭和危害的能力。抗病虫分子育种，即以作物抗病性和抗虫性为育种目标，在传统遗传育种和分子生物学等理论的指导下，将现代生物技术手段和传统育种方法有机结合，通过基因型选择达到表型选择的目的，从而提高选择效率，培育优良抗病虫新品种的育种方法。随着分子生物学的进一步发展，作物育种正在变得更快速、更高效。作物育种家利用各种生物技术手段创造变异和鉴定变异。同时，确定与变异有关基因的遗传特征，来认识育种群体的结构并重组优良基因到新品种中，从育种群体中快速选择合乎育种目标的优良个体。抗病和抗虫等复杂性状的分子育种，未来将利用测序或芯片鉴定来获得覆盖全基因组的遗传信息，随着高通量、精准表型鉴定和基因组信息的整合与集成，高效、低成本的作物分子育种策略将成为现实。

第一节 分子育种概述

分子育种根据生物技术手段参与传统育种的不同形式，可分为分子标记育种、转基因育种和分子设计育种 3 种主要类型。

一、分子标记育种

分子标记育种（molecular marker breeding）又称为分子标记辅助选择育种（molecular marker assisted selection breeding），是利用与目标基因紧密连锁的分子标记，在杂交后代中通过检测分子标记准确鉴别不同个体的基因型，从而进行辅助选择表型的育种方法。因此，分子标记育种能有效地结合基因型与表型的鉴定结果，显著提高选择的准确性和育种效率。

二、转基因育种

转基因育种（transgenic breeding）是利用重组 DNA 技术，将功能明确的一个或数个基因通过遗传转化等手段导入受体品种的基因组，并使其能表达期望性状的育种方法。由于克隆的基因可来自任何一个物种，所以转基因育种能打破基因在不同物种间交流的障碍，克服了传统育种种间生殖隔离等方面的问题。

三、分子设计育种

分子设计育种（molecular breeding by design）是通过多种技术的集成与整合，在大田试验之前对育种程序中的诸多因素进行模拟、筛选和优化，确立目标基因型、提出最佳的实现目标基因型的亲本选配和后代选择策略，以提高作物育种中的预见性和育种效率，实现从传统的"经验育种"到定向、高效的"精确育种"的转化，最终结合育种实践培育出符合设计要求的农作物新品种。分子设计育种主要包含 3 个步骤：①研究目标性状基因 /QTL 以及基因 /QTL 间的相互关系，这一步骤包括构建遗传群体、筛选多态性标记、构建遗传连锁图谱、数量性状表型鉴定和遗传分析等内容；②根据不同生态环境条件下的育种目标设计目标基因型，这一步骤利用已经鉴定出的各种重要育种性状的基因信息，包括基因在染色体上的位置、遗传效应、基因到性状的生化网络和表达途径、基因间互作、基因与遗传背景和环境之间的互作等，模拟预测各种可能基因型的表型，从中选择符合特定育种目标的基因型；③选育目标基因型的途径分析，制定新品种的育种方案，合理应用分子标记育种、转基因育种和传统育种等技术，实现预期育种目标。

第二节 抗病虫基因的发掘

一、作物抗病虫性的鉴定

在对抗病虫性进行鉴别时，采用科学合理的鉴定方法，得到客观、准确的鉴定结果，是进行抗病虫品种选育和遗传研究的先决条件。根据寄主和病虫害的种类及抗性和致病性变异程度，选择适当规模的寄主群体及其生长条件、合适的菌（虫）源、保持接种后环境条件的稳定、合适的抗性鉴定指标及抗感对照是抗病虫性鉴定需要考虑的因素。

（一）作物抗病虫性鉴定指标

作物抗病性鉴定指标分为定性分级和定量分级两大类。定性分级主要根据侵染点及其周围枯死反应的有无或强弱、病斑大小、色泽及产孢的有无、多少，把病斑分为免疫、高抗到高感等级别。多应用于病斑型（或侵染型）、抗扩展的过敏性坏死反应型及局部危害植物的一些病害。如玉米大斑病分为1、3、5、7、9级别。定量分级即通常所用的普遍率（局部病害侵染植株或叶片的百分比）、严重度（平均每一病叶或每一病株上的病斑面积与体表面积的百分比，或病斑的密集程度）和病情指数（由普遍率和严重度综合而成的数值）来区分抗病等级。作定量鉴定时，每个鉴定材料必须有较多的株数或叶数，并参照抗病和感病对照的病情进行判断，因为发病程度会受到气候条件、诱发强度等的影响。

抗虫性鉴定指标主要选用寄主受害后的表现，或以昆虫个体或群体增长的速度等。如死苗率、叶片被害率、果实被害率和减产率等，以及害虫的产卵量、虫口密度、死亡率、平均龄期、平均个体重、生长速度和食物利用等作指标。其中鉴定害虫群体密度最常用的方法，包括估计害虫群体绝对密度的绝对法和在大体一致条件下捕获害虫群体数量的相对法；或利用害虫的产物如虫粪、虫巢及对作物的危害效应来估计群体密度。在鉴定时可用单一指标，也可用复合指标以计量数种因素的综合效果。室内鉴定时，可选用寄主受害后的表现；或以昆虫个体或群体增长的速度等作为反应指标。应根据鉴定对象双方的特点寻找能准确反映实际情况，且快速、简便的方法。

（二）作物抗病虫性鉴定方法

抗病虫性鉴定方法主要有田间鉴定和室内鉴定两种，室内鉴定又可分为温室鉴定和离体鉴定。

1. 田间鉴定

自然发病条件下的田间鉴定是鉴定抗病虫性的最基本方法，尤其是在病虫害的常发区，进行多年、多点的联合鉴定是一种有效的方法。在田间鉴定中，有时需要采用一些调控措施，如喷水、遮阴、多施某种肥料、调节播种期等，以促进病虫害的自然发生。

抗病性的田间鉴定一般在专设病圃中进行，病圃中要均匀地种植感病材料作诱发行。对棉花枯萎病、黄萎病等土传病害，除在重病地块设立自然病圃外，在非病地块设立人工病圃，必须用事先培养的菌种，在播种或施肥时一起施入，以诱发病害。对于小麦锈病，玉米大、小斑病，稻瘟病等气传病害，可分别用涂抹、喷粉（液）、注射孢子悬浮液等方法人工接种。对于腥黑穗病、线虫病等由种苗侵入的病害，可用孢子或虫瘿接种，对于水稻白叶枯病等由伤口侵入的病害，可用剪叶、针刺等方法接种。对于由昆虫传播的病毒病，可用带毒昆虫接种。在病圃中，要等距离种植抗、感病品种作为对照，以检查全田发病是否均匀，并作为衡量鉴定材料抗性的参考。

抗虫性的田间鉴定可在大面积感虫品种中设置抗虫性鉴定试验。在测试材料中套种感虫品种，利用引诱作物或诱虫剂把害虫引进鉴定圃。也可以用特殊的杀虫剂控制其他害虫或天敌，而不杀害测试昆虫，以维持适当的害虫群体。如要鉴定棉花蚜虫和螨类时，适时、适量的喷用西维因和果苯对硫磷，可以控制天敌。要鉴定水稻品种对飞虱的抗性时，喷用苏云金杆菌可排除螟虫的干扰等。

2. 室内鉴定

为了不受季节及环境条件的限制，加快抗病虫遗传育种研究工作进程，在以田间鉴定为主的前提下，也可利用温室进行活体鉴定或实验室离体鉴定。

抗病性在温室鉴定时，必须进行人工接种，为了获得准确的鉴定结果，要注意光照、温度、湿度的调控，使寄主的生长发育正常，保证最适于发病的环境条件，有利于病原菌孢子萌发侵入。接种量既要保证充分发病，又不要丧失其真实抗病性。温室鉴定一般只有一代侵染，不能充分表现出群体（抗流行）的抗病性。

离体鉴定是室内鉴定的一种，用植株的部分枝条、叶片、分蘖和幼穗等进行离体培养并人工接种，可鉴定那些在组织和细胞水平表现出抗病性的病害，如马铃薯晚疫病、小麦白粉病、小麦赤霉病和烟草黑胫病等。离体鉴定的速度快，可同时分别鉴定同一材料对不同病原菌或不同小种的抗性，而不影响其正常的生长发育和开花结实。对以病原物毒素为主要致病因素的病害，如烟草野火病、甘蔗眼斑病、玉米小斑病T小种、油菜菌核病等还可利用组织培养和原生质体培养等方法进行鉴定。在进行离体鉴定前，必须试验寄主对该病害的离体和活体抗性（田间或室内）之间的相关性，只有显著相关的病害才适合采用离体鉴定。

有一些害虫在田间不一定每年都能达到最适的密度，而且同种昆虫的不同生物型在田间分布没有规律，难以使不同昆虫的种类和密度一致。抗虫性的室内鉴定工作主要在温室和生长箱中进行，依植物和昆虫种类及研究的具体要求而定，相对于田间鉴定方法，室内鉴定的环境易于人为控制，因此精确度高，也易于定量表示。室内鉴定法特别适用于苗期危害的害虫，以及对作物抗虫性机制和遗传规律的研究。室内鉴定的虫源可以人工养育，也可以通过田间种植感虫植物（品种）引诱捕捉。如果是人工养育的，要考虑到长期养育会使害虫致害力降低，应在养育一定世代后，在田间繁殖复壮。

二、作物抗病虫性基因的发掘

野生作物是栽培作物的祖先，是作物种质资源的重要组成部分。野生作物长期生长在各种逆境中，积累了很多重要的基因，如抗病、抗虫、耐涝、耐盐基因等。随着育种家对栽培作物品种的长期选育和广泛推广，品种遗传背景日益狭窄，加之作物生产水平不断提高和栽培环境的改变，需要从野生作物中挖掘有利基因，采用分子生物技术、细胞工程和分子标记辅助选择育种等提高杂交转育的效率，用于栽培作物的遗传改良。近些年，随着基因组重测序技术以及芯片分析等分子技术的快速发展和广泛应用，野生作物抗病虫基因的发掘及其在栽培作物育种中的应用得到了飞速发展。

例如，野生稻中含有多种抗病虫基因，如抗白叶枯病基因 *Xa21*、*Xa23*、*Xa27*、*Xa29*、*Xa30*、*Xa32*、*Xa35*、*Xa36* 等；抗稻瘟病基因 *Pi9* 和 *Pi40*；抗褐飞虱基因 *Bph10*、*Bph11*、*Bph12*、*Bph12*（t）、*Bph13*（t）、*Bph14*、*Bph15*、*Bph18*（t）、*Bph19*（t）、*Bph20*（t）、*Bph21*（t）、*Bph23*（t）和 *Bph24*（t）等；抗白背飞虱基因 *Wbph7*（t）和 *Wbph8*（t）。这些优异资源是人们提高水稻育种抗性水平、取得水稻高产和稳产的物质基础。再如普通小麦中抗孢囊线虫的资源比较匮乏，但小麦野生近缘种属中蕴藏着丰富的孢囊线虫抗性资源，如大麦、粗山羊草、黑麦、节节麦、易变山羊草和偏凸山羊草等携带有丰富的抗孢囊线虫基因，是抗性育种的重要种质资源。截至目前，已经报道的 11 个小麦孢囊线虫抗性基因中，只有 *Cre1* 和 *Cre8* 来自普通小麦，其他抗性基因 *Cre2*、*Cre5* 和 *Cre6* 来自偏凸山羊草，*Cre3* 和 *Cre4* 来自节节麦，*Cre7* 来自离果山羊草，抗性基因 *CreR* 来自黑麦，*CreY* 来自易变山羊草，*CreV* 来自簇毛麦。这些优异基因资源是人们提高作物育种抗性水平、取得作物高产和稳产的宝贵物质基础。

第三节 抗病虫分子育种方法

作物病虫害是威胁粮食安全的主要因素之一。我国每年由于病虫害造成的产量损失巨大。受品种种植单一、气候、病原物变异以及外来生物入侵等因素的影响，新的病虫害不断出现，传统病虫害的发生规律发生改变，使得病虫害防治工作遇到了更大的挑战。随着世界人口的日益增加，人类对作物产量和品质的需求也越来越高。因此，通过培育抗病虫品种来提高作物的抗病虫害能力成为作物增产的重要措施。随着分子生物学的发展，植物抗病虫育种进入了生物技术与常规技术相结合的阶段。目前，以分子标记辅助选择育种技术和转基因育种技术为代表的分子育种技术已经成为抗病虫分子育种发展的重要方向，为未来实现作物抗病虫分子设计育种奠定了重要的基础。

一、分子标记辅助选择育种

提高选择的效率和准确度，是保证作物育种成功的关键。传统的作物育种主要依赖于群体中个体的表型选择。由于植株的表型受基因型、环境及其互作等多种因素的影响，因此，表型鉴定有一定的偏差。分子标记是在分子水平表示遗传多样性的有效手段，其种类和数量随着分子生物学和遗传学的发展而不断扩大，分子标记应用于作物抗病虫育种，将大幅度提高选择效率，从而加快育种进程。

🌐 拓展资源 6-1

大麦矮杆、大穗、*Bmac31* 基因群体后代的分子标记检测结果

（一）分子标记的类型和优点

按照对 DNA 多态性的检测手段，分子标记可分为基于 DNA-DNA 杂交的 DNA 标记、基于 PCR 的 DNA 标记、基于 PCR 和限制性酶切技术结合的 DNA 标记和基于单核苷酸多态性的 DNA 标记等 4 类。

1. 基于 DNA-DNA 杂交的 DNA 标记

主要有限制性片段长度多态性（restriction fragment length polymorphism，RFLP）标记、可变数目串联重复序列（variable number of tandem repeat，VNTR）。

2. 基于 PCR 的 DNA 标记

按照 PCR 引物类型，基于 PCR 的 DNA 标记又可分为：①随机引物 PCR 标记。其多态性来源于单个随机引物扩增产物长度或序列的变异，包括随机扩增多态性 DNA（random amplified polymorphic DNA，RAPD）标记、简单重复区间序列（inter-simple sequence repeat，ISSR）标记、DNA 扩增指纹分析（DNA amplification fingerprinting，DAF）等技术。②特异引物 PCR 标记。这种标记需要通过克隆、测序来构建特异引物，如简单序列重复（simple sequence repeat，SSR）、表达序列标签（expressed sequence tag，EST）、序列特征化扩增区域（sequence characterized amplified region，SCAR）标记和序列标签位点（sequence tagged site，STS）等。③随机引物 + 特异引物 PCR 标记。如将 5′ 端锚定的微卫星核心序列与 RAPD 结合扩增基因组 DNA 的随机扩增微卫星多态性（random amplified microsatellite polymorphism，RAMP）。利用微卫星上游（或下游）引物与 RAPD 引物结合对基因组 DNA 扩增的随机微卫星扩增多态 DNA（random microsatellite amplification polymorphic DNA，RMAPD）标记。

3. 基于 PCR 和限制性酶切技术结合的 DNA 标记

基于 PCR 和限制性酶切技术结合的 DNA 标记可分为两种类型：①通过对限制性酶切片段的选择性扩增来显示限制性片段长度的多态性，如扩增片段长度多态性（amplified fragment length polymorphisms，AFLP）标记。②通过对 PCR 扩增片段的限制性酶切来揭示被扩增片段的多态性，如酶切扩增多态序列（cleaved amplified polymorphic sequence，CAPS）标记。

4. 基于单核苷酸多态性的 DNA 标记

基于单核苷酸多态性的 DNA 标记是指由基因组核苷酸水平上的单个碱基变异引起的 DNA 序列多态性，如单核苷酸多态性（single nucleotide polymorphism，SNP）等。包括单碱基的转换、颠换以及单碱基的插入 / 缺失等。

分子标记具有以下优点：①表现稳定。多态性直接以 DNA 表现，无组织器官、发育时期特异性，不受环境条件、基因互作影响，不存在表达与否的问题。②数量多。理论上遍及整个基因组，可检测的基因座位几乎是无限的。③多态性高。自然界存在许多等位变异，为大量重要目标性状基因紧密连锁的标记筛选创造了条件。④表现为中性。不影响目标性状的表达，与不良性状无必然连锁。⑤许多标记遗传方式为共显性，可鉴别纯合与杂合基因型。⑥成本低。对于特定探针或引物可引进或根据发表的特定序列自行合成。

（二）分子标记辅助选择育种方法

常见的分子标记辅助选择（marker assisted selection，MAS）育种方法有：MAS 回交育种、SLS-MAS（single large-scale marker assisted selection）和 MAS 聚合育种等 3 种。

1. MAS 回交育种

基因转移（gene transfer）或基因渗入（gene transgression）是指将供体亲本（一般为地方品种、特异种质或育种中间材料等）中的目标基因转移或渗入受体亲本（一般为当地优良品种或杂交种亲本）的遗传背景中，从而达到改良受体亲本个别性状的目的。通常采用回交的方法，即将供体亲本与受体亲本杂交，然后以受体亲本为轮回亲本进行多代回交，直到除目标基因之外，基因组的其他部分全部来自受体亲本。在抗病虫回交育种过程中，利用与目标抗性基因紧密连锁的分子标记可直接选择在目的基因附近发生重组的个体，从而避免或显著减少连锁累赘，加快回交育种的进程。

2. SLS-MAS

SLS-MAS 是 Ribant 等 1999 年提出的。基本原理是在一个随机杂交的混合大群体中，尽可能保证选择群体足够大，保证中选的植株在目标位点纯合，而在目标位点以外的其他基因位点上保持较大的遗传多样性，最好仍呈孟德尔式分离。这样，分子标记筛选后，仍有很大遗传变异供育种家通过传统育种方法选择，产生新的品种和杂交种。这种方法对于质量性状或数量性状基因的 MAS 均适用。此方法可分为 4 步。

（1）利用传统育种方法结合 DNA 指纹图谱选择用于 MAS 的优异亲本，特别对于数量性状而言，不同亲本针对同一目标性状要具有不同的 QTL，即具有更多的等位基因多样性。

（2）确定该重要性状 QTL 标记。利用中选亲本与测验系杂交，将 F_1 自交产生分离群体，一般 $200 \sim 300$ 株，结合 F_2 单株株行田间调查结果，以确定主要 QTL 的分子标记。

（3）结合 QTL 标记的筛选，对上述分离群体中的单株进行 SLS-MAS。

（4）根据中选位点选择目标材料，由于连锁累赘，除中选 QTL 标记附近外，其他位点保持很大的遗传多样性，通过中选单株自交，基于本地生态需要进行系统选择，育成新的优异品系，或将中选单株与测验系杂交产生新杂种。若目标性状位点两边均有 QTL 标记，则可降低连锁累赘。

3. MAS 聚合育种

基因聚合（gene pyramiding）是指通过聚合杂交将分散在不同品种中多个有益目标基因累积到同一品种材料中，培育成一个具有各种有利性状的品种。如聚合多个抗性基因的品种，在作物抗病虫育种中对病虫害的持久抗性具有十分重要的作用。但是，在实际育种工作中，由于导入的新基因表型常被预先存在的基因掩盖或者许多基因的表型相似难以区分、隐性基因需要测交检测、接种条件要求很高等，导致许多抗性基因不一定在特定环境下表现出抗性，造成基于表型的抗性选择无法进行。MAS 可跟踪新的有利基因导入，将有利基因高效地累积起来。MAS 在快速聚合基因方面表现出巨大的优越性。作物有许多基因的表型是相同的，经典遗传育种研究无法区分不同基因效应，从而也就不易鉴定一个性状的产生是由于 1 个基因还是多个具有相同表型的基因共同作用。借助分子标记，可以先在不同亲本中将基因定位，然后通过杂交或回交将不同的基因转移到一个品种中去，通过检验与不同基因连锁的分子标记有无来推断该个体是否含有相应的基因，以达到聚合选择的目的。

（三）分子标记辅助选择在抗病虫育种中的应用

分子标记辅助选择是随着现代分子生物学技术迅速发展而产生的新技术，其应用主要集中在基因聚合、基因渗入、根据育种计划构建基因系等方面。利用 MAS 方法来囊括个体抗性遗传组成，可以使不同来源的多种抗性基因聚合在一个品种中，对增加新品种的抗病虫能力或提高抗病虫的持久性具有重要意义。因此，MAS 是进行抗性基因聚合的最有效手段。近年来，育种学家利用 MAS 技术与常规育种技术相结合的方法在聚合作物抗性基因方面取得了较大的育种成效，培育出一大批抗病虫新品种。目前，水稻、棉花等作物抗病虫分子辅助选择育种取得了巨大进展，已鉴定、定位和克隆了很多的抗病虫基因，并在实践中得到了广泛应用。

随着分子标记技术的完善，各种作物连锁图谱的日趋饱和，以及与各种作物重要性状连锁标记的发现，MAS 已成功应用于作物育种实践。如 Deal 等将普通小麦 4D 长臂上的抗盐基因转移到硬粒小麦 4B 染色体上，利用与该抗盐基因连锁的分子标记进行选择，大大提高了选择效率。研究表明，在一个有 100 个个体的回交后代群体中，借助 100 个 RFLP 标记选择，只需 3 代就可使后代的基因型回复到轮回亲本的 99.2%，而随机挑选则需要 7 代才能达到。MAS 技术在基因快速聚合方面也表现出巨大的优越性。如 Mackill 等对抗稻瘟病基因 *Pi1*、*Piz5* 和 *Pita* 进行了精确定位，并建立了分别具有这 3 个基因的近等基因系。通过 MAS 聚合杂交获得了同时具有 3 个抗稻瘟病基因的个体。另外，在水稻 *Rf1* 基因的 MAS 育种方面也有成功的报道。

Liu 等利用 MAS 技术将 2 个抗褐飞虱基因 *Bph3* 和 *Bph27*（*t*）导入易感品种'Ningjing3'中，得到的聚合系在很大程度上提高了对褐飞虱的抗性，避免了由于褐飞虱影响而造成的产量损失；李进波等以'GD-7'为稻瘟病抗性基因供体，'扬稻 6号'为受体，通过回交转育结合 MAS，选育出 10 个双基因（*Pi1* 和 *Pi2*）纯合且农艺性状优良的水稻新品系，并在湖北省水稻品种区域试验的稻瘟病抗性鉴定点恩施和宜昌分别进行了稻瘟病抗性田间鉴定，结果显示，这些品系的抗性综合指数在 0.8～2.0，抗级为 1 级，稻瘟病抗性与较易感病的受体亲本相比显著提高；Guo 等将修饰回交育种法和分子标记辅助选择育种相结合，以山西'94-24'和'7235'棉花品系分别为抗虫基因和优质 QTL 的供体亲本，长江流域推广品种'泗棉 3 号'为轮回亲本杂交后回交，进行分子标记辅助的优质 QTL 系统选择和外源 *Bt* 基因的表型及分子选择。在（'泗棉 3 号'בׁ7235'）BC_1F_4 群体中获得遗传背景与'泗棉 3 号'相近，株型稳定，并且具有优质 QTL 的优良株系，在（'泗棉 3 号'× 转 Bt 品系'94-24'）BC_4F_1群体中获得遗传背景与'泗棉 3 号'相近，抗棉铃虫效果明显的单株。并进一步通过高世代优质和抗虫株系的性状选择，分子检测，使高强纤维 QTL 和 *Bt* 基因快速聚合，培育出了优质、高产的抗虫棉新品系'南农85188'。李志坤等利用与海岛棉抗黄萎病基因连锁的 SSR 分子标记 BNL3255$_{208}$ 对海岛棉品种'Pima90-53'与陆地棉品种'中棉所8号'的杂交组合后代进行了分子标记辅助选择，抗性鉴定结果表明：50个 F_2 植株中初步筛选到带有抗黄萎病基因分子标记的植株36株，在光温可控的培养室内 BC_1F_1 抗病植株中89.4%的单株扩增出特异 SSR 标记特异片段，该特异片段的分子长度208 bp 且重复性好，稳定性高，平均选择符合率达84%，表明该分子标记在检测黄萎病抗性基因和辅助选择育种方面是有效的。南京农业大学细胞遗传研究所与扬州市农业科学研究院合作，借助于 MAS 完成了 $Pm4a+Pm2+Pm6$、$Pm2+Pm6+Pm21$、$Pm4a+Pm21$ 等小麦白粉病抗性基因的聚合，拓宽了现有育种材料对白粉病的抗谱，提高了抗性的持久性。

随着分子生物学研究的不断发展，作物不同遗传图谱的日趋饱和以及作物基因组学、生物信息学等研究的不断深入，作物分子标记辅助选择在育种中将会发挥愈来愈大的作用。

二、转基因育种

转基因育种指利用现代基因工程技术将某些与作物高产、优质和抗逆性状相关的基因导入受体作物中以培育出具有特定优良性状的新品种。转基因技术可以打破遗传物质在分类上的界限，实现基因的跨界转移，从而拓宽植物的遗传基础，为提升农作物的抗逆性开辟了崭新的途径。以植物转基因技术为主体的农业生物技术是现代生物技术发展和应用的重要领域之一，在传统农业向现代农业的跨越中将发挥重要的作用，将成为解决21世纪人类面临的粮食安全问题的有效手段。

（一）转基因技术的发展

植物转基因技术可以追溯到20世纪70年代的重组技术。美国是最早应用转基因技术的国家。1972年，斯坦福大学的 Berg 实验室首次发表了 DNA 重组的论文，将半乳糖操纵子成功地克隆到猿猴病毒 SV40 中。1983年，美国华盛顿大学宣布成功将卡那霉素抗性基因导入烟草，并获得了卡那霉素抗性的烟草愈伤组织。也是在1983年，我国科学家周光宇创立了一种借助花粉管将外源 DNA 导入植物体的方法——花粉管通道法，并成功地应用于棉花的遗传转化。1985年，美国孟山都公司创立了农杆菌 Ti 质粒介导的叶盘转化法，并成功地应用到牵牛花、烟草和番茄的遗传转化。1987年，美国康奈尔大学的 Scaford 实验室开创了利用高速微粒将外源基因导入植物细胞的基因枪法，并成功地应用于玉米的遗传转化。目前，基因枪法已经成为仅次于农杆菌介导法的第二大植物转基因方法。随着人们对转化方法的进一步探索，花粉管通道法、花粉介导法和化学渗透法等一大批植物转基因方法相继建立。

植物转基因技术在单子叶植物和双子叶植物的遗传转化应用中经历了不同的发展过程。对双子叶植物而言，农杆菌介导法是最早采用的转基因方法。在烟草的遗传转化中，最初采用原生质体或由其产生的细胞为受体材料。实践证明，对于大多数植物而言，原生质体的再生比较困难，因此，后来多采用一些比较容易再生的外植体做受体材料。例如，番茄和烟草用叶盘法比较容易成功，大豆用叶子和幼嫩的子叶更好，芸薹属植物和马铃薯则采用茎段作为外植体进行遗传转化。目前农杆菌介导法是双子叶植物遗传转化的首选方法。对单子叶植物而言，由于其不是农杆菌的天然寄主，人们一度认为农杆菌介导法对单子叶植物的遗传转化并不适用。所以，早期应用于单子叶植物的转基因技术主要是基于原生质体的直接转化法，包括聚乙二醇（polyethylene glycol，PEG）法和电击法等。目前用电击法和 PEG 法转化水稻原生质体已获得成功，并得到了转基因再生植株。但由于原生质体的培养和再生比较困难，PEG 法和电击法植物转基因技术的应用受到了很大的限制。当基因枪转基因技术出现了之后，单子叶植物的遗传转化得到了新的突破。

随着植物转基因技术的飞速发展，一大批转基因作物相继诞生，并应用于农业生产，取得了巨大的经济效益。1987 年，比利时植物遗传系统公司（Plant Genetic Systems NV）首次将苏云金杆菌（*Bacillus thuringiensis*）的毒蛋白基因导入烟草，并获得转 *Bt* 基因的抗虫烟草。此后 *Bt* 基因相继被转入棉花、玉米、番茄和水稻等农作物中，成为世界上应用最广泛的抗虫基因。1994 年，美国 Calgene 公司研制的转反义多聚半乳糖醛酸酶基因的延熟保鲜番茄在美国批准上市，成为世界上第一个批准商业化生产的转基因作物。此后，转基因棉花、大豆、玉米和油菜等农作物相继被批准商业化种植。2000 年，富含胡萝卜素的黄金大米出现，标志着转基因技术进入了一个崭新的时代。

我国转基因的技术研究始于 20 世纪 80 年代。1992 年，我国第一例转基因抗病毒烟草实现商业化种植。20 世纪 90 年代，棉铃虫灾害席卷全国，*Bt* 转基因抗虫棉技术拯救了我国的棉花产业。2008 年，我国启动实施了转基因生物新品种重大专项，作物转基因研究步入了快车道。

（二）转基因育种的程序

与常规育种相似，作物转基因育种也有一定的育种程序。结合植物遗传转化的基本流程，作物转基因育种主要程序包括育种目标的制定、目的基因的获得、表达载体的构建、受体材料的选择、遗传转化的方法选择、转基因植株的获得与鉴定、转基因作物的安全性评价、转基因材料的利用及品种选育等。

1. 育种目标的制定

根据不同生态环境、栽培条件及社会发展时期所需解决的实际问题，转基因作物育种目标必须根据实际需要来制定。在制定转基因作物育种目标时，应遵循以下原则。

（1）针对作物生产中存在的主要问题制定育种目标　在制定育种目标时要考虑生产中的实际需求，抓住限制植物生产的主要矛盾，有针对性地制定转基因作物育种计划。

（2）根据影响育种目标的因素确定具体目标性状　一般来说，影响某一育种目标的因素很多，如小麦的高产育种目标与小麦的单位面积穗数、穗粒数、粒重、抗倒伏能力和光合效率等性状密切相关，所以在制定育种目标时必须落实到具体的目标性状，制定切实可行的育种计划。

（3）根据社会发展的实际需要确定具有前瞻性的育种目标　目前，国内比较成功的作物转基因研究主要集中在提高转基因作物的抗虫、抗病和抗除草剂能力等方面，这对于减少作物生产中农药的使用量、节约劳动力、提高产量和缓解农田生态环境污染等具有重要的意义。随着植物生物技术的迅速发展，转基因作物将在解决人类面临的粮食短缺、能源危机、环境污染等领域作出应有的贡献。

（4）要充分考虑转基因作物的生物安全性　根据转基因作物可能存在的生物安全性风险，在制定作物转基因育种目标时要充分考虑和分析所选育的转基因作物、导入的外源基因及其表达产物的食品安全性和生态安全性，这是保证所选育品种能够顺利应用和真正造福人类的重要前提。

（5）制定育种目标时要考虑品种的合理搭配　在作物生产中往往对所选育的品种有多种多样的具体要求。而单一的品种根本不可能同时满足多个方面的要求。因此，在制定作物转基因育种目标时，从转基因受体材料的选择到转基因新品种选育过程中杂交亲本的选择都应考虑品种的合理搭配问题，这对于保证所选育转基因作物新品种的可持续利用和保持物种的多样性具有重要意义。

2. 目的基因的获得

根据基因的功能不同，目的基因可分为功能基因（编码特定的功能性蛋白质）和调控基因（编码转录因子和小 RNA 等基因表达调控因子）两大类。一般来说，获得目的基因的方法可概括为以下 7 种。

（1）化学法直接合成目的基因　通过化学反应的方法将脱氧单核苷酸一个一个连接起来合成所需要的寡核苷酸。在已知目的基因的 DNA 序列或其编码蛋白质序列的情况下，可以通过化学法直接合成用于遗传转化的目的基因。目前，随着 DNA 合成技术的发展，应用全自动核酸合成仪可以按照设计好的序列一次合成 100～200 bp 长的 DNA 片段。对于较长的 DNA 片段，可以先合成多个短片段，然后按照顺序组装成完整的目的基因。

（2）基于生物信息学的基因克隆　生物信息学是在生命科学研究中，以计算机为工具对生物信息进行存储、检索和分析的科学。近年来，随着各种模式植物基因组测序工作的相继完成和 EST 数据库的不断完善，利用生物信息学的手段发现、分离和克隆新的基因已经成为可能，即电子克隆（silico cloning），又称虚拟克隆（virtual cloning）。电子克隆步骤主要包括：cDNA 文库的筛选、EST 重叠群的获得与整合、序列分析、目的基因的获得以及克隆基因的测序鉴定等。也可以进一步通过 RACE 技术或 cDNA 文库的筛选获得全长目的基因。

（3）基于差异表达的基因克隆　基因差异表达是指生物个体在不同的发育阶段和不同的环境条件下，不同组织和细胞内的基因会有不同的表达丰度和时空表达模式。通过对这些基因表达的差异比较可以克隆到与特定性状相关的目的基因。

（4）通过筛选基因文库来分离克隆基因　基因文库（gene library）是指通过 DNA 克隆技术构建的包含有某一生物全部基因信息的克隆群。依据基因的类别不同，基因文库可分为基因组文库（genomic library）和 cDNA 文库（cDNA library）两种。基因组文库是指将某一生物的基因组 DNA 酶切后插入特定载体中而形成的克隆集合。cDNA 文库是指将某一生物特定发育时期或特定环境下转录的全部 mRNA 反转录成 cDNA 片段后插入特定载体而形成的克隆集合。基因组文库和 cDNA 文库主要区别有两方面：一是 cDNA 文库中只包含特定组织或特异条件下表达的基因。而基因组文库中包含的基因与基因的表达与否没有关系，理论上包含了全部基因的信息。二是 cDNA 文库中 DNA 序列不包含植物基因的内含子区及基因的上下游调控区。而基因组文库中包含了基因组 DNA 上的全部编码区和非编码区序列。从作物基因文库中筛选分离目的基因的方法包括核酸杂交、免疫学检测和 PCR 筛选等。

（5）通过图位克隆来分离克隆基因　图位克隆（map-based cloning）即依据目的基因在染色体上的位置，通过分子标记、基因组文库筛选和鉴定最终克隆目的基因。图位克隆无法预先知道目的基因的 DNA 序列及其表达产物的相关信息。目前利用这种方法已克隆了许多重要的功能基因，如番茄的 *cf-2* 基因、水稻的 *Xa21* 基因、拟南芥的 *RPS2* 基因、小麦的春花基因 *VRN1* 和水稻的分蘖相关基因 *MOC1* 等。

（6）利用插入失活技术克隆目的基因　所谓插入失活技术，是指通过特定的方式将某一 DNA 序列随机插入作物基因组中，当插入序列位于某一基因的对应位点时就会导致该基因的正常功能受阻（失活），在个体水平上表现出突变性状。因此，可以利用插入片段的序列信息，通过 RT-PCR 等技术进一步分离克隆到该突变性状相关的目的基因。目前，广泛应用的插入失活技术主要有 T-DNA 标签法和转座子标签法两种。

（7）通过蛋白质组的差异比较克隆目的基因　蛋白质组（proteome）是指生物体特定时空条件下表达的全部蛋白质集合。研究蛋白质组的基本技术包括蛋白质双向电泳和质谱分析等。蛋白质双向电泳（2-DE）是将蛋白质等电点和相对分子质量两种特性结合起来进行蛋白质分离的技术，因而具有较高的分辨率和灵敏度，是蛋白质研究的重要手段。质谱（MS）是带电原子、分子或分子碎片按质荷比（或质量）的大小排列的图谱，该方法已成为蛋白质组学研究中候选蛋白质序列特征分析的重要手段。利用蛋白质组学分离目的基因的基本路线是：①从目标生物中分离纯化蛋白质；②测定蛋白质的氨基酸序列；③根据蛋白质的氨基酸序列推测核苷酸序列；④人工合成基因。

3. 表达载体的构建

作物遗传转化的过程实际上是受体基因组人工突变的过程，其中涉及将目的基因成功导入受体细胞基因组，并通过选择培养转化细胞及植物再生等过程。这就要求包含目的基因的作物表达载体应具有特定的结构和选择标记基因等。以上内容都与作物表达载体的构建有关。表达载体的构建是否合理，不仅会影响目的基因的表达效率，而且还将影响转基因作物的生物安全性。

4. 受体材料的选择

受体材料是指用于遗传转化中接受外源 DNA 的细胞群、组织或器官，如原生质体、叶盘、茎尖等。受体材料选择的适合与否直接决定着作物遗传转化的成败和效率。一般而言，良好的受体材料应该具备以下条件：①功效稳定的植株再生能力；②较高的遗传稳定性；③具有稳定的外植体来源；④具有良好的抗性筛选体系，便于转化细胞和植株的筛选培养。常用的受体材料有愈伤组织、不定芽、原生质体、胚状体和生殖细胞等。

5. 遗传转化的方法选择

遗传转化（genetic transformation）是指将外源基因导入受体细胞内，并整合到核基因组或质体基因组中的过程。目前发展较为成熟的遗传转化方法包括农杆菌介导法、基因枪法、花粉管通道法以及基于原生质体的其他转化方法（如 PEG 介导法、电击法、微注射法、低能粒子束介导法和超声波诱导植物基因转移方法）等，其中农杆菌介导法和基因枪法是最常用的遗传转化方法。

（1）农杆菌介导法　根癌农杆菌（*Agrobacterium tumefaciens*）是一种生存于土壤中的细菌，能将自身的一个 DNA 片段插入植物基因组中。*A. tumefaciens* 侵染作物后常引起作物近地面的根茎交界处形成帽状的肿瘤。*A. tumefaciens* 细胞中的 DNA 包含细菌染色体，以及被称为 Ti 质粒的结构。被侵染作物的肿瘤是由于 Ti 质粒上的一段 DNA 通过特定的机制复制、切割、转移并整合到被侵染作物的基因组而引起的。Ti 质粒上这段可转移的 DNA 区域称为 T-DNA。在此基础上，科研工作者对农杆菌的 Ti 质粒进行了系列的改造，并对农杆菌侵染作物细胞的机制进行了深入的研究，使得农杆菌介导的作物转基因技术得到了很大的发展。目前多数植物物种遗传转化选用农杆菌介导法。该方法在双子叶植物（如大豆和番茄等）和单子叶植物（香蕉、禾谷类植物和它们的近缘种）都已经获得成功。值得注意的是，由于单子叶植物不是农杆菌的天然寄主，所以在遗传转化中往往需要加入乙酰丁香酮（acetosyringone，AS）以诱导和激活农杆菌 *Vir* 基因的表达。农杆菌介导法与其他转化方法相比，具有以下几个方面的优势，包括能够转化大片段 DNA、片段 DNA 转化重排概率低、插入基因拷贝数较低、转化效率高且成本低等。目前该方法已经成为遗传转化的首选办法。

（2）基因枪法　基因枪法是一种借助高压放电或高压气体等产生的动力，将吸附了外源 DNA 的微弹直接射入受体细胞核，并实现外源基因整合到受体细胞基因组中的转基因方法。在转化时，DNA 覆盖包被到氯化钙和亚精胺沉淀的微米级金粒或钨粒表面，并轰击插入到可再生的植物细胞中。如果外源 DNA 到达细胞核，可能造成瞬时表达，进而可能以整合的方式稳定地插入宿主染色体中。基因枪法在单子叶植物的遗传转化中有特别的用途，因为它没有物种限制或宿主限制，可以靶向不同类型的细胞类型，是细胞器官转化最便捷的方式。由于该方法不像农杆菌介导法那样受到作物基因型的限制，也不像其他基于原生质体的转基因方法那样存在着组织培养及植株再生方面的巨大困难。所以，自 1987 年诞生以来，该方法广泛应用于各类作物的遗传转化中。

（3）花粉管通道法　花粉管通道法是我国学者周光宇提出的一种非常简便的 DNA 直接导入法。其基本原理是：利用植物授粉后花粉萌发形成的花粉管，将外源 DNA 送入胚囊中尚不具备正常细胞壁的合子，最终直接获得转基因的种子。该方法的突出优点是：操作简单、费用低廉、不需要经过烦琐的组织培养和植物再生过程，特别是可以在未分离目的基因的情况下将作物的总 DNA 直接用于遗传转化。近年来，利用该方法进行的单子叶和双子叶作物转基因的研究中都有较多的报道。不过，由于该方法的转化效率低，而且导入外源 DNA 片段的确定性较差，所以在实际应用中受到了很大的限制。

6. 转基因植株的获得与鉴定

（1）作物转化体的筛选　作物转化体（crop transformant）是指导入了外源基因的作物细胞或植株，即转基因细胞或植株。一般来说作物遗传转化过程都要涉及被转化细胞的选择性培养和植株再生过程。遗传转化过程中，被外源目的基因转化的细胞仅仅是庞大的受体细胞群体中的一小部分。为了获得真正被转化的细胞，通常采用选择培养的方式将未被转化的细胞抑制或杀死，而被外源基因转化的细胞能正常生长。因此，在转基因时，通常会将一个选择标记基因和目的基因同时导入受体细胞中（如在双元载体的 T-DNA 区域包含有作物选择标记基因，它将和插入多克隆位点的目的基因同时被导入受体细胞）。标记基因被表达后就使得转化细胞有了特定抗性（如对抗生素或除草剂具有抗性），这样就可以通过特定选择培养基（含有一定浓度的抗生素或除草剂）将被转化的细胞选择性培养获得抗性愈伤组织，并继续通过一系列的组织培养获得再生植株。常用的作物选择标记基因包括抗生素抗性基因（如卡那霉素抗性基因 *NPT II* 和潮霉素抗性基因 *hpt*）及除草剂抗性基因（如 *bar* 基因和 *EPSPS* 等）两大类。

（2）转基因植株的鉴定　转基因植株的鉴定是对目的基因是否在转基因植株中实现成功整合、转录、表达以及是否获得目标性状进行的综合分析。通过选择培养和筛选得到的再生植株中往往还存在一些假阳性植株，有时转基因会发生沉默或表达效率低下，因而并不是所有的转基因植株都能获得预期的目标性状。所以，对获得的候选转基因植株还需要从 DNA 水平、转录水平、翻译水平和表型等方面进行进一步鉴定。

7. 转基因作物的安全性评价

随着各种转基因作物的问世及其农产品的不断上市，转基因作物的生物安全性已经成为群众关心的焦点。综合来看，转基因作物的生物安全性包括生态安全性和食品安全性两方面。

（1）转基因作物的生态安全性　生存环境的优化和生态平衡的保持与每个人的生活息息相关，人类已在反思并承受着由于自身行为导致生物多样性下降和生态环境恶化的结果。因而，转基因作物作为新鲜事物，一经问世便不禁使人联想到是否会带来潜在的生态风险。

第一，转基因作物通常都会具备某些特定的性状，如抗旱性、抗病虫性、耐盐碱、耐高低温、抗除草剂等。转基因作物具有了某些特定的抗逆性后是否会扩张至原先不能生存的生态空间，赋予了全新性状的转基因作物是否会具有超强的竞争能力，这种转基因作物一旦释放到自然环境中，是否会破坏原有的生态平衡，甚至转基因作物本身是否会转变成新的杂草，这些都是人类所关心的问题。一般来说，作物品种综合竞争能力都比其一般的野生亲缘种弱得多。对转基因水稻、马铃薯、棉花、油菜、烟草等的田间试验结果表明，转基因植株与非转基因植株在生长势、种子活力及越冬能力等方面均没有明显的差异。即使转基因作物在抗虫、抗病、抗除草剂等抗逆方面比其亲本具有较大的优势，当离开特定的选择压后，其竞争优势也会立刻丧失。由此看来，转基因作物本身变成杂草的风险极小。

第二，基因流导致新型杂草产生的可能性。基因流（gene flow）是指某些基因从一个植物群体基因组转移到另一个群体基因组中的现象，通常花粉是造成基因流的重要媒介。基因流在植物生态环境中普遍存在。转基因的基因流确实得引起足够的重视。如果转基因作物中的抗除草剂、抗病虫及抗旱等抗逆基因通过基因流转移到某些杂草中，很有可能会赋予这些杂草更强的生命力，甚至使其演变成恶性杂草；如果这些抗逆基因转移到转基因作物的某些野生近缘种中，也可能使这些野生种转变为新的杂草。如马铃薯、水稻、油菜、燕麦等作物本来就有很多与其近缘的杂草性物种，抗逆基因在这些物种中的扩散将产生较大的潜在生态风险。防止基因流是提高转基因作物生态安全性的重要任务。

第三，转基因作物导致新型病毒产生的可能性。对抗病毒转基因作物的安全性担忧主要有两方面：一是病毒的异源包装，二是病毒的异源重组。体外试验中，转基因植物表达的病毒外壳可以包装另一种入侵病毒的核酸，而产生一种新病毒。但是迄今为止，在田间试验中尚未发现病毒的异源包装。据推测，即使在转基因植物中发生病毒的异源包装，新病毒再次入侵非转基因寄主时，也会因无法形成外壳蛋白而消亡。实际上，植物病毒的异源重组在世界上广泛存在。转基因抗病毒作物充其量只是加大了对某些病毒的选择压，并不是造成病毒异源重组的直接原因。

第四，转基因作物对非靶标生物造成伤害的可能性。这方面的担心主要指抗病虫的转基因作物是否会对非靶标的微生物和昆虫造成伤害。例如，抗虫基因的表达是否会对非靶标昆虫或天敌造成某种伤害等。随着植物反应器产业的兴起，用来生产药物、激素和疫苗以及工业用酶、油和其他化学药品的转基因作物及其种子如果管理不当，也有可能进入生态系统的食物链，致使非靶标微生物、昆虫及鸟类受到某种影响。

（2）转基因作物的食品安全性　就转基因本身的化学成分而言，转基因食品和其他非转基因食品并没有什么两样，所有的 DNA 都是由 4 种脱氧核糖核苷酸组成的生物大分子，人类一日三餐中都会摄取大量不同类型的 DNA 分子。理论上，转基因本身不会对食用者产生任何不利影响。

有人担心转基因作物中的抗生素标记基因会水平转移到肠道微生物，致使某些细菌产生较强的抗药性，进而影响抗生素在临床治疗中的有效性。一般来说，DNA 从植物细胞中被释放出来后，很快就被降解成小片段，甚至核苷酸。转基因食品在进入肠道前，植物细胞中 99.9% 的 DNA 已被降解。即使有极少数完整的基因存在，其水平转移进入受体细胞的可能性也极小。转基因作物中的标记基因发生水平转移并表达的可能性几乎没有，对于经食品加工后的植物材料则更是不可能的。

关于外源基因编码蛋白的安全性问题，长期以来一直是转基因育种工作者高度关注和谨慎对待的问题。一方面，在制定育种目标时要对目的基因的编码蛋白做足够的安全性分析，防止其对消费者产生任何副作用；另一方面，任何一种新型植物材料在首次作为食品进行生产或制备前都需要做相应的过敏性或毒性试验，导入了新基因的转基因作物在其产业化前也必须进行科学严格的安全性评价。

从本质上讲，转基因植物育种和常规育种选育成的品种是一样的，两者都是在原有品种的基础上对其部分性状进行修饰，或增加新性状、或消除原来不利的性状。虽然，我们现在还不能完全精确地预测一个外源基因在新的遗传背景中会产生什么样的相互作用。但是，从理论上讲，植物基因工程中所转的基因是已知的、有明确功能的基因，它与远缘杂交中高度随机的过程相比更为精确。从长远来看，作物转基因育种将向着精确、高效和安全的方向迅速发展，转基因育种和常规育种有效结合必将为人类提供更加安全优质的农产品。

8. 转基因材料的利用及品种选育

自 20 世纪 80 年代初首例转基因植物诞生以来，作物转基因的研究和应用得到了迅猛发展。各种类型的转基因作物不断问世，一大批转基因作物已进入产业化生产阶段。1986 年，首例转基因作物（抗除草剂烟草）被批准进入田间试验；1994 年，转基因番茄在美国批准上市，成为世界上第一例转基因食品；1995 年，转基因棉花和油菜分别在美国和加拿大获准进行商业化生产；1996 年，转基因玉米在美国开始商业化种植；1999 年，转基因大豆在美国批准上市。至 2017 年全球转基因作物种植面积达到 $1.898 \times 10^8 \ hm^2$，比 1996 年的 $1.7 \times 10^6 \ hm^2$ 增加了约 110 倍。这些转基因育种获得的转基因作物在抗虫、耐除草剂等性状方面都得到了显著的改良。不断育成转基因抗虫水稻、抗虫棉花、抗除草剂玉米、抗除草剂大豆等新品种。

（1）转基因水稻 '华恢 1 号'是由华中农业大学培育的高抗鳞翅目害虫的转基因水稻新品系，外源基因是由我国科学家人工改造合成的苏云金杆菌（*Bt*）杀虫蛋白融合基因 *cry1Ab/cry1Ac*，受体品种是水稻恢复系品种'明恢 63'。'华恢 1 号'与'珍汕 97A'所配的杂交组合对稻纵卷叶螟、二化螟、三化螟和大螟等害虫的抗虫效果稳定在 80% 以上，具有节省成本投入、减少农药用量、降低环境污染和保持稻田生物种群平衡等优势。食用安全性分析表明，该品种于非转基因水稻对照品种同样安全。

（2）转基因棉花 '33b'是美国孟山都公司育成的转基因抗虫棉花品种，对棉铃虫、红铃虫、金刚钻等鳞翅目害虫具有很好的抗性。环境安全性分析与检测结果显示，抗虫棉'33b'与非转基因棉花一样，未对环境造成危害。我国在 21 世纪培育了大量的转基因抗虫棉花品种，如'鄂杂棉 29''中棉 45''中棉 47''鄂棉 23'等。

（3）转基因大豆 大豆是一种粮油兼用作物，作为食品，大豆是优质的植物蛋白质资源，蛋白质含量为 35% ~ 45%，比禾谷类作物高 6 ~ 7 倍。作为油料作物，是一种油质好、营养价值高的植物油，1994 年，美国孟山都公司推出的转基因抗除草剂大豆品种，成为最早批准推广的转基因大豆品种。转基因大豆目前主要有抗除草剂大豆和抗虫大豆两种。

（4）转基因玉米 'Viptera4'是在阿根廷批准种植和销售的转基因玉米品种，该品种转入了两种抗除草剂（草甘膦和草铵膦）基因和两种抗虫（*Vip3A* 和 *Cry1Ab*）基因，可以很好地控制地上及地下害虫。'BT11×GA21'和'NK603×GA21'均为孟山都公司开发的转基因玉米品种。日本于 2010 年通过了'BT11'（抗鳞翅目害虫和抗草甘膦除草剂）、'MIR1629'（抗鳞翅目害虫）、'MIR604'（抗蝗虫类害虫）和'GA2'（抗草甘膦除草剂）等 7 个转基因玉米品种。

三、分子设计育种

随着新一代测序技术的发展，主要农作物（水稻、小麦、玉米、棉花、黄瓜、白菜、马铃薯、番茄等）全基因组测序已经完成，水稻、玉米等重要农作物的基因组设计育种研究已经开展。将基因组学研究结果系统应用到作物种质资源的遗传多样性、基因挖掘及功能基因研究与利用，并在全基因组水平上开发快捷的分子育种工具，将分子标记辅助选择技术、转基因技术和常规育种技术进行有效集成，建立优质、高产、多抗、高效等多性状同步改良的分子设计聚合育种技术平台，实现全基因组水平上的作物分子设计育种，整体提升作物育种选择效率。对转基因导入的优质、高产、多抗等重要性状基因与作物基因组本身的主效 QTL 进行同步聚合，打破优质、高产、多抗性之间的负相关，有望将优质、高产、多抗等多个性状聚合到作物主栽品种和有苗头的新品系中，研制出具有突破性的作物新品种。

（一）分子设计育种的理论基础

传统的育种是创造变异、选择变异和稳定变异的过程。其中杂交育种是基于基因重组的原理，通过杂交使分散在不同亲本中控制有利性状的基因重新组合在一起，实现有利基因的累加，并通过非等位基因之间的互补产生不同于双亲的新的优良性状，从后代中选出受微效多基因控制的某些数量性状超过亲本的个体，形成具有不同亲本优点的后代。育种家可供利用的亲本材料有数百甚至上千份，可供选择的杂交组合有上万甚至更多。由于试验规模的限制，一个育种项目所能配置的组合一般只有数百或上千，育种家每年花费大量的时间去选择。传统育种早期选择一般建立在目测基础上，由于环境对性状的影响，选择到优良基因型的可能性极低。统计表明，在配制的杂交组合中，一般只有 1% 左右的组合有希望选出符合生产需求的品种。考虑上述分离群体的规模，最终育种效率一般不到百万分之一。因此，常规育种存在很大的不可预测性，育种工作很大程度上依赖于经验和机遇。

随着基因组学、后基因组学和泛基因组学研究理论的发展和技术的突破，重要基因挖掘和功能鉴定、分子标记辅助育种、转基因育种等也随之获得突飞猛进的发展。分子设计育种是根据不同作物的具体育种目标，以生物信息学为平台，以基因组学、转录组学、蛋白质组学和表观遗传学等整合的大数据为基础，综合作物育种学、遗传学、生物信息学、植物生理学、生物化学、栽培学和生物统计学等学科的信息，在计算机上设计出最佳的育种方案，进而实施作物育种的方法。

与传统育种相比，分子设计育种是通过寻找控制作物重要目标性状的基因，研究这些基因在不同环境条件下的表达形式，聚合存在于不同材料中的有利基因，培育出适合不同农业生产需要的优良品种。分子设计育种能够有目的地创造变异，并且更加快速地选择和固定变异。

分子设计育种理论的核心是建立主要育种性状的基因型–表型模型，即 GP 模型。它描述不同基因和基因型以及基因和环境间如何作用以最终产生不同性状的表型，从而可以鉴定出符合不同育种目标和生态条件需求的目标基因型。因此，GP 模型是分子设计育种的关键组成部分。GP 模型利用基因信息、核心种质和骨干亲本的遗传信息，结合不同作物的生物学特性及不同生态地区的育种目标，对育种过程中各项指标进行模拟优化，预测不同亲本杂交后代产生理想基因型和育成优良品种的概率，大幅度提高作物育种效率。

（二）分子设计育种程序

分子设计育种程序主要包括育种元件的创制、GP 模型设计和分层次聚合杂交。

（1）育种元件的创制　即获得含有特殊基因或数量性状基因座（quantitative trait locus，QTL）的育种材料，包括含有明确基因或 QTL 的染色体片段导入系（CSIL）、染色体片段置换系（chromosome segment substitution line，CSSL）、重组自交系（recombinant inbred line，RIL）、转基因材料以及定向创制等位基因变异的育种材料。对分子设计育种元件的材料不仅要清楚性状的特异基因或 QTL，还要明确这些基因或 QTL 的等位基因效应、上位性效应以及与遗传背景和环境之间的互作等信息。

（2）GP 模型设计　在充分认识含有关键基因和 QTL 育种元件的基础上，利用计算机软件进行从基因型到表型模拟，根据不同育种元件的组配方案探讨育种元件间、育种元件和环境间的作用方式，预测选择最佳元件配置和最优品种的表型。

● 拓展资源 6-2

大麦籽粒性状的 QTL 定位图

（3）分层次聚合杂交　根据对育种元件的了解和理想品种的计算机设计方案，逐步实施不同层次的分子聚合育种。第一步将控制同一性状的多个基因或 QIL 聚合；第二步利用所获得的育种元件，进行产量构成因素、品质构成因素或广适性因素的多个基因或 QTL 聚合；第三步在品种水平上将高产、优质和广适性育种元件聚合。

总之，作物分子设计育种是一个系统工程，要实现作物的分子设计育种，大幅度提高分子育种效率，必须在现有基础上通过整合资源，实现优势互补，进一步加强分子育种平台、人才队伍、技术开发和产业应用的体系化建设，实现上、中、下游的紧密结合，实现分子手段与常规育种的紧密结合。

📚 参考文献

1. 方宣钧，吴为人，唐纪良. 作物 DNA 标记辅助育种［M］. 北京：科学出版社，2001.

2. 林栖凤，李冠一，黄骏麒. 植物分子育种［M］. 北京：科学出版社，2004.

3. 王关林，方宏筠. 植物基因工程原理与技术［M］. 北京：科学出版社，2016.

4. 席章营，陈景堂，李卫华. 作物育种学［M］. 北京：科学出版社，2018.

5. 肖尊安. 植物生物技术［M］. 北京：高等教育出版社，2011.

6. 徐云碧. 分子植物育种［M］. 北京：科学出版社，2014.

？思考题。

1. 简述分子标记的类型、机制及其应用。
2. 简述利用分子标记进行辅助选择育种的条件和方法。
3. 简述分子标记技术的优缺点及其发展方向。
4. 什么是转基因育种，其与常规育种相比有哪些优点？
5. 构建植物表达载体时应考虑哪些因素？
6. 导入外源目的基因的方法有哪些？
7. 简述分子设计育种的意义和必备条件。

第七章

微生物组学与植物健康

　　微生物是生态系统中不可或缺的部分，与动植物生长发育息息相关。自然生长条件下，植物的体内和体表栖息了大量的细菌、古菌、真菌、原生生物等，它们共同组成了植物的微生物组。微生物组能影响植物的营养吸收、生长发育、抗病、抗逆等不同生物学过程，被认为是高等生物的"第二基因组"。受益于 DNA 测序技术和功能基因组学的快速发展，近十年植物微生物组的研究快速发展，为认识植物与微生物互作的规律提供了新角度。未来，在植物微生物组学理论的指导下，可以设计、合成微生物菌群来抑制作物病害，减少农药和化学肥料的投入，提高作物在干旱、盐碱等环境下的适应能力，为农业的绿色发展保驾护航。

第一节 微生物组学简介

一、微生物组学的出现

自 17 世纪列文虎克（Antonie van Leeuwenhoek）发明显微镜观察到微生物以来，科学家们对微生物世界有了越来越多的认识。对微生物的研究也经历了几个阶段，从早期的显微观察，到单个菌的分离培养、生物学鉴定，再到生化和遗传分析等生物学研究，直到现在对整个微生物群系的宏基因组学研究。早在 1952 年，Mohr JL 提出微生物组（microbiome）一词来描述特定环境中的所有微生物。1988 年，Whipps 及其同事在 *Fungi in Biological Control Systems* 一书中将微生物组定义为一个合理定义的生境中、具有特定生理学和化学特性的微生物群落及微生物所表现的活性（原文为 "theatre of activity"）。在 2020 年举办的微生物组国际学术研讨会上，科学家们对微生物组的定义进行了拓展，认为微生物组包括特定环境中细菌、古菌、真菌、原生生物、藻类等组成的微生物群，同时也包括了环境中微生物的蛋白质、脂质、多糖、核酸以及微生物生成的信号分子、毒素、有机分子或无机分子等代谢物，同时微生物组也包括了微生物群落生活的环境因素（图 7–1）。简单来说，特定生境中微生物个体的集合一般称为微生物区系（microbiota），微生物组是特定生境中所有微生物及其遗传信息的总和。

高等生物的体内、体表栖息了各种各样的微生物，它们是生态系统必不可少的组成之一。植物的体内和体表也栖息了大量细菌、真菌、卵菌、原生生物、病毒等，它们共同构成了植物的微生物组。高等生物的微生物区系和宿主的细胞数目相当，但编码了比宿主更多的基因，称为生物的"第二基因组"。传统微生物学研究主要通过分

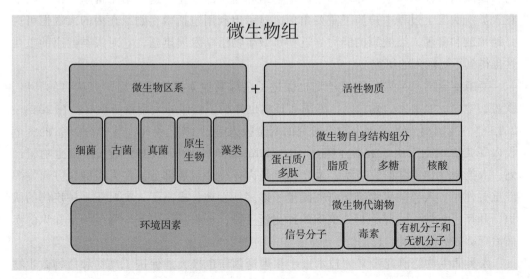

图 7–1 微生物组的定义

离培养后对细菌功能进行遗传学、生物化学与分子生物学实验分析，该策略难以研究微生物区系和高等生物之间的互作关系。此外，自然界中 85%～99% 的细菌和古菌难以通过常规技术在实验室中培养，因此，微生物也被认为是生物学研究中难以触摸的"暗物质"。随着 DNA 测序技术、功能基因组学的发展，特别是 2010 年以来二代测序、三代测序技术的快速发展，出现了不依赖微生物分离培养的微生物组研究方法，引起了微生物学研究的范式转换。植物微生物组的研究也在近十年开始兴起，正处于快速发展的阶段。随着对作物微生物组功能的深入了解，这将为农业生态系统的运行规律带来新的认知，为作物病害的绿色智能防控提供理论支持和新策略。

二、从基因组学到微生物组学

（一）从人类基因组计划到人类微生物组计划

2003 年，科学史上的最重要研究项目之一的人类基因组计划完成，绘制了人类基因组序列图谱，为基因功能的解析提供了基础。同时，科学家们也认识到人体除了自身的细胞外，每个人的体内和体表栖息着大量的细菌、真菌、病毒、原生生物等微生物。这些微生物群落对人类健康也至关重要，但对这些微生物的功能及其与宿主生命活动之间的联系一直缺乏认识，由此产生了人类微生物组计划。

作为人类基因组计划的延伸，2008 年人类微生物组学计划（human microbiome project，HMP）启动。HMP 主要利用高通量测序等不依赖微生物分离培养的策略，分析微生物组对人类健康的影响。HMP 含两个阶段：第一阶段（2008—2013 年）的目标是分析人体 5 大部位的微生物群体，获得人类微生物组图谱；第二阶段（2014—2018 年）也称为整合人类微生物组学计划（integrative human microbiome project，iHMP），目标是整合多组学数据，分析健康和疾病状态下微生物组结构和宿主基因表达、代谢的动态变化规律，阐明疾病过程中微生物组和宿主相互影响的机制。2019 年 5 月，iHMP 在 *Nature* 和 *Nature Medicine* 杂志发表了阶段性研究成果，分析了炎症性肠病、前驱糖尿病、怀孕和早产等过程中微生物组和宿主的变化。这些结果揭示了微生物组在人类疾病发生过程中扮演了重要角色，显示出利用包括微生物组在内的大数据可更好地预测和管理人类健康的能力。近些年微生物组学发展迅猛，它对人类健康的重要性也得到了更深入的研究。

美国主导的人类微生物组计划也促进了全球其他人类微生物组研究项目的开展，欧盟、中国、加拿大、爱尔兰、韩国和日本也开展了类似的大型科研项目。在 2013—2015 年，美国用于人类微生物组研究的资金投入超过 17 亿美元，其中约 20% 的资金投入了美国国立卫生研究院（National Institutes of Health，NIH）的人类微生物组计划。人类微生物组学研究表明，微生物组是人体一个组成部分，在人类健康方面发挥着重要作用。人类微生物组学研究诞生了许多新发现，提高了人类对于多种疾病的认识，开拓了与微生物群落相关疾病的预测新手段，也引领了以基于微生物组知识的疾病治疗新方法的发展。

人类微生物组研究带来的技术进步和理论创新也极大地促进了动物和植物微生物

组的研究，科学家们从一个新的角度来认识高等生物的"第二基因组"。相比于人类和动物微生物组研究，过去对农业领域的微生物组研究不足。据统计，2013—2015年，仅有8%的微生物组学研究是与农业相关的。这一投入与微生物对农业生态系统的意义是不匹配的。近五年，农业相关的微生物组学，特别是植物微生物组的研究已经引起了各个国家的重视。美国国家科学院、工程院和医学院在2019年联合发布了题为 *Science Breakthroughs to Advance Food and Agricultural Research by 2030* 的研究报告，指出微生物组技术对认知和理解农业系统运行至关重要，是未来十年农业发展的五大方向之一。同时美国学术界和工业界成立了植物生物组联盟（Phytobiome Alliance），旨在共同探索农业生态系统中作物 – 微生物组 – 动物和环境的互作，为农业的可持续发展提供新的策略。

（二）植物微生物组学

植物的一生与微生物息息相关。据估计，平均每克土壤中生存了多达10亿的微生物。植物的体内和体表栖息了大量的细菌、真菌等微生物。特别是植物的根系，是植物与微生物互作的关键场所。植物有40%的光合产物通过根系分泌到土壤中，作为微生物的营养来源。表7-1列出了植物地下部分和地上部分微生物的丰度、多样性、编码基因数目等信息。总体来说，植物地下部分栖息的微生物远多于地上部分。就微生物种类而言，细菌最多，每克样品可能含有数百万到数十亿的细菌细胞；其次是古菌、真菌和病毒等。微生物之间、微生物与宿主植物之间存在复杂的互作网络，包括互惠共生、偏利共生、中立、竞争和寄生等互作关系，而这些互作又影响植物的抗病、抗逆、生长发育。这些微生物及其基因组共同构成了植物微生物组。

表7-1 土壤和植物根系微生物的种类和数量（Leach等，2015）

微生物类别	地下部分			地上部分		
	丰度*	多样性**	基因数目	丰度*	多样性**	基因数目
细菌	$10^6 \sim 10^{12}$	$10^2 \sim 10^6$	10^{12}	$10^2 \sim 10^7$	$10^1 \sim 10^5$	10^8
真菌	$10^3 \sim 10^8$	$10^1 \sim 10^3$	10^{10}	$10^1 \sim 10^3$	$10^1 \sim 10^2$	10^6
古菌	$10^5 \sim 10^6$	$10^1 \sim 10^2$	10^9	$10^1 \sim 10^2$	$1 \sim 10$	10^5
病毒	$10^6 \sim 10^9$	$10^1 \sim 10^2$	10^9	$10^2 \sim 10^3$	$1 \sim 50$	10^5
线虫	$10^1 \sim 10^2$	$10^0 \sim 10^1$				
原生生物	$10^5 \sim 10^6$	$10^2 \sim 10^3$	10^{10}			
藻类	$10^3 \sim 10^6$	$10^1 \sim 10^2$	10^9			

注：* 丰度指微生物细胞总数；** 多样性指微生物种类的数目

根据生态位的不同，可以对植物微生物组做进一步划分。植物的地下部分可分为根际、根表面、根内的微生物组。根际（rhizosphere）是指贴近根表面、理化性质和微生物受根系活动影响的微环境，一般意义上的根际是指环绕植物根表面直径为数毫

拓展资源7-1

根瘤菌在水稻根系表面的定殖

米的区域。根际空间受植物分泌物的影响，微生物群落结构与土壤显著不同。也有许多细菌生活在植物根的内层（endosphere），称为内生菌（endophyte）。植物的地上部分如叶片等也有微生物栖息，这些微生物构成了叶际微生物组（图7-2）。

图7-2 植物根际、根内和叶际的微生物组（Muller 等，2016）

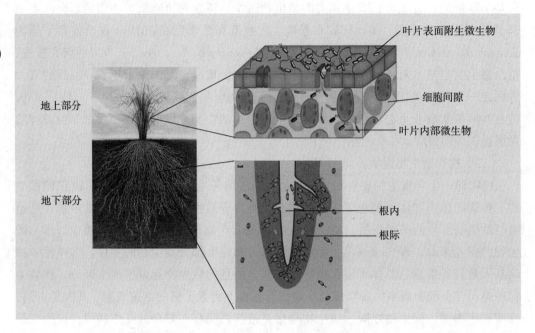

第二节　植物微生物组学的研究方法

利用显微镜观察微生物一直是研究微生物的最直接方法。利用光学显微镜或电子显微镜可直接观察土壤或植物样本中的细菌、真菌细胞，并计算微生物的数目或测定丝状微生物的长度。在显微观察中还可以利用不同的荧光染料对细菌细胞进行选择性的着色，使之与植物细胞、动物细胞或其他杂质区分。通过基因工程也可以使用荧光蛋白标记细菌，然后观察它们在植物中栖息的位置。显微镜让人们能够直接、快速的观察到天然样品中的微生物形态和生长的位置，追踪基因表达，从细胞生物学的水平了解微生物（图7-3）。但对于微生物组研究来说，显微观察的方法只能分析有限数目的细胞，而且也不能提供微生物的种类、功能等信息。

传统的微生物研究需要在实验室对微生物分离培养（图7-3）。如在植物病原菌的研究中，需要从染病的组织中对病原微生物进行分离培养，然后通过柯氏法则确定病原物。常用的平板菌落计数方法，可以用来估算样品中可培养微生物的数目，后续可以通过分子生物学方法对分离培养的微生物进行功能鉴定。对于微生物组研究来说，样品所包含的微生物数量庞大，而且许多微生物难以培养，因此，传统单个菌分离培养后进行研究的方式难以适应微生物组研究的需要。由此出现了培养组学，用来提高微生物分离培养的效率。

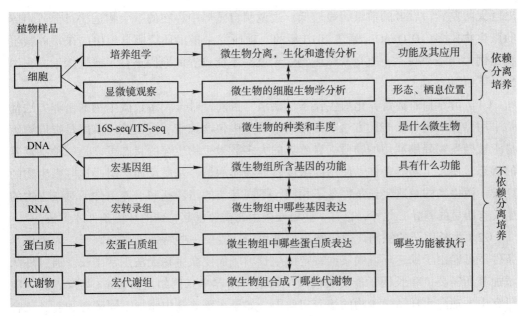

图 7-3 常见的微生物组研究方法

　　近些年来，随着高通量测序、质谱等技术的快速发展，结合生物信息学，出现了扩增子测序、宏基因组、宏转录组、宏蛋白质组、宏代谢组等组学技术，分别从细胞、DNA、RNA、蛋白质及代谢物等不同水平解析微生物组（图 7-3），快速提高了人们对于动植物微生物组的认知。通过对生物分类常用的 16S rRNA 基因、18S rRNA 基因或 ITS 基因进行高通量测序（16S-seq、18S-seq 和 ITS-seq）用来鉴定微生物种类、数量等微生物群落结构信息，已成为最常用的微生物组分析方法。宏基因组学通过对微生物基因组进行混合测序，结合基因功能注释，在获得微生物群落结构信息的同时还可以快速获得微生物功能信息。由于计算硬件及分析算法的提升，宏基因组学能够快速获得不同微生物的基因序列，通过数据分析从而得出不同种类、不同功能细菌的相对丰度，并且识别出目前未能培养的微生物，同时将微生物分类特征与动植物某一特定的生理状态或疾病联系起来，并提供机制上的解释。

一、微生物的分离培养

　　对微生物生物学功能研究仍然依赖目标菌群的分离培养，仅仅依靠宏基因组测序技术依然无法解决一些基础的问题。例如，微生物究竟"吃什么"？微生物产生哪些代谢产物？哪些代谢产物具有活性并对动植物的生长产生巨大影响？微生物与微生物之间是如何合作与竞争的？要回答这些问题，仍然需要对微生物分离培养后在实验室进行研究。

（一）传统微生物培养技术

1. 实验室培养微生物的限制因素

　　早在 20 世纪 80 年代，科学家在微生物的研究中注意到了"平板计数异常"的现象：在显微镜下观察到的自然环境中细胞数量与在琼脂培养基上形成的活菌数量呈现出巨大的差异，后者的数量明显较低。这说明自然界中存在的微生物远比目前所培养的微生物要多，D'Onofrio 等在 2010 年的一项研究中指出环境栖息地中的未培养微生物比例大约是 99%。一直以来微生物学家就对不能培养的原因进行了研究探索，归纳出以下原因。

（1）培养基的富营养化与生长条件缺陷　目前，对于大多数微生物的培养方法都是采用培养皿稀释涂布的方法。常用的培养基中包含琼脂、蛋白胨以及酵母提取物等易于被微生物降解利用的物质。自然界的大多数微生物生存的状态可能是一种寡营养的状态，在人工培养条件下使用高浓度营养物质的培养基质反而会阻碍这些微生物的生长。微生物的最适生长条件各不相同，不同基质的培养基和培养条件下对微生物的生长有明显的差异。此外，也有一些极端微生物需要极其特殊的环境条件才生长。

（2）生长因子的缺陷　微生物生长过程中，需要一些特殊的生长因子，人为培养条件下可能由于缺乏环境中某些特定的生长因子而使微生物无法正常生长。通过外源添加其所需要的生长因子能够提高微生物的可培养率。例如，在 Alain 等发表的一项研究中发现海水样品微生物的培养实验中，如果在培养基中添加不同碳源和复合化合物，与单一碳源相比，其培养微生物种类与数量增多。

（3）忽视了微生物之间的互作关系　自然条件下微生物关系复杂，彼此联系，许多微生物之间存在着物质交换和化学信号交流。微生物之间存在着群体感应的现象，细菌能够感应特定的信号分子调控特定基因的表达来调控对环境的适应能力。在实验培养条件下，许多微生物独立存在，与相关的微生物种群分离，物种之间的信号交流被人为打断，导致微生物因为缺乏必要的生长因子或信号分子而无法培养。

（4）培养时间太短　在一定情况下，随着时间的延长微生物培养效率有着明显的增加。一些寡营养微生物的生长速度较慢，延长培养时间对于此类微生物的培养是十分重要的。Davis 等在培养土壤微生物时，将培养时间延长到至少 12 周时，结果显示出菌落数量明显增加并分离出几株之前未培养的菌株。

2. 传统微生物培养技术的优化

未培养的微生物不一定代表着不能培养，而是在目前情况下，对其具体所需的生长需求还不清楚而无法培养。随着微生物学家们的不断努力，通过对传统培养方法的不断改进，以及新兴培养技术的发展使得以前未培养的微生物数量逐渐减少。目前，微生物的培养策略主要有两条路径：其一，通过扩大细菌细胞数量增加其在分离培养物中出现的概率，也就是高通量的分离和培养；其二，通过选择性的培养基和培养条件分离具有特定功能特征或属于特定分类群的微生物，也就是靶向分离培养。

为了扩大可培养微生物种类，可对培养基、生长条件进行以下优化和改进：利用含特定底物的选择性培养基质丰富特定的微生物分类群体；利用不同的物理化学条件如温度、pH、盐度以及气体组成等寻找最优的条件组合培养更多的微生物；利用不同微生物的物理特性如密度、细胞大小进行梯度离心、大小分级的筛选分离；利用选择性的抑制剂（如抗生素、有毒化合物）和添加特定的生长因子（如氨基酸、微生物和金属离子）富集或促进某些微生物的生长。

这些优化措施的组合，可以有效提高微生物实验室培养的成功率。例如，Rappe 等通过对培养基的优化，将培养物稀释到很低的浓度以模拟微生物生存的自然环境，成功从海水中分离培养出 SAR11 菌种，该物种长期以来都被认为是不可培养的种类。Guan 等将外源性铁载体和 C8-HSL 加入缺铁的培养基中，成功培养出本不能生长的某些海洋细菌菌落。琼脂作为一般培养基的凝固剂，可能对某些微生物具有毒害作用，当琼脂与磷酸盐一起经过高温高压灭菌时，会产生过氧化氢从而阻碍某些微生物的生长，将这些组分单独分开进行灭菌便可避免这一问题的出现，也成功培养出先前未培养出的微生物。此外，使用其他凝固剂替代琼脂的方法也可以解决这一问题。2005 年，Tamaki 团队发现结冷胶培养基上的菌落数目是琼脂培养基上的十倍多，并且 60% 左右是新的物种。

植物生长的特殊性、环境的复杂性都会导致植物微生物培养的困难，因此，传统的化学合成培养基用于植物相关微生物培养的回收率小于 10%。将植物材料作为唯一的能量来源物质或者作为标准培养基的补充，这种以植物材料为培养基质的培养基可提高植物微生物分离培养的成功率。Sarhan 等以三叶草茎秆的粉末作为培养基物质成功富集了玉米根系的 OP3、OP9、SAR406、TM6 等不同种类微生物，并且此种类型的培养基有着较高的内生菌可培养率。在 2019 年的另一项研究中，利用含植物材料的各种培养基对变形菌门、厚壁菌门、放线菌门和拟杆菌门中 23 个科 89 个种的细菌进行体外生长测试，结果发现这些细菌都能很好地进行生长，进一步证实了在培养基中添加植物组分可提高植物相关微生物的培养成功率。

（二）微生物培养的新技术

培养组学（culturomics）是指使用多种培养方法、多种培养条件对微生物进行高通量的分离培养，并利用 16S rRNA 基因测序等方法对培养物进行种类鉴定的方法。培养组学的发展使可获得的实验室培养细菌的数目大大增加，使得人们对于宿主和微生物之间相互作用关系的认知进一步深入。利用这些新的纯种微生物的分离培养可以进行连续的、重复的实验研究，从而提升微生物组研究的可重复性和统计可信度。同时，通过对微生物的分离培养，解析其生长特性、生理、代谢等生物特征，也有助于发现新的酶活通路等。可培养微生物的鉴定和功能分析的结果，可为宏基因组、宏转录组、宏蛋白质组等组学数据的分析提供更精准的参考数据库。因此，培养组学结合宏基因组学技术对于解析微生物组功能的发掘至关重要。

在培养基的优化改良不断取得新成果的同时，微生物学家们也在思考新的培养策略和设备装置以满足对更多未培养微生物实现可培养的愿望。在这个过程中，共培养、原位培养等技术的发展扩大了可培养微生物的数目，促进了微生物组的功能研究应用。

1. 微生物共培养技术

共培养是一种新型培养方法，其主要考虑某些微生物的生长需要其他微生物即辅助菌的"帮助"才能生长，一旦远离或缺少辅助菌就不能被培养。原因可能是这些辅助菌产生的特殊化合物是目标菌生长的必需物质。共培养考虑了真实自然状态下微生物之间互生和共生关系，通过添加辅助菌来实现微生物的实验室培养。Nichols 等通过添加辅助菌株的方式分离出一种新的嗜冷杆菌。2020 年，Asgard 古细菌超级门中的 *Candidatus Prometheoarchaeum syntrophicum* 在包含多个物种的共培养中，显示出了高度富集，它也是迄今为止培养的最接近真核生物的古细菌近亲。

2. 微生物原位培养技术

原位培养是为了解决在实验室条件下难以复制微生物生长的天然环境条件的难题。简易的原位培养装置就是一个孔径 0.03 μm 的半透性膜封闭的小孔室。将稀释的样品加入独立的小孔室中，利用半透性的膜进行封闭，然后将其放入样品原来所在的自然环境中进行培养。在这一简易装置中，内部的微生物细胞生长无法穿过半透膜，但营养物质、化学信号分子和其他生物活性分子能够保持正常与外界环境的交流，满足微生物细胞生长的环境需求，从而实现未培养微生物向可培养微生物的转变。原位培养的方法有扩散室培养、分离芯片培养、凝胶微滴培养和微流控培养技术等。

图 7-4 展示的是 2002 年 Epstein 团队设计的一个名为扩散室（diffusion chamber）的简易原位培养装置，用于培养海洋潮汐带沉积物中的微生物。通过该装置成功获取了大量传统培养方法中无法培养的微生物。随后，这一方法也被用来培养淡水湖、受污染土壤中的微生物，均取得良好的效果。扩散室的方法能提供环境微生物生长所需物质，没有培养基的限制，方便快捷。但该方法仍然存在一定的局限性，如扩散室培养的环境微生物形成的菌落一般非常小，肉眼不可见，对于检测和分离技术要求较高，同时也很难进行高通量的培养。

针对扩散室培养存在的问题，Epstein 团队在 2010 年将该装置进行了升级，设计了类似于扩散室的高通量分离装置——分离芯片（isolation chip，IChip）（图 7-5），用于大规模分离培养环境中未培养微生物。IChip 的原理与扩散室相似，IChip 含有上百个孔作为培养微生物的空间，外部包裹着 0.03 μm 孔径的聚碳酸酯滤膜用于孔内与孔外的小分子化合物的交流。使用时，将稀释好的样品悬液加入 IChip 中，封闭后将装置置于土壤、水体或者动物体内等环境中进行原位培养。Losee 等 2015 年利用 IChip 装置分离培养出一种属于 β- 变形菌门，暂命名为 *Eleftheriaterrae* 的未培养细菌，并在其培养物中分离得到一种称为 Teixobactin 的可能为新的抗生素的化合物。这种化合物能够有效杀死导致肺结核的结核分枝杆菌，并对于很多耐药性病原菌具有很好的抑制效果。IChip 方法也具有些许不足，包括该方法不适合培养干旱环境中的微生物，以及某些微生物的生长需要与共生微生物的物理接触才能生长，该装置切断了物理接触可能导致这类微生物的无法培养。

3. 基于稀释的根际细菌高通量培养技术

从植物样品中高通量、快速的分

图 7-4 扩散室培养装置

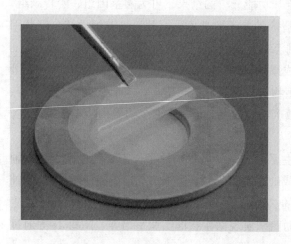

离培养细菌是研究植物微生物组功能的前提之一，但由于微生物数目庞大，往往难以通过传统划线分离培养来快速获得所需要的细菌。为了解决这一难题，中国科学院遗传与发育生物学研究所白洋研究员建立了一种高通量方法，从植物样品中大规模的培养根际和根内细菌。该方法将植物样品用 PBS 缓冲液清洗后研磨，将研磨液加入 10% 的 TSB 培养基中并稀释到不同倍数，然后将稀释后的研磨液分装到 96 孔细胞培养板中；培养

图 7-5 分离芯片培养装置

2 周后，将培养物分为两份：一份用于 DNA 抽提和 16S rRNA 基因序列测定；一份加甘油保存（图 7-6）。每一个孔中的培养物利用二代测序技术测定其 16S rRNA 基因序列，从而获得每个孔的细菌种类信息。通过优化研磨液的稀释倍数，可以在大部分培养孔中获得单个细菌的分离培养物。同时该团队也提供了完整的生物信息学工具用于分析高通量培养细菌的分类信息。研究人员使用该方法从拟南芥分离培养到 64% 的根部细菌以及 54% 的叶际细菌。该方法也在水稻根系微生物的研究中得到应用。利用该方法从水稻根系中分离培养得到 13 512 个培养物，经过鉴定分别属于 1 041 种不同的细菌。

（四）培养组学的应用和意义

1. 增加已知菌的数量，揭示新的分类群

培养组学技术的应用增加了培养细菌的数目，揭示新的分类群。在引入培养组学

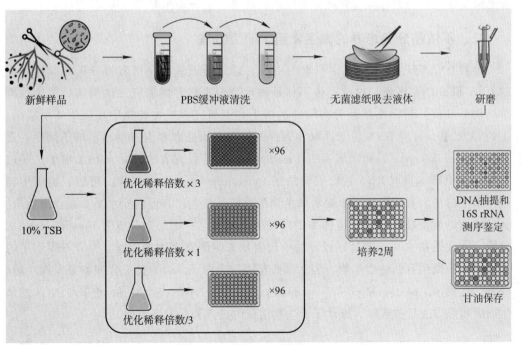

图 7-6 根际细菌高通量培养实验流程（Zhang 等，2021）

方法之前，已知细菌和古细菌种类有 13 410 种，而人类只培养了 2 172 种。培养组学的应用使得与人类相关的可培养细菌数量达到 2 671 种，使目前 23% 的细菌种类能够从人类样本中分离培养出来。2016 年，Lagier 等通过各种培养方法的应用，成功鉴定出 1 057 种原核生物，其中 531 种是人类肠道中首次培养发现的。随着培养细菌的增加，以及对它们功能的研究，可为微生物组宏基因组测序数据分析提供更精准的参考数据库。

2. 菌群移植的应用

培养组学所获得的菌株可用于体外和动物实验，是重要的实验材料，对于相关的研究必不可少。在动植物和医学研究中，发现将健康个体的菌群移植到菌群失调的个体中可帮助其恢复健康正常的生长。

3. 新型抗菌药物的发现

细菌是人类用来治疗感染抗菌药物的主要来源。目前，抗生素使用泛滥，导致病原菌抗药性、耐药性增加。培养组学扩大了细菌库，这些新培养的菌株可能会成为新型抗生素的来源。

4. 作物益生菌的开发

培养组学可获得大量的细菌分离物，通过宏基因组学分析方法和实验鉴定，可以快速发掘其中的生防菌和益生菌，制备微生物制剂用于作物病害防控、促进作物生长等。

目前，培养组学的主要问题还是工作量大、时间耗费多、成本较高，仍然存在许多不能培养的细菌。培养组学也无法直接提供关于基因表达和细菌生物学功能的数据，需要进行基因组测序以评估其功能。同时，目前培养组学主要应用于培养与鉴定人类肠道微生物，在植物等其他领域少有应用，将来可进一步拓展其应用空间。

二、不依赖分离培养的微生物组学研究方法

随着 DNA 测序技术和基因组学的进步，通过高通量测序可直接分析环境样品中的 DNA 和 mRNA 序列，由此产生不依赖微生物分离培养的研究方法来解析微生物群落结构和功能。目前不依赖分离培养的微生物组研究方法主要集中在以下 4 个层面：① DNA 水平，针对 DNA 易于提取和保存的特点，研究者相继发展出扩增子测序、宏基因组（metagenome）和宏病毒组（metavirome）等研究方法。② mRNA 水平，通过对微生物组样本提取 RNA 进行宏转录组（metatranscriptome）测序，可以根据微生物组样本中的基因表达谱进一步揭示微生物群落原位功能。③蛋白质水平，通过高通量、高灵敏度的质谱技术分析环境样品中哪些蛋白质表达，即宏蛋白质组（metaproteome）分析。④代谢物水平，通过比较样品中代谢物来阐明微生物的功能。综合不同水平的研究，从而说明有哪些微生物、表达哪些基因和蛋白质、合成什么代谢物来发挥功能。随着二代测序（next-generation sequencing，NGS）技术的快速发展，使基于 NGS 的微生物组研究方法日益成熟，推动了微生物组研究进入黄金发展时期。

（一）扩增子测序

扩增子测序是指利用 PCR 扩增特定基因片段并进行 NGS 测序分析的方法。在微生物组研究中，最常用的方法是 PCR 扩增样品中的标记基因后进行扩增子测序，从而比较不同样品的微生物组。常用的标记基因是小亚基核糖体 RNA（small subunit rRNA）基因，包括原核生物的 16S rRNA 基因、真核生物的 18S rRNA 基因、真核生物 rRNA 基因的内转录间隔区（internal transcribed spacers，ITS）等。对于特定功能的细菌，还可以分析与其功能相关的标记基因。例如，固氮菌可以通过分析编码固氮所需酶的 *nifH* 基因来分析样品中不同固氮菌的信息。

16S rRNA 基因（也称 16S rDNA）、18S rRNA 基因和 ITS 测序是微生物组研究的常规分析方法。①核糖体是合成蛋白质的场所，所有生物细胞中均存在。rRNA 作为核糖体的基本组分，它的序列可以用来分析所有生物的演化。而且利用 rRNA 所推断的物种进化和物种分类信息同其他方法获得的结果一致。②任何一个新获得的 rRNA 基因序列，只需要和公共数据库中已经注释的 rRNA 序列做相似性比较，即可推断对应物种的分类信息。③rRNA 基因通过垂直传递，即亲本传给子代。rRNA 基因基本没有物种间水平传递现象。④只需要一小段 rRNA 序列即可用来分析物种分类信息。⑤细菌的 rRNA 基因一般是单个拷贝，因此，细菌的 16S rRNA 还可以定量分析样品中细菌的相对含量。但真核生物的 rRNA 有多个拷贝，因此，一般难以用于定量分析。⑥在真菌中，rRNA 基因编码区具有较高的保守性，而 rRNA 的内转录间隔区（ITS）序列承受的选择压力较小，变异强，更适合作为真菌分类的标志基因。

1. 利用 16S-seq（16S rRNA gene sequencing）分析细菌多样性

16S-seq 是通过 NGS 分析 16S rRNA 基因的部分区域或者全长的序列。16S rRNA 是原核生物核糖体小亚基的组成部分，由于该基因在原核生物中功能高度保守，常被用作细菌分类的标志基因。16S rRNA 基因包含 9 个区域，称为高度可变区，用 V1～V9 表示。高度可变区的 DNA 序列随细菌进化而变异，在不同的细菌中具有相当大的多样性，因此，16S rRNA 基因序列被认为是最适于细菌系统发育和分类鉴定的指标。而 16S rRNA 基因可变区以外的序列在不同细菌中高度保守（图 7-7A）。保守区的序列可设计通用引物用于扩增不同细菌的 16S rRNA 基因全长或者部分区域。由于二代测序仪一般只能读取 300～600 bp 的 DNA 序列，因此 16S-seq 一般只测定 16S rRNA 基因上的 1～3 个高度可变区（图 7-8）。经过多年的研究，研究人员开发了多套通用引物用于 16S-seq（表 7-2）。利用 16S rRNA 部分区段序列鉴定细菌的分类时一般只能鉴定到属的水平。图 7-7B 显示了细菌 16S rRNA 基因不同区段可在门、纲、目、科、属和种等不同分类水平获得细菌多样性信息的情况。值得注意的是，少数细菌的 16S rRNA 序列与通用引物存在错配，从而产生 PCR 的偏好。在地球微生物组计划和人类微生物组计划中，推荐使用 515F 和 806R 引物扩增 V3～V4 区段分析细菌微生物组的多样性。在植物微生物组分析时还常常使用 799F 和 1193R 引物扩增 V5～V7 的区段用于微生物组分析。随着三代测序技术的发展，扩增 16S rRNA 基因全长用于常规微生物组分析也即将成为可能。

图 7-7 16S rRNA
基因的区段（Johnson
等，2019）
A. 16S rRNA 基因的序
列特征；B. 16S rRNA
基因不同区段获得细
菌多样性信息的比例，
柱状图从左到右依次
表示单一序列、种、
属、科、目、纲和门
分类水平的数据

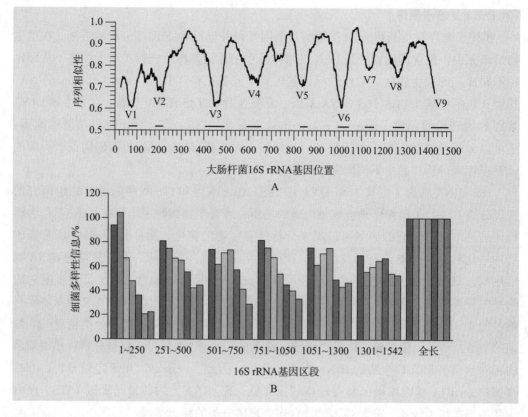

图 7-8 常用的 16S-
seq 的通用引物和扩
增区域示意图
浅色箭头代表不同高
度可变区扩增的正向
引物位置，深色箭头
代表不同高度可变区
扩增的反向引物位置。
圆柱形代表 16S-seq
研究中常用的高度可
变区及与其长度兼容
的高通量测序仪

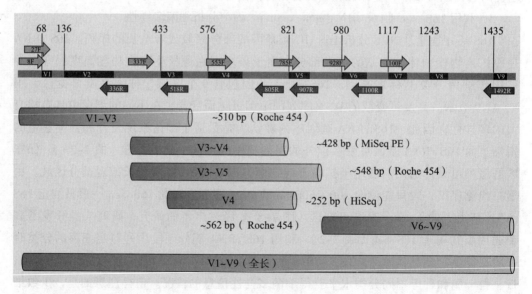

16S-seq 一般包括以下 3 步：①根据实验设计，采集来自人、动物、植物或环境
中的微生物组样本并提取基因组 DNA。②根据研究对象和所用测序仪，选择合适的通
用引物扩增 16S rRNA 的高度可变区。在此步骤中，一般采用两步 PCR 的方法，第一
步扩增出目标区域，在通用引物上会加入标签序列，即条形码（barcode），用于区分

不同样品；第二步 PCR，在所扩增 DNA 的两侧加入二代测序所需的序列。③将 PCR 产物纯化后，含不同标签序列的样品可以混合在一起进行高通量测序。利用二代测序仪的一个测序反应可以获得大量的测序数据，因此，往往可以将数十个或上百个扩增子样品混合测序。以 Illumina 公司的测序仪为例，一般通过 2×250 bp 双端测序方法，去掉测序接头和 PCR 引物序列后，每个样品获得数万条高质量、长度 400 bp 以上的序列。

表 7-2　常用的 16S-seq 引物信息

引物名称	序列（5'-3'）
8F	AGAGTTTGATCCTGGCTCAG
27F	AGAGTTTGATCMTGGCTCAG
336R	ACTGCTGCSYCCCGTAGGAGTCT
515F	GTGCCAGCMGCCGCGGTAA
519R	GWATTACCGCGGCKGCTG
799F	AACMGGATTAGATACCCKG
806R	GTGGACTACHVGGGTWTCTAAT
907R	CCGTCAATTCMTTTRAGTTT
1193R	ACGTCATCCCCACCTTCC
1391R	GACGGGCGGTGTGTRCA
1492R	GGTTACCTTGTTACGACTT

注：部分引物序列中含简并碱基，引物名称中的数字表示该引物在大肠杆菌 16S rRNA 基因上的位置

2. ITS-seq 分析真菌多样性

真菌是植物微生物组的重要组成部分。与分析细菌相似，真菌一般通过标志基因的高通量测序来进行分析样品中真菌的种类和相对含量。真核生物核糖体含 28S、18S、5.8S 和 5S rRNA，其中 28S、18S、5.8S 三个基因在基因组上成簇排列，并由一段序列间隔开。如其序列从 5' 到 3' 依次为：18S rRNA 基因、内转录间隔区 1（ITS1），5.8S 基因、内转录间隔区 2（ITS2）、28S rRNA 基因。核糖体中的 18S、5.8S 和 28S 的基因组序列在大多数真菌中趋于保守，在生物种间变化小；而 ITS1 和 ITS2 序列是非编码区，承受的选择压力较小，序列变异较大，能够提供详尽的进化分析需要的序列多样性。因此，对于真菌，一般使用通用引物来扩增样品的 ITS，然后构建 NGS 扩增子文库进行测序，分析环境样品中真菌的种类和多样性。ITS1 和 ITS2 的结构如图 7-9 所示。ITS 扩增子文库的构建方法与 16S-seq 相同，同样可以利用两轮扩增的方法进行构建。

（二）鸟枪法宏基因组测序

由于扩增子测序仅能获得研究对象的物种组成信息，要想进一步研究物种所携

图 7-9　真核生物 18S、5.8S 和 28S rRNA 基因结构示意图

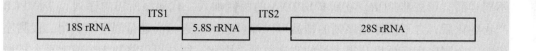

带的其他功能基因，就需要开展宏基因组测序分析。宏基因组测序（metagenomic sequencing）是对环境样品中全部微生物的总 DNA 进行高通量测序。由于测序得到的是大量长度为数百个碱基对的 DNA 片段，需要生物信息学方法将它们拼接为基因片段或染色体片段，因此也称为鸟枪法宏基因组测序（shotgun metagenomic sequencing）。鸟枪法宏基因组测序可以对复杂样品中所有微生物的基因进行检测和分析，是研究样本中不可培养微生物的重要方法。鸟枪法宏基因组测序已经广泛地用于解析微生物种群结构、基因功能活性、微生物之间的互作关系以及微生物组与宿主之间互作。

　　宏基因组测序的实验流程如图 7-10 所示。从植物或环境中收集样品后，直接提取样品中的基因组 DNA。将基因组 DNA 打碎为 500 bp 左右的小段后，在 DNA 片段两端添加测序接头，开展高通量测序。然后将 NGS 获得的短序列组装为长的基因组片段，并将 DNA 序列进行基因注释和功能分析。宏基因组测序研究摆脱了微生物分离纯培养的限制，扩展了微生物资源的利用空间，为环境微生物群落的研究提供了有效工具。

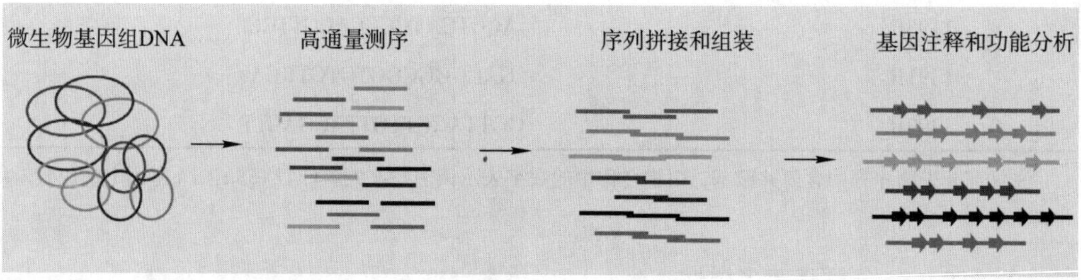

图 7-10　宏基因组测序流程

不同颜色表示不同微生物的基因组 DNA

图 7-10 彩色图片

（三）扩增子测序与宏基因组测序的比较

　　与 16S-seq 和 ITS-seq 等标志基因的测序相比，宏基因组测序具有以下不同点：①测序原理不同，宏基因组测序是测定样品中所有的微生物基因组 DNA 序列，而 16S-seq 只分析 16S rRNA 基因序列。②研究目的不同，16S-seq 主要研究群落的物种组成、物种间的进化关系以及群落的多样性。宏基因组测序在分析以上内容的同时，还可以进行基因功能、代谢通路等层面的深入研究。③物种鉴定深度不同，16S-seq 得到的序列很多注释不到种水平，而宏基因组测序则能鉴定微生物到种水平，甚至菌株水平。对于 16S-seq 而言，任何一个高变区或几个高变区，尽管具有很高的特异性，但是某些物种（尤其是分类水平较低的种水平）在这些高变区可能非常相近，能够区分它们的特异性片段可能不在扩增区域内。宏基因组测序通过对微生物基因组随机打断，并通过组装将小片段拼接成较长的序列。因此，在物种鉴定过程中，宏基因组测序具有较高的优势。

宏基因组测序的方法相对于 16S-seq 和 ITS-seq 方法虽然具有优势，但其本身也存在一定局限性。局限性包括：①准入门槛高，需要昂贵的测序设备和大量的计算机资源，对研究人员的实验水平和生物信息学分析能力要求高。②宏基因组测序结果分析依赖参考基因组序列。目前公共数据库中可用的数万个微生物基因组主要是模式菌、病原体和易培养的细菌；仍然有大量的微生物没有参考基因组序列。而宏基因组测序的数据分析结果会受可用参考基因组序列资源的影响。③功能组成分析中存在偏差。由于大多数基因缺乏有效的注释，因此，宏基因组功能类别的分析受到阻碍，该问题只能通过昂贵且低通量的基因功能研究来缓解。此外，微生物组特性（如平均基因组大小）也可严重影响定量分析。④"活着或死亡"的困境（"live or dead" dilemma）。在宿主细胞死亡后，DNA 在环境中持续存在一段时间，而死亡细胞的 DNA 也会在宏基因组测序中体现。为了解决这一问题，可以使用结合游离 DNA 的化合物如异丙脒，去除死亡或受损细胞内的 DNA，或使用宏转录组技术研究表达的基因信息。⑤宏基因组测序分析的结果是相对定量，不一定能反应样品中基因（或特定微生物基因组）的绝对含量。

（四）16S-seq 和 ITS-seq 数据分析

扩增子测序和鸟枪法测序已经成为微生物组领域最常见的研究手段。尽管鸟枪法测序可以为我们提供更高分辨率和更全面的物种信息及基因信息，但是该方法成本高昂，对运算资源和样本的要求也较高。因此，当前采用 16S-seq 或 ITS-seq 等方法仍然是微生物组研究最为常用的方法。下面我们对 16S-seq 和 ITS-seq 数据分析流程和相关软件进行简要介绍。

1. 原始测序数据的预处理

NGS 的测序结果一般以 FASTQ 格式保存。FASTQ 格式是一种保存测序结果的文本格式。图 7-11 展示了 FASTQ 格式文件中的 DNA 测序结果的示例：第一行为序列名称，以 "@" 开头，中间包含了测序反应的一些信息；第二行为读取的 DNA 碱基序列；第三行为 "+" 表示分隔；第四行为 DNA 碱基序列质量的 Q 值。Q 值代表测序仪读取 DNA 碱基的准确率，Q 值越大，读取的 DNA 序列准确率越高。标准的 Sanger 测序的 Q 值计算公式是 $Q = -10 \times \lg e$，其中 e 表示出错概率。如 Q30 表示 Q 值为 30，代表该碱基测序出错的概率为 0.001。在测序文件中，Q 值会转换为计算机 ASCII 码表中的单个字符保存。例如，Q32 会用字母 A 表示。

对 16S-seq 的原始数据要进行以下处理：①根据 barcode，拆分出每个样品的序列；②去除序列两端的引物序列；③过滤低质量序列；④将两端测序的序列拼为完整的序列；⑤去除单一序列（singleton）和 PCR 产生的嵌合体（chimera）序列；⑥将获得高质量序列进行运算分类单元聚类和多样性比较等。对于序列质量，可以采用 FastQC 软件进行检查（图 7-12）。

2. 聚类为 OTU 或 ASV

NGS 的测序结果经过预处理后，是根据序列按照相似性聚类为运算分类单元（operational taxonomic unit，OTU）或扩增子序列变异（amplicon sequence variant，ASV）。

图 7-11 FASTQ 格式文件中的 DNA 序列示例

@M00200:111:000000000-A6VNV:1:1101:15594:1337 1:N:0:6
ACGCGGGTATCTAATCCTGTTTGCTCCCCACGCTTTCGCGCCTCAGTGTCAGTTAC
+
ABABADBBDFFFGGGFGGGFGGHGBGHGGHGGGGGHGGGGGGGHHGGFBGEGGEG

图 7-12 FastQC 软件查看测序质量示例

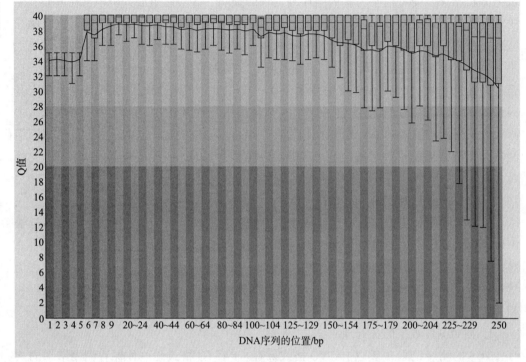

OTU 是人为设定的分类单位，通过比较序列的相似性把 16S rRNA 测序结果进行分类。把相似性超过指定阈值（一般为 97% 以上）的序列聚类为簇，这些聚类簇即可称为可操作分类单元（OTU），它们的一致性序列即为 OTU 的序列。OTU 的方法在一定程度上可以消除部分低频率的测序错误。将测序数据聚类为 OTU 的方法有两种：一是从头（de novo）聚类，即基于测序结果得到的序列进行聚类，聚类时不参考已有数据库中 16S rRNA 序列信息；二是将测序结果与已有数据库中提供的代表性序列进行比较和聚类，可以与代表性序列聚为一个 OTU 的被视为同一物种，否则作为一个新的 OTU 或者丢弃。通过 OTU 的方式来分析 16S-seq 和 ITS-seq 的结果是微生物组分析的标准方法之一，但具有一定的风险。如多个相似的物种可能被分组到同一个 OTU 中，会掩盖物种的多样性。而如果按 100% 的相似性聚类为 OTU，又有将测序错误得到的序列当作新物种 OTU 的风险。

近年来，有科学家提出利用 ASV 来代替 OTU 作为 16S-seq 分析的单位。ASV 是指扩增子序列变异，即通过特定的数学模型和算法识别并去除测序产生的碱基读取错误，最终将不同序列定义为分析的基本单位。简而言之，ASV 是将测序错误去除后按

100% 的序列相似性聚类得到。获得 ASV 需要用到 DADA2 软件，该软件的核心就是利用一个创新的数学模型识别和去除测序误差，从而获得真实的微生物 16S 或 ITS 序列用于微生物组的分析。ASV 相比于 OTU 的方法具有一定的优势，能更灵敏的发掘微生物分类信息，增加了样品之间的可比性；而且更容易识别嵌合体序列。但 ASV 的方法可能会将某些极低丰度的物种序列当成测序错误而剔除。

不管使用 OTU 还是 ASV，接下来就需要对它们进行物种注释。一般通过与已知的细菌 16S rRNA 序列的相似性，可以分析出 OTU（或 ASV）所属的门、纲、目、科、属和种。通常，可以将特征序列（signature sequence，即 OTU 序列或 ASV 序列）与数据库序列比对，获取序列注释信息。16S rRNA 基因常用的物种注释数据库为 Greengenes 数据库和 Silva 数据库；ITS 物种注释常用数据库为 Unite 数据库。

3. 多样性分析

微生物组实验中，样品内所含微生物的数量往往是未知的。因此，分析微生物组数据的一个重要参数是所获得的测序数据是否能代表样品中的所有微生物信息。换言之，需要获得多少序列才能代表样品的细菌种类信息。在 16S-seq 或 ITS-seq 实验中，可以通过稀释性曲线（rarefaction curve）来回答这一问题，该方法也可以比较样品间的物种丰度（species richness）。稀释性曲线是从 16S-seq 数据中随机抽取固定数目的序列，然后计算所代表的 OTU 数目，并将抽取的序列数和对应 OTU 的数目绘制为曲线。图 7-13 显示的是一个稀释性曲线的示意图。横坐标表示从测序结果中随机抽取序列的数目，纵坐标表示随机抽取序列所含 OTU 的数目。随着抽取序列的增加，稀释性曲线变得平缓，说明继续增加序列数（即测序深度）不会增加 OTU 的总数，即所获得的数据已经能代表样品中微生物信息。稀释性曲线也给不同样本的微生物多样性提供了一个直观的比较。在此示例中，在相同的测序深度下，样品 3 所观察到的 OTU 数目大于其他两个，说明该样品含有更多的细菌种类。

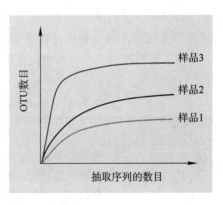

图 7-13 稀释性曲线示意图

在研究中，一般需要对不同样品的微生物组进行比较。通过 16S-seq 或 ITS-seq 可以比较不同样品间的微生物组信息，如存在哪些微生物（微生物群落的组成分析），微生物多样性是否存在差异，引起不同组样本微生物组成差异有哪些关键微生物，这些关键微生物是否与所研究的生物学现象具有相关性，其中涉及了哪些基因或代谢通路等。微生物组数据分析已经发展为生物信息学中的一个专门领域，涉及生物信息学、生物学、生态学和统计学等。在此，我们仅对微生物组分析中常用的 α- 多样性分析和 β- 多样性分析进行简单介绍。

α- 多样性分析是衡量样品内物种多样性的指标，常用的 α- 多样性指数包括 Shannon 指数、Simpson 指数、Chao1、观察到的 OTU 总数和 Faith 系统发育多样性（Faith's phylogenetic diversity）指数等，这些指数可以共同表征一个样品中所含微生物的物种多少（丰度，richness）和均匀度（evenness）等信息。

β- 多样性分析常用来衡量样品间物种多样性的差异程度，它比较的是时间和空间尺度上物种组成的变化。分析 β- 多样性，首先需要根据一定的距离计算方法（如 Jaccard 距离、Bray-Curtis 距离、加权和非加权的 UniFrac 距离等）对 OTU 进行距离计算，得到样品间的距离矩阵；接着，利用合适的降维方法将距离矩阵所表征的多维距离信息降至二维，常用的降维方法包括主坐标分析（principal co-ordinates analysis，PCoA）、主成分分析（principal component analysis，PCA）、非度量多维尺度分析（nonmetric multidimensional scaling，NMDS）；最后，在二维空间内展现出各样本的距离信息。

⬥ 拓展资源 7-2

利用 16S-seq 分析两个水稻品种根系微生物组的多样性

除了多样性的比较，16S-seq 数据的分析还可以进一步拓展。如通过共发生网络发掘其中的关键细菌；通过 OTU 序列预测微生物功能，进而分析不同样本中微生物功能的变化规律；通过机器学习的方法来寻找能作为生物标志物的细菌类群等。

4. 常用分析软件

随着微生物组学研究的深入，对 16S-seq、ITS-seq 和宏基因组测序等数据的分析变得日益重要。目前，已有多个专门的标准化分析流程和工具，用于这些海量数据的挖掘。这些工具一般需要基本的 Linux 系统知识和 R 语言或 Python 语言的基础，就能满足大部分微生物组学分析的需要。为了完善微生物组数据分析，科学家们开发了微生物组数据分析的平台 QIIME2，整合了大部分的数据分析程序，并提供完整的教程，极大地降低了微生物组学研究的门槛，并为数据分析提供了标准化的流程。此外，R 语言也有完整的微生物组分析所需要的软件包，可以满足研究的需要。在表 7-3 和表 7-4 中，我们列出了一些常用的微生物组数据分析软件和数据库，供读者参考。

表 7-3　16S-seq 常用数据分析软件（Liu 等，2019）

软件 / 数据库	说明 / 用途	特点 / 优势
QIIME2	整合了多个微生物数据分析软件，能够帮助研究人员从原始 DNA 测序数据开始分析，并最终获得符合发表要求的图表	易安装，使用方式多样，标准化的分析流程，易于掌握
Microbiome Analyst	一个在线的微生物组分析工具，整合了最新的微生物组分析程序	界面友好，易于使用
USEARCH	采用新的序列比对和聚类算法，速度快，常用于测序数据的操作和 OTU 聚类	在序列搜索、聚类、去重、去嵌合体等步骤的准确度高；免费版（32 位）仅能使用 4 GB 内存，可分析大量数据的 64 位版需要购买
UPARSE	基于 usearch 的扩增子分析流程	经典也是最常用的 OTU 聚类的分析脚本，提供 NGS 数据到 OTU 聚类所需要的相关程序

续表

软件 / 数据库	说明 / 用途	特点 / 优势
mothur	测序数据处理、OTU 聚类和注释、微生物群落比较等扩增子测序数据分析所需要的功能	经典的微生物组分析软件之一
VSEARCH	功能和 USEARCH 类似	免费，无内存限制
DADA2	R 语言包，用于 ASV 分析	可以获得 ASV；数据量大时，对计算机内存要求高
phyloseq	R 语言包，提供 R 语言中微生物组分析所需要的基本框架	集成了统计假设检验和分析功能分析，计算和比较多样性分析和统计图表绘制
DESeq2	R 语言包，用于分析不同样本中差异 OTU	
edgeR	R 语言包，用于分析不同样本中差异 OTU	
microeco	R 语言包，整合了多种微生物群落生态学中常用的分析方法	使用方便，高度模块化；提供多种算法和接口
ANCOM	提供了一种比较微生物群落差异物种的统计方法	能够有效降低结果的假阳性
vegan	R 语言包，包含微生物生态学所需要的常用功能	
PICRUSt2	根据 16S rRNA 基因，预测微生物功能	
Unite	真核生物 ITS 数据库，常用于真菌 ITS 扩增子测序分析中嵌合体检测和物种分类	Unite 数据库是目前真菌 ITS 整理最全面的数据库，基于上百万的全长 ITS 高质量序列
Greengenes	16S rRNA 基因数据库，细菌注释最常用的数据库之一	功能注释软件，PICRUSt 和 BugBase 依赖此数据库
Silva	rRNA 基因数据库，包括真核生物、细菌和古菌的大小亚基序列，适用于物种分类和嵌合体检测	最大、最全的数据库，细菌、真菌均包含在内，更新频繁，有在线分析工具（SlivaNGS）
RDP	rRNA 数据库，含细菌和古菌的 16S rRNA 序列、真菌 28S rRNA 序列，同时提供 rRNA 序列分析工具	常用的 rRNA 数据库之一

表 7-4 宏基因组学常用分析软件（Liu 等，2019）

软件 /R 包名称	说明 / 用途	特点 / 优势
Trimmomatic	NGS 质量控制软件，实现快速去除低质量、接头和引物序列	
Bowtie 2	经典的 NGS 序列比对工具	运行速度快，存储高效，占用内存小
SOAPdenovo	NGS 序列组装	
MEGAHIT	MEGAHIT 是超快的宏基因组序列组装工具，尤其适合组装超大规模数据	内存消耗低，计算速度快，嵌合体率较低，N50 偏低
OPERA-MS	二代和三代测序数据混合组装软件	可实现同一物种内菌株水平组装，获得稀有物种的高质量参考基因组
CD-HIT	去除冗余序列	根据序列的相似度对序列进行聚类以去除冗余序列，一般用于构建非冗余的序列集合
MetaPhlAn2	鸟枪法宏基因组测序结果分析，可绘制微生物群落中不同物种的基因组信息、系统发育树分析和丰度等	超快的分析速度，只需要一条命令即可获得微生物的物种丰度信息
HUMAnN2	利用宏基因组和宏转录组数据分析微生物代谢通路的有无，可进行定量分析	默认基于 UniRef 数据库注释序列，获得基因家族、代谢通路丰度和覆盖度信息，速度更快且准确率更高
UniRef	非冗余蛋白质序列数据库，用于宏基因组分析中序列或基因的功能注释	最常用的蛋白质序列注释数据库
Kraken 2	物种分类软件，基于 k-mers 方式匹配 NCBI 非冗余数据库实现超高速的物种注释	更快速地构建数据库，数据库的占用存储空间更少
MetaBAT 2	主流分箱工具。分箱（binning）是将宏基因组测序得到的混合了不同生物的序列或序列组装得到的重叠群按物种分开归类的过程	在完成度、效率等多方面均优于同类工具
metaWRAP	整合了 140 余款程序用于宏基因组测序数据分箱，提供多种可视化方案	包含宏基因组数据预处理模块和分箱处理模块
Microbiome helper	微生物组分析中常用格式转换工具集，方便分析和流程搭建	软件提供了数十个软件间衔接的脚本，可大大提高使用者分析的效率
OrthoFinder	同源基因鉴定，基于多个细菌基因组中的蛋白质组鉴定单拷贝同源基因和构建多基因系统发育树	比较基因组学中实用的、运行快速的、准确的常用工具

第三节　植物微生物组

一、植物微生物组的构成

（一）微生物与植物之间的相互关系

环境中的微生物数目众多，微生物与微生物之间也存在复杂的互作关系，包括中立、偏利共生、协作、互惠共生、拮抗、寄生等。对于生长在植物体内或体表的微生物来说，它们与植物之间关系也可分为中性共生、偏利共生、互惠共生、寄生关系等。

中性共生（neutralism）是指微生物与植物之间互不影响。

偏利共生（commensalism）是指微生物与植物生活在一起时，微生物或植物从另一方受益，且不会影响对方的生长。

互惠共生（mutualism）是指微生物和植物生活在一起时，相互从对方获取益处，促进对方的生长。菌根真菌与植物是一个经典的互惠共生例子。菌根真菌缠绕在植物根的表面或者伸入根内部，同时还有许多菌丝伸向四周的土壤，从土壤中吸收矿质营养转运给植物；同时菌根真菌也会从植物中吸收脂质等营养物质。根瘤菌与豆科植物间的共生也是微生物与植物建立互惠共生关系的重要示例。在合适的条件下，根瘤菌可以侵入根毛，并形成根瘤。植物供给根瘤菌以矿物养料和能源，根瘤菌固定大气中游离氮气，为植物提供氮素营养。

寄生（parasitism）是指微生物与植物互作时，微生物从宿主植物中获取营养物质，并对宿主生理活动产生不利影响。例如，病原微生物能够入侵植物，从寄主植物体内获取生长繁殖所需要的营养物质和生长条件，该过程会破坏植物正常的结构和功能，引起植物生长异常或者死亡。

植物微生物组研究的目标之一就是解析植物与自然界微生物之间的偏利共生、互惠共生的机制，从中寻找促进植物生长的益生菌；研究病原菌与其他微生物之间的拮抗、竞争、寄生等互作关系，从中寻找病害防治的微生物资源。

（二）植物微生物群落的组成

近些年，多个研究通过 16S-seq 和 ITS-seq 技术对拟南芥、水稻、玉米、小麦、大麦等不同植物的根系细菌群落进行了分析。一般来说，植物根际和根内的细菌有数千种以上，主要属于变形菌门（Proteobacteria），其次是放线菌门（Actinobacteria）、拟杆菌门（Bacteroidetes）和厚壁菌门（Firmicutes）（图 7-14）。此外，ITS-seq 的数据表明植物体表和体内的真菌主要是子囊菌（Ascomycetes）和担子菌（Basidiomycete）。这些微生物主要来源植物所生长的土壤，而植物根系分泌物等化合物也会进一步选择性地在根际和根内富集某些微生物。植物根系由外向内对微生物施加的选择作用导致了微生物多样性从土壤、根际、根内依次降低。

植物根际细菌多样性受多个因素的决定，主要包括土壤类型、植物种类和基因型、植物生长时间等因素。例如，同一植物种植在不同地理位置时其根际微生物组会有明

图 7-14 植物微生物组的组成（A）及其各组成部分的细菌多样性 Shannon 指数（B）和真菌多样性 Shannon 指数（C）（修改自 Trivedi 等，2020）

图 7-14 彩色图片

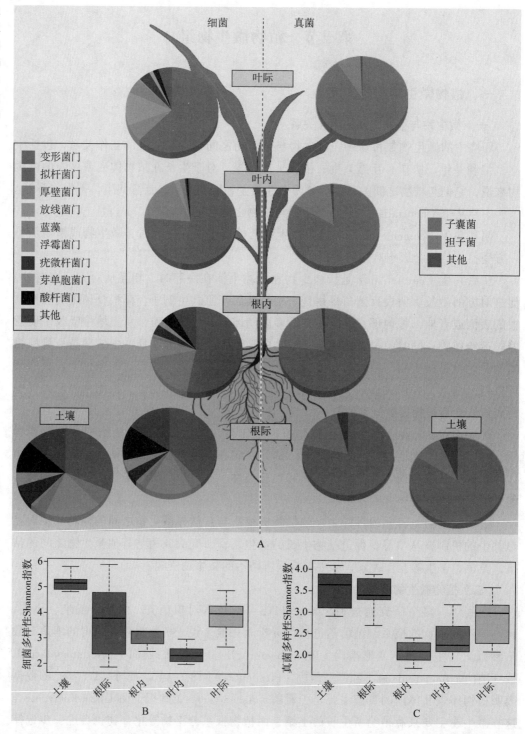

显差异。而同一棵植物中，不同生态位的微生物组也会显著不同，例如，土壤、根际、和根内细菌群落会有显著差异。除此以外，植物的基因型也会影响其微生物组。在同一土壤中，水稻的籼稻和粳稻两个亚种的根系就会富集不同的微生物。植物微生物组是动态变化的。随着植物的生长，以及干旱、植物病害、虫害等生物和非生物胁迫都会改变植物细菌群落的结构。

二、植物微生物组的功能

微生物对植物的影响已有长期的研究，以往植物病理的研究主要是分析单个病原菌与植物之间的互作，越来越多的研究表明，植物及其微生物组是一个整体，或者说"共生体"（holobiont）。植物与微生物作为一个共生体在自然界中生存和进化。

（一）微生物组与植物抗病

1. 植物能招募益生菌、抑制植物病原菌

植物根系分泌物招募和富集土壤微生物，可作为抵御土壤传播病原体的"外部"防线。土壤微生物对病原菌的抑制在抑病土壤中表现得最为明显。抑病土壤是一种特殊的生态系统，在这种生态系统中由于其他土壤微生物的活动，作物遭受的特定土传病原菌危害比预期的要少。例如，土豆疮痂病链霉菌、香蕉枯萎病、小麦全蚀病、豌豆根腐病、花菜立枯病、莴苣根结线虫、桃根结线虫根肿病等作物病害研究中均发现了抑病土壤。近年来，通过微生物组学技术，对抑病土壤的机制有了深入研究。抑病土壤一般含有多种益生菌，通过拮抗、营养竞争、寄生、诱导植物抗性等机制来抑制病原菌。

研究表明抑菌土壤中的一些细菌可以通过合成抗菌物质或者特殊的代谢物抑制病原菌的生长。通过宏基因组学和培养组学，以及微生物功能分析，Mendes 等从抑菌土壤中确定了抑制立枯病丝核菌的关键细菌类群和抑制菌根病原菌的相关基因。研究人员通过比较 6 种抑病程度不同的土壤根际微生物群落，从 3 万多个 OTU 中发现变形菌门（含假单胞菌科、伯克霍尔德菌科、黄杆菌科）与厚壁菌门的乳酸杆菌科与病害抑制程度相关，这表明抑病土壤的形成不能简单地归因于单一的细菌类群，而很可能是由多种微生物联合发挥功能。在此研究中，科研人员使用培养组学方法从抑病土壤中分离了 104 株拮抗的细菌分离物，通过测定它们的 16S rRNA 基因序列证实这些分离物属于假单胞菌科。通过遗传学和分子生物学方法发现这些细菌含有的非核糖体多肽合成酶（nonribosomal peptide synthetase）赋予了它们抑制真菌病害的活性。在另外一项研究中，Carrion 等分析了抑病土壤抑制立枯丝核菌（*Rhizoctonia solani*）引起的甜菜立枯病的机制。通过分析抑病与非抑病土壤中的甜菜内生菌微生物组，结合培养组学方法，发现了噬几丁质菌科（Chitinophagaceae）和黄杆菌科（Flavobacteriaceae）与抑病性相关，并通过多组学策略发现病原入侵时，噬几丁质菌科和黄杆菌科的成员在植物内层富集，并表现出与真菌细胞壁降解相关的酶活性增强，以及由 NRPSs 和 PKSs 编码的次级代谢产物生物合成。基于这些发现，含噬几丁质菌和黄杆菌的人工合成菌群接种植物后，可以降低甜菜立枯病的发病率。

土壤细菌和病原菌对营养物质的竞争也是抑制植物病害的机制之一。植物是根际微生物营养的主要来源之一，病原菌与其他微生物对稀缺的营养物质存在竞争。其中，铁载体对根际细菌和病原菌之间的竞争尤为重要。铁是细胞代谢不可或缺的元素，土壤中铁主要以 Fe^{3+} 形式存在，而且易于吸收的铁在土壤中稀缺。为此，微生物会产生一种能够高效络合 Fe^{3+} 的低分子化合物（铁载体）来争夺环境中的铁。根际细菌产生的铁载体可能被病原菌识别和窃取，促进病原菌的生长；也可能不被病原菌识别，自我吸收，进而通过竞争铁营养而抑制病原菌。在茄科青枯雷尔氏菌（*Ralstonia solanacearum*）引起的番茄青枯病的一项研究中，Gu 等检测了 80 个根际微生物群落中的 2 150 个细菌成员对青枯病的抑制能力，发现在铁素营养匮乏的根际中，细菌普遍通过产生铁载体进行铁素营养竞争；而铁载体介导的生长促进或抑制取决于青枯雷尔氏菌对异源铁载体摄取的受体相容与否。铁载体作为根际微生物与病原菌争夺根际核心稀缺铁素资源的秘密武器，可以防御青枯雷尔氏菌入侵，进而有效保护植物健康。

除了根际微生物以外，一些植物的内生菌也能够抑制病原菌。在水稻中也通过微生物组学方法发掘了防治种传病害水稻穗枯病的内生菌。水稻穗枯病由伯克霍尔德菌（*Burkholderia cepacia*）引起，造成水稻幼苗枯萎病和谷物腐烂，并通过产生托酚酮污染农业环境。Matsumoto 等收集了 8 172 份水稻种质样本，发现了来源于不同地理位置的种子出现了抗病性分化的现象，并与种子内生细菌群落结构的差异紧密相关。作者通过微生物组分析发现鞘氨醇单胞菌属（*Sphingomonas*）在抗病的水稻种子中显著富集；其中的核心成员瓜类鞘氨醇单胞菌（*Sphingomonas melonis*）不仅能在抗性表型中世代传递，而且可赋予易感品种对水稻穗枯病的抗性。

越来越多的研究表明，植物能够调控自己的微生物组，富集能够抑制病原菌的微生物，作为自身免疫系统的延伸，为抗击病原菌前线构筑了另一道"外部防线"。

2. 微生物可诱导植物的系统抗性

在过去的 20 年间，我们对植物免疫系统有了深入的了解。植物细胞表面的受体能够识别病原体或微生物相关分子模式（pathogen/microbe associated molecular pattern，PAMP 或 MAMP），从而激活植物的免疫系统。植物免疫系统激活多种生理生化反应杀死病原菌或抑制病原菌的生长，减少对植物的伤害。病原菌在一个点的侵染会引发整株植物的抗性水平提升，产生系统获得抗性（systemic acquired resistance，SAR）。而部分非病原微生物也可以诱导系统抗性（induced systemic resistance，ISR），提高植物抗病能力。发掘能激发植物 ISR 的微生物或微生物产物对植物病害绿色防控具有重要意义。

在植物抗病反应中，植物代谢发生改变，根系分泌物的成分也会随之变化。根际微生物组的研究发现，在病原菌入侵时，植物会招募能诱导 ISR 的细菌菌群来共同应对病害。植物益生菌荧光假单胞菌 WCS471（*Pseudomonas fluorescens* WCS417）的研究给益生菌的机制提供了很好的参考。WCS417 早在 1988 年分离得到，在研究中发现该菌对多种作物和果树病害均有防效。田间或温室实验施用该细菌能减少小麦全蚀病危害的 6%~27%，减少香蕉黄叶病危害的 87.4%。WCS417 在植物根部的定殖能够激活植物 ISR，使植物免疫系统处于警戒状态，在病原菌侵染时能更快启动防御反应。有意思的是，在含 WCS417 土壤中的拟南芥鲜重增加了 47% 以上。说明该细菌除了生物防治功能以外，还具有促进植物生长的功能。通过微生物组学方法，发现越来越多的细菌也能抑制植物病害、促进植物生长。

3. 益生菌可以促进植物营养吸收和抗逆

根际微生物是影响植物生长发育和环境适应性的重要因素，特别是植物营养吸收与微生物息息相关。过去植物营养与微生物互作的研究集中在菌根真菌和根瘤菌与植物共生机制的解析，对根际微生物组与植物养分吸收利用的关系缺乏了解。植物根系分泌糖类、脂质以及其他代谢物来招募土壤微生物定殖，而其中的益生菌通过活化土壤养分、调控植物根系发育和激素含量等方式来影响植物的营养吸收。近十年，美国和德国科学家相对较早地开展了植物微生物组研究，以拟南芥为主要研究对象，通过高通量测序解析了根系微生物群落的特征，发现根系微生物组形成受土壤养分、植物基因型等因素的影响，并利用人工合成菌群探索了微生物组对养分吸收、抗病等关键农艺性状的影响。美国科学家研究发现在低磷条件下，植物磷饥饿反应（PSR）的关键因子 *PHR1* 基因通过抑制拟南芥免疫系统，富集益生菌来促进植物吸收磷酸盐。德国科学家发现低磷条件下，伯克霍尔德菌属（*Burkholderia*）会与植物竞争磷营养；从土壤中分离到一种内生真菌炭疽菌（*Colletotrichum tofieldiae*）则能促进磷的吸收，提高植物的适应性。此外，根际微生物通过抑制 ABA 通路影响根部凯氏带形成和木栓质积累，可以调控植物矿质营养平衡。

拓展资源 7-3

根瘤菌对水稻根系的促生作用

植物也可以通过特定的分泌物调控根系微生物组的功能。拟南芥转录因子 *MYB72* 调控香豆素的分泌，从而改变微生物群落结构并促进植物健康，增强植物对铁的吸收。玉米根系分泌黄酮类代谢物驱动草酸杆菌科（Oxalobacteraceae）微生物在根际富集，进而促进玉米在低氮土壤中的侧根发育及氮素吸收。在水稻中的微生物组研究表面籼稻根际比粳稻根际富集更多参与氮代谢的微生物群落，且该现象与硝酸盐转运蛋白基因 *NRT1.1B* 在籼粳稻之间的自然变异相关，接种籼稻根际特异富集的微生物群体可以促进水稻的氮素利用和生长。

三、展望

农业微生物产品是当前全球增长最快的行业之一，以每年 17% 的速度增长。根据市场预测，到 2031 年促进作物生长、防控病虫害的农业生物制剂的市场规模有望达到近 200 亿美元。为了应对全球气候变化，落实国家环境保护的决定，以及满足消费者对低化学残留量食品的需求，预计对化学农药、肥料的需求会减少，特别是农药的使用量将下降。例如，欧盟设定了到 2030 年用生物制剂取代 50% 的化学农药使用量的目标。我国在 2020 年 5 月 1 日正式施行的《农作物病虫害防治条例》中指出，发展作物病虫害绿色综合防控技术是保障国家粮食安全和农产品质量安全、保护生态环境、促进农业可持续发展的基本策略。面对未来农业的需求，通过微生物组学发掘新的绿色防控策略大有可为。

微生物是生态系统不可或缺的组分。植物微生物组的研究对于理解新形势下农业生态系统的运行规律、理解作物病害发生规律、发掘绿色防控的有益微生物，具有重要意义。作为一个正在快速发展的领域，植物微生物组的研究还处于起步阶段。利用宏基因组学技术发掘微生物群落的结构特征和功能，解析根际和叶际微生物组在植物生长、抗逆、抗病等不同生物学过程中的变化规律。通过新的培养组学技术的持续改进，越来越多微生物被分离培养，为微生物资源的利用提供物质基础。未来在植物微生物组学理论的指导下，可以设计、合成微生物群系来抑制作物病害，减少化学农药肥料投入，提高作物在干旱、盐碱等环境的适应能力，为农业的绿色发展保驾护航。

📚 参考文献

1. 刘永鑫，秦媛，郭晓璇，等.微生物组数据分析方法与应用［J］.遗传，2019，41（9）：845-862.

2. 韦中，沈宗专，杨天杰，等.从抑病土壤到根际免疫：概念提出与发展思考［J］.土壤学报，2021，58（4）：814-824.

3. Berg G，Rybakova D，Fischer D，et al. Microbiome definition re-visited：old concepts and new challenges［J］.Microbiome，2020，8（1）：103.

4. Berendsen RL，Pieterse CM，Bakker PA. The rhizosphere microbiome and plant health［J］.Trends of Plant Science，2012，17（8）：478-486.

5. Browne HP，Forster SC，Anonye BO，et al. Culturing of 'unculturable' human microbiota reveals novel taxa and extensive sporulation［J］.Nature，2016，533（7604）：543-546.

6. Bulgarelli D，Schlaeppi K，Spaepen S，et al. Structure and functions of the bacterial microbiota of plants［J］.Annual Review of Plant Biology，2013，64：807-838.

7. Liu YX，Qin Y，Chen T，et al. A practical guide to amplicon and metagenomic analysis of microbiome data［J］.Protein and Cell，2021，12（5）：315-330.

8. Trivedi P，Leach JE，Tringe SG，et al. Plant-microbiome interactions：from community assembly to plant health［J］.Nature Reviews Microbiology，2020，18（11）：607-621.

❓ 思考题

1. 如何定义微生物组？为什么说微生物组是"第二基因组"？
2. 为什么将微生物称为生物学研究的"暗物质"？
3. 简述 16S-seq 的原理和应用。
4. 举例说明植物微生物组的功能。

第八章

农业有害生物抗药性及其治理

在防治有害生物（病原菌、害虫、杂草等）的过程中，由于没有科学使用农药，使有害生物产生抗药性，即有害生物对药剂的敏感性下降。具体表现为：一种药剂开始使用时防治效果很好，连续使用数年后，防治效果降低，甚至无效。如果排除药剂质量、使用方法和用药量等问题，药效下降或无效基本可判断有害生物对所用药剂产生了抗药性，此时需要进一步通过抗性检测等方法加以确定。有害生物的抗药性不仅使防治效果降低，造成经济上的损失，同时，农户为了提高防治效果而盲目加大用药量和施药次数，既增加防治成本，也加重农药对农产品和环境的污染以及对非靶标生物的危害等。因此，在农业有害生物防治中，害虫、病原菌和杂草的抗药性均是植物化学保护领域最重要的问题之一。抗药性研究属于交叉学科，涉及植物病理学、昆虫学、杂草学和农药学等相关学科，是对有害生物生物学、遗传学、植物病害流行学及其抗性风险管理等方面的系统研究。具体涉及以下几个方面：有害生物抗药性现状分析，抗药群体流行影响因子分析，抗药性形成内在机制，抗药性治理策略和措施，抗药性检测、监测方法和技术等。以下将根据病、虫、草抗药性形成特点和研究领域分节进行介绍。

第一节 植物病原菌对杀菌剂的抗药性

一、抗药性相关概念

抗药性（pesticide resistance）：是指在农药的选择作用下，在有害生物种群中产生并可以遗传给后代的，对杀死正常种群的农药剂量具有忍受能力的现象。

耐药性（pesticide tolerance）：是指有害生物对某种药剂的一种暂时的、不可稳定遗传的适应性反应。

不敏感性（insensitivity）：是指有害生物对某种药剂的一种天然抵抗能力，即天生不敏感。

交互抗性（cross resistance）：是指有害生物对一种药剂产生抗性后，对其他从未使用过的一种或几种药剂也产生了抗药性。

负交互抗性（negative cross resistance）：是指有害生物对一种药剂产生抗药性后，对另外一种或一类药剂反应更加敏感了。

多药抗性（multi-drug resistance）：是指有害生物对多种不同类型药剂均产生了抗药性。

适合度（fitness）：是指有害生物抗药性群体与敏感群体在自然环境条件下的生存竞争能力。

敏感性基线（baseline sensitivity）：是指通过生物测定方法得到的敏感品系（株系、生物型）群体对药剂的敏感性频率分布，通常用平均 EC50 值来表示敏感群体的敏感性。

抗药性风险（resistance risk）：是指因有害生物群体产生抗药性而导致对农业生产造成不良后果的可能性。根据农药的类别、靶标生物的特性、产生抗性的概率以及抗性产生可能导致的后果可将抗药性风险分成高、中、低三个级别。

抗药性风险管理（resistance risk management）：是指针对抗药性风险采取延缓或抑制靶标生物抗药性发展，避免对农业生产造成不良后果的策略和措施。

二、植物病原菌抗药性研究历史和现状

（一）植物病原菌抗药性

植物病原菌抗药性是指本来对农药敏感的野生型植物病原菌个体或群体，由于遗传变异而对药剂出现敏感性下降的现象。抗药性包含两方面含义：一是病原菌遗传物质发生变化，抗药性可以稳定遗传；二是抗药突变体对环境有一定的适合度，即与敏感野生群体具有生存竞争力，如越冬、越夏、生长、繁殖和致病力等有较高的适合度。

（二）病原菌抗药性研究历史

20 世纪 50 年代中期，美国学者 James G. Horsfall 提出了病原菌对杀菌剂敏感性下

降的问题。由于当时长期使用的是非选择性、多作用靶点的保护性杀菌剂，病原菌抗药性未成为农业生产中的重要问题，并未受到人们重视。直至20世纪60年代末，随着高效、内吸、选择性强的苯并咪唑类杀菌剂被开发和广泛用于植物病害防治，植物病原菌普遍出现了高水平抗药性，甚至导致植物病害化学防治失败，使农业生产蒙受巨大损失，人们才逐渐认识到病原菌抗药性问题的严重性。20世纪70年代初，荷兰学者Dekker和希腊学者Georgopoulous等开展了对植物病原菌抗药性生物学、遗传学、流行学及其治理等方面的系统研究，并于1981年促成国际农药工业协会成立了杀菌剂抗性行动委员会（Fungicide Resistance Action Committee，FRAC），开辟了植物病理学和植物化学保护学新的研究领域。

拓展资源 8-1
杀菌剂抗性行动委员会工作组

（三）病原菌抗药性发生现状

目前已发现产生抗药性的病原菌种类主要包括植物病原真菌、卵菌、细菌和线虫，其他病原菌的化学防治水平还很低，有些甚至还缺乏有效的化学防治手段，还未出现抗药性。随着植物病理学和农药学的发展，先后应用于植物真菌、卵菌病害化学防治的杀菌剂已达数百种，不断有新药剂的推陈出新。因此，真菌和卵菌的抗药性是植物病原菌中最常见的。已知产生抗药性的病原菌有卵菌门霜霉目霜霉属、假霜霉属、疫霉属等卵菌和子囊菌门、担子菌门和无性型真菌类的数百种真菌。产生抗药性的杀菌剂包括苯并咪唑类、硫代磷酸酯类、苯酰胺类、羧酰替苯胺类、羟基嘧啶类、苯胺嘧啶类、三唑类、咪唑类、甲氧基丙烯酸酯类、琥珀酸脱氢酶抑制剂和氧化固醇结合蛋白抑制剂等内吸性杀菌剂，以及取代苯类、二甲酰亚胺类等保护性杀菌剂，春雷霉素、灭瘟素S、多氧霉素类和放线菌酮等抗生素类化合物。

目前可用于防治植物细菌病害的杀细菌剂种类较少，用药水平较低，因此，植物病原细菌的抗药性远不如真菌、卵菌抗药性得到广泛关注。但是病原细菌繁殖速率快、容易发生变异，如果生产中频繁使用单作用位点、选择性强的杀细菌剂防治细菌病害也会逐渐产生抗药性。例如，农用硫酸链霉素和土霉素使用不久，梨火疫病菌就对其产生了抗药性。在用药水平较高的地区，水稻田间发现对叶枯唑产生抗性的白叶枯病菌。近年来也发现了番茄溃疡病菌对农用硫酸链霉素的田间抗性菌株。

由于植物病原线虫及其他病原菌的化学防治水平很低，而且线虫繁殖速率一般较真菌、卵菌慢，以及传播方式的局限性等，至今只发现了少数线虫产生抗药性的事例。其他病原菌，如病毒、菌原体和寄生性种子植物等的化学防治水平都很低，有些甚至还缺乏有效的化学防治手段，目前还未有抗药性的报道。

拓展资源 8-2
杀菌剂抗药性的发生发展现状

三、病原菌抗药性产生的原因

病原菌对杀菌剂产生抗药性的原因是多方面的。通常认为主要有以下两种原因。

首先，在自然情况下，病原菌群体中原本就存在极少量遗传变异的抗性菌株，在不断应用杀菌剂防治病害中，大部分敏感菌株被杀死，原来极少数的抗性菌株个体在药剂选择下仍然可以继续生长繁殖、侵染寄主，从而提高了抗药菌株在群体中的比例，逐年积累，不断增多，这些抗药菌株最后形成抗药性群体，导致药剂防治效果下降。例如，灰霉病菌对苯并咪唑类杀菌剂的抗性菌株初始频率约为 10^{-6}。以上观点认为，病原菌抗药性的产生是由其自身的遗传基础决定的，也就是说在杀菌剂使用之前，病原菌群体中就存在抗药性个体，这些抗药性个体通过遗传变异对环境中特殊因子产生了适应性反应。杀菌剂只是抗药菌株的强选择剂，而不是抗药性产生的诱变剂。

其次，病原菌主要是在药剂或其他外界因子的作用下发生了可稳定遗传的基因突变或基因过表达，导致杀菌剂与靶标蛋白的结合力变弱，或提高了药剂在菌体内的排泄和解毒代谢。继而在使用常规剂量的杀菌剂防治植物病害时，大部分敏感菌株被杀死，抗性突变体则在药剂选择下仍然可以继续生长繁殖、侵染寄主，保持较高的适合度。农户为了保持防治效果又不断加大用药剂量和用药频次，进一步加速了抗药性病原群体的形成，最终导致抗药性种群流行，药剂化学防治完全失效。

以上两种观点兼而有之。因此，在一个新药剂使用之前，为了获得抗性突变体来开展相关研究工作，通常可以采用药剂筛选方式，以期筛选出田间自然突变的抗药性菌株个体，但由于田间自然突变的频率很低，往往筛选的难度很大。另外一种方法，则是进行室内抗药性突变体的诱导。通常会选择敏感亲本菌株，通过不断提高药剂浓度的方式进行多代驯化，在药剂选择压下病原菌可逐渐产生适应性变异，形成抗药性突变或耐药性修饰，前者抗药性状可以稳定遗传，后者会在药剂的选择压消失后恢复对药剂的敏感性，不可稳定遗传。

四、影响抗药性群体形成的因素

抗药性的产生是否会导致植物病害化学防治失败，取决于病原菌抗药性个体在群体中所占的比例、绝对数量、抗药水平和适合度等因素。影响病原菌抗药性群体形成的主要因素包括以下几方面。

（一）病原群体中潜在的抗药性个体

病原群体间的个体由于遗传物质的差异，对某种药剂的敏感性往往表现着一定质或量的变化。在接触药剂之前一些病原群体中可能因遗传变异而已经存在极少数抗药性个体，长期使用同类或作用机制相同的杀菌剂，会使病原群体中比较敏感的部分被抑制或杀死，而抗药性个体则能生存和繁殖，危害寄主植物。随着药剂防治效果下降，用户又会通过增加使用剂量和使用频次进一步增加选择压力，加速抗药性病原群体的形成。

（二）抗药性遗传特征

抗性病原群体形成的速度与抗药性遗传类型是由质量性状遗传和数量性状遗传决定。通常表现为质量性状遗传的抗药性是单个或几个主效基因控制的，病原群体对药剂的敏感性表现为不连续分布。抗性菌株对药剂的抗性水平往往比较高，有些抗药指数可达数百倍，甚至数千倍以上。即使提高用药量，对抗药性亚群体也不能有效抑制，短时间内停止用药也不能很快降低抗药水平。具有这类遗传特征的抗性菌株，当其在群体中的抗性频率达到 1%～10% 时，如继续施药 1～3 次，会迅速导致抗药性病原群体形成，导致药剂防效突然下降或失败；表现为数量性状遗传的抗药性是由多基因控制的，病原菌对药剂的敏感性表现为连续分布。随着药剂使用时间延长或剂量提高，群体中的敏感基因减少，而具有加性作用的抗药基因增多，病原菌敏感性逐渐向敏感性降低方向移动。停止用药后，抗药水平逐渐下降。通过比较不同时间所监测到的病原菌群体的敏感性分布情况，可以观测到群体敏感性逐年降低的动态变化。

拓展资源 8-3

不同类型杀菌剂的固有抗性风险

（三）杀菌剂类型和作用机制

杀菌剂大体上可分为保护性杀菌剂和内吸性杀菌剂两大类，两者在作用方式、作用机制和抗药性产生的难易程度方面具有明显的差异。作用靶点单一、选择性强的高效内吸性杀菌剂极易因病原菌靶标基因的关键位点发生突变，降低了药剂与靶标蛋白结合的亲和性，而表现为抗药性。因此，很多内吸性杀菌剂在田间使用不久便出现了抗药性。传统的保护性杀菌剂，对病原菌具有多个作用位点，菌体细胞难以同时发生多基因突变而产生抗药性突变体。虽然，病原菌长期接触某种保护性杀菌剂时也有可能发生细胞膜、细胞壁结构或某些生理功能的适应性改变，一般停止用药后，病原菌则很快恢复原来的敏感性。另外，在药剂选择压下，病原菌也可能特异性或非特异性地增强对杀菌剂的转运排泄、解毒代谢能力。但是这类非靶标抗药群体形成较慢，抗药水平较低。根据药剂选择压下病原菌抗药群体形成的速度和抗药水平，可将杀菌剂分为高、中、低抗性风险药剂。

（四）适合度

适合度指病菌抗药性突变体与敏感群体在自然环境条件的生存竞争能力。即在生长、繁殖速率和致病性等方面是否发生变化及变化的程度。抗药性病原菌的适合度高低对抗药病原群体的形成具有重要影响。如果抗药病原菌适合度低，则不易形成抗药性群体。除少数杀菌剂外，如病原菌对苯并咪唑类及苯酰胺类杀菌剂的抗性菌株，具有与敏感菌相似的适合度，病原菌对大多数杀菌剂产生抗药性变异后，表现不同程度的适合度下降。当抗药病原菌适合度较低时，只要降低选择压力，如停止或减少用药，抗性菌株在群体中的比例就会下降，不易形成抗药群体。因此，可以根据适合度改变的特点，制定合理的杀菌剂抗性治理策略，延长杀菌剂使用寿命，延缓或阻止抗药群体的形成。

拓展资源 8-4

番茄灰霉病和辣椒、黄瓜白粉病发病症状

（五）病害循环

植物地上部分发生的病害，通常一个生长季节有多次侵染循环，病部能产生大量的孢子，通过气流或降水传播。病原菌长时间处于杀菌剂的选择压力下，容易产生抗性，而抗药病原菌在药剂选择压力下可以继续侵染、繁殖，在较短时间内形成抗药群体（表 8-1）。例如，引起灰霉病、白粉病、梨黑星病和蔬菜霜霉病的病原菌，在多菌灵、甲霜灵和嘧菌酯等使用 2～3 年后，即可形成抗药病原群体。而在植物地下部分发生病害以及以初侵染为主的单循环病害，抗药病原菌不能在同一生长季节得到大量繁殖和筛选，抗药群体则不易形成或形成较慢。例如，导致作物立枯病、猝倒病、梨锈病等病原菌即属于此类。

拓展资源 8-5

黄瓜靶斑病菌对吡唑醚菌酯的抗性监测

拓展资源 8-6

黄瓜霜霉病病原菌对氟吗啉的抗药性

表 8-1 不同类型杀菌剂在生产上出现抗药性的速度

首次报道 年份	杀菌剂类型	出现抗药性前 用药年限	主要作物和病害
1960	芳烃碳氢化合物	20	柑橘贮藏期腐烂病
1964	有机汞杀菌剂	40	禾谷类作物叶斑病和条斑病
1969	多果定	10	苹果黑星病
1970	苯并咪唑类	2	多种作物真菌病害
1971	2-氨基-嘧啶类	2	黄瓜白粉病
1971	春日霉素	6	水稻稻瘟病
1976	硫代磷酸酯类	9	水稻稻瘟病
1977	三苯锡类	13	甜菜叶斑病
1980	苯酰胺类		马铃薯晚疫病和葡萄霜霉病
1982	二甲酰亚胺类	5	葡萄灰霉病
1982	甾醇脱甲基抑制剂	7	瓜类和麦类白粉病
1985	苯胺基甲酰类	15	大麦散黑穗病
1994	羧酸酰胺类	1	葡萄霜霉病
1996	甲氧基丙烯酸酯类	2	小麦白粉病
2003	琥珀酸脱氢酶抑制剂	4	开心果链格孢早疫病和蔬菜灰霉病
2015	氧化固醇结合蛋白抑制剂	2	葡萄霜霉病、黄瓜霜霉病和马铃薯 晚疫病

（六）农业栽培措施和气候条件

凡是有利于病害发生和流行的作物栽培措施和气候条件，均因病原菌群体数量大、用药水平高，易导致抗药病原群体形成。例如，同一地区作物品种布局单一、种植感病品种、连作、偏施氮肥、过分密植等都会导致病害发生严重，因而病害防治时药剂用量和施药次数也会相应增加，在不断增强的药剂选择压下，就会加速抗药群体形成。尤其是在大棚或温室栽培条件下，由于环境温湿条件适宜某些病害常年发生，而且封闭的空间内一旦抗药病原菌出现，也很难与外界交换稀释，能迅速形成抗药群体。

（七）是否合理用药

拓展资源 8-7

抗药性治理实例

科学合理地使用杀菌剂，既可达到良好的防治效果，又可阻止或延缓抗性产生。因此，田间是否科学合理使用杀菌剂用于植物病害防治，也是影响病原菌抗药性群体形成的主要因素。通常要在病害发生和流行的关键时期用药，尽量减少用药次数；避免在较大范围内使用同种或同类药剂。如在同一地区的不同作物上施用相同的药剂或长期使用一种或同类杀菌剂防治某种病害，因单一药剂的定向选择或同类药剂之间存在的交互抗药性，容易导致抗药性群体形成。此外，提倡不同作用机制的杀菌剂混用或轮用，同时避免使用不合理的复配制剂。如在小麦赤霉病和白粉病不是同时严重发生但需要单独防治的年份，连续大面积推广使用多菌灵与三唑酮的复配制剂，则会增加药剂选择压，加速抗性病原群体的发展。另外，需要关注药剂的持效期对于病原菌抗药性的影响。

五、植物病原菌抗药性的治理措施

（一）病原菌抗药性治理策略制定的目的和基本原则

杀菌剂抗性治理策略的实质和目的，就是以科学的方法，最大限度地阻止或延缓病原菌对杀菌剂抗性的发生和抗药病原群体的形成，延长药剂使用周期和市场寿命，确保田间病害化学防治的效果。根据抗药病原群体形成的主要影响因素，如病原菌、杀菌剂和农事操作条件等，设计抗药性治理策略时应考虑下述基本原则和要点。

1. 开展抗药性风险评估

在杀菌剂推广应用之前，早期评估病原菌产生抗药性的潜在风险，并在产品标签上标注抗性风险级别。这有助于在田间出现实际抗药性导致药剂防效下降之前，指导生产中及早采用预防性的抗药性治理策略。

2. 防治期间开展病原菌的抗药性监测

建立每一组杀菌剂和防治对象的敏感性基线和抗性监测方法，这是抗药性鉴别和监测的基础。根据监测结果，明确病原菌对杀菌剂抗药性的产生和发展情况，在实践中进一步调整、补充和完善抗性治理策略。

3. 综合考虑所有与抗药性发生相关的影响因子

病原菌抗药性的产生和抗性群体形成是与病原菌特点、杀菌剂特点、作物抗病状况、栽培环境、生长条件、农事操作措施等多种内在或人为因素综合作用的结果。因此，抗药性的治理应从这些因素出发，建立药剂、病原菌和寄主相互作用的参数，积极利用一切可人为控制的因素，阻止或延缓病原菌对杀菌剂抗药性的产生和发展。

4. 采取有害生物综合治理

利用轮作、抗性品种、生物防治以及其他有利于减轻有害生物发生和危害的非化学防治措施，减少化学农药的使用。同时，重视杀菌剂的科学用药，尽可能地降低化学药剂对病原菌的选择压力。

（二）抗药性治理的短期策略

新药剂一旦开发成功，从进入市场前的潜在风险评估至生产实践中全程应用期间，对于中、高风险的药剂，均应提前采取抗性风险管理措施。同时，我国不同地区的马铃薯晚疫病菌、黄瓜霜霉病菌、番茄灰霉病菌、瓜类白粉病菌、梨黑星病菌和苹果轮纹病菌等已对一些重要的内吸性杀菌剂，如苯并咪唑类、苯酰胺类、二甲酰亚胺类、三唑类、咪唑类、甲氧基丙烯酸酯类、琥珀酸脱氢酶抑制剂等产生了不同程度的抗药性。因此，病原菌的抗药性治理策略也同时包括了预防性的治理策略和治疗性的治理策略。

（1）建立重要防治对象对常用药剂的敏感性基线，建立有关技术资料数据库。

（2）检测/监测田间重要病原菌抗药性的发生和发展动态，建立抗药性病原群体

拓展资源 8-8

2019 年 6 省（区）马铃薯晚疫病菌对氟吗啉的抗药性监测

流行测报系统，指导及时调整和完善抗性治理策略。

（3）了解新药剂的作用机制和病原菌产生抗药性机制，建立病原菌抗药性的高通量分子检测和预警技术。

（4）评估"新药剂——新防治对象"组合产生抗药性的潜在风险等级，及早采取合理的抗性风险管理措施。同时，应防止试验中获得的抗药突变体被人为释放到自然界中。

（5）科学合理用药，延缓抗药性发生或抗药群体的形成。合理用药措施包括：①使用最低有效剂量；②在病害发生和流行的关键时期用药，尽量减少用药次数；以化学保护代替化学治疗；避免以土壤或种子处理的方法防治叶面病害，降低选择压力；③避免在较大范围内使用同一种药剂以减少定向选择或避免同类药剂使用，以防止交互抗性产生；④提倡不同作用机制的杀菌剂混用或交替作用，但应避免两种高风险性药剂的混用或轮用，防止多重抗药性发生；⑤在抗性发生严重的地区回收药剂，停止用药；⑥采取限制性使用技术，限定农药品种的使用剂量、年使用或连续使用次数、使用时间、使用区域范围、施药方法，以及与其他药剂混用或轮用原则等。

（6）加强对杀菌剂混配、生产、销售的管理，防止乱混乱配、盲目生产、乱售乱用。

目前，我国已经制定了农药抗性风险评估总则和系列病原菌抗药性风险评估标准，在新农药推广之前，在室内可通过药剂驯化或紫外、化学诱变等方法使病原菌产生抗药性突变。根据抗性突变频率、抗药性突变体的适合度及其对不同药剂的交互抗性类型，初步评估某种"病原－药剂"组合发生抗药性的风险。如果抗性突变频率较低或突变体适合度显著下降，则可以说明抗药性发生的风险较低。当然，对于室内抗药性风险评估结果表现为中、高风险的药剂，也仍然具有开发应用价值。因为抗药性发生的情况比较复杂，抗药性群体在自然界的形成受到气候环境条件、农业栽培措施，以及病原菌自身的扩散流行特点的影响。例如，在室内风险评估中易导致目标病原菌产生抗药性的琥珀酸脱氢酶抑制剂，在生产上表现出广阔的应用前景。因此，杀菌剂的实际抗性风险，需要在室内和田间试验相结合的基础上进行评估和管理。

（三）抗药性治理的长期策略

1. 研发高活性的选择性杀菌剂

在确保传统的保护性杀菌剂有一定量的生产和应用的同时，根据病原菌与药剂非靶标生物之间的生理生化差异，创制、开发和生产不同类型的安全、高效、专化性杀菌剂，贮备更多的具有新型作用机制的高活性杀菌剂品种，有利于科学合理地安排杀菌剂的混用、轮用和交替使用。同时，随着植物病理学和杀菌剂药理学等领域科学研究的深入，还可能发现更多的对于病原菌生长发育和致病力具有重要作用的关键基因，可作为潜在的杀菌剂靶标蛋白，进一步开展以分子靶标为导向的高活性靶向农药的创制。同时，需要更加关注植物免疫激活剂（诱抗剂）的研究和开发。这类药剂对病原菌没有直接的杀菌或抑菌活性，但可以通过诱导植物产生抗病性，提高植物的免疫能力来抵御病原菌的入侵，从而在田间表现为防病效果。

2. 开发具有负交互抗药性的杀菌剂

使用具有负交互抗性的药剂，延缓抗药性的发展。选择负交互抗性药剂品种时，要有足够的实验数据证明药剂之间具有负交互抗性。例如，对苯并咪唑类杀菌剂有负交互抗性的苯 –N– 氨基甲酸酯类的乙霉威目前已在全球生产和应用，也成为治理抗药性的一种有效途径。但并不是所有对多菌灵产生抗性的病原菌都对乙霉威敏感。目前，无论在法国、日本还是在中国，苯并咪唑类杀菌剂与乙霉威的混合使用，还仅仅局限于灰霉病的防治，对其他苯并咪唑类杀菌剂抗药性病害还缺乏可以防治的有效试验。而且，发现在乙霉威和多菌灵的双重选择压力下，易形成同时对多菌灵和乙霉威产生抗药性的病原群体。例如，在法国葡萄园使用混剂 3 年后，灰霉病菌便形成了既抗多菌灵又抗乙霉威的抗药群体。

3. 科学复配和轮换用药

在全面了解杀菌剂的生物活性、作用方式、作用机制以及防治靶标的抗性发生状况及其抗药性分子机制的基础上，科学选用杀菌剂有效成分，研制具有延缓病原菌抗药性的混剂配比和制剂产品。例如，具有多作用位点的保护性杀菌剂与单一作用位点的内吸性杀菌剂复配，可增加杀菌剂对病原菌的作用位点，避免短时间内病原菌对内吸性杀菌剂的单一突变发生选择性突变，而导致抗药性的产生。另外，可以选用不同作用位点或抗性机制的内吸性杀菌剂进行复配。例如，三唑醇和十三吗啉均可抑制麦角甾醇生物合成并对白粉病特效，但前者作用位点为 $14\alpha\text{-}C$ 的去甲基，后者为阻止 $\Delta^8 \rightarrow \Delta^7$ 异构反应，两种不同作用位点的有效成分复配后，既可提高防效，又利于延缓抗药性的发生。

4. 综合治理

根据抗药病原菌的生物学、遗传学和流行学理论，在病害防治中采用综合防治措施。利用轮作、抗性品种、生物防治以及其他有利于减轻有害生物发生和危害的非化学防治措施，并且需要重视杀菌剂的科学用药，尽可能地降低化学药剂对病原菌的选择压力。

5. 回顾修正

在抗药性治理策略实施过程中，及时总结评估，对策略不断地进行修改、补充和完善，建立有实用价值的病原菌抗药性风险管理措施和模型。

6. 加强宣传和各部门之间合作

植物病原菌抗药性是伴随着植物病害化学防治的科学技术进步而出现的问题。并随着高选择性和高活性的新型杀菌剂不断涌现，由此而带来的抗药性问题也将长期存在下去。因此，需要进一步加强对杀菌剂抗性的风险性和危害性宣传教育，提高各级农业行政管理部门、农药生产（经营）企业、植保推广部门及使用者等对杀菌剂抗性的认识，这是实施抗药性风险管理的首要任务；加强各部门之间的密切合作和共同参与，明确各自的任务和职责是实施抗药性治理的关键。

六、植物病原菌抗药性机制

生产上常用的杀菌剂中，一些能干扰病原物生物合成过程，如核酸、蛋白质、麦角甾醇、几丁质、纤维素等的生物合成、呼吸作用、生物膜结构以及细胞核功能的药剂都具有专一的作用位点。病原物只要发生单基因或少数寡基因突变就可以导致病原物靶标蛋白结构的改变，从而降低对药剂的亲和性。有的病原物虽然不可能同时发生多基因的变异而降低与多作用靶点化合物的亲和性，但是生理生化代谢可以发生某种变化，即通过修饰细胞壁或生物膜的结构，阻止药剂到达靶标位点，或减少对药剂的吸收，或者增加排泄，减少药剂在细胞内的积累等表现抗药性。其中最常见的机制可能是改变杀菌剂的作用位点。这可以解释为什么长期使用的有多个作用位点的保护性杀菌剂不易出现抗药性的原因。病原菌的多个位点同时突变而对杀菌剂产生抗药性的概率是非常小的，即使发生了突变，病原菌也可能会发生致病性丧失等性状的改变。因此，从遗传学的角度来说这种情况发生的概率是很低的。这就是为何现在通常将内吸性杀菌剂和具有多作用位点的保护性杀菌剂复配来作为抗性风险管理的重要措施。

已有研究表明，目前植物病原菌对杀菌剂产生抗药性的机制主要包括以下几种。

（一）靶标蛋白的关键氨基酸位点突变

拓展资源 8-9

QoI 类杀菌剂的作用靶标

导致靶标蛋白与药剂的亲和性下降，结合力减弱。对于单作用位点的选择性杀菌剂而言，其抗性机制首先主要由靶标基因的点突变导致，其次由靶标基因的过量表达引起。例如，QoI 类杀菌剂上市两年后，即在田间检测到了小麦白粉病菌对其产生抗药性的菌株群体。研究发现，与 QoI 类杀菌剂抗性产生密切相关的是药剂的靶标蛋白 CYTB 上 143 位氨基酸的甘氨酸被丙氨酸取代，导致了氨基酸 G143A 的点突变，该突变位点也在小麦白粉病菌、瓜类霜霉病菌、葡萄霜霉病菌、香蕉叶斑病菌和苹果黑星病菌等多种病原菌的抗性菌株中检测到，并可引起病原菌对 QoIs 杀菌剂的高水平抗性。同样，三唑类杀菌剂的靶标蛋白 CYP51 发生点突变导致植物病原真菌对 DMIs 杀菌剂产生抗性已有广泛报道。在小麦白粉病菌、大麦白粉病菌、葡萄白粉病菌和桃褐腐病菌中 CYP51 的 136 位氨基酸由苯丙氨酸取代了酪氨酸，即发生了氨基酸 Y136F 的点突变，可以导致病原菌对 DMIs 杀菌剂产生抗性。1999 年在法国、以色列等地的葡萄园检测到对多菌灵和乙霉威均具抗性的双抗菌株，通过分子克隆比对表明，双抗菌株的出现是由于 β- 微管蛋白 200 位氨基酸的苯丙氨酸被酪氨酸取代，导致了氨基酸 F200Y 的点突变，同时，198 位的谷氨酸突变为缬氨酸或赖氨酸，导致了 E198V/K 的点突变。而且根据这一抗性机制，设计出了 AS-PCR 和 PCR-RFLP 的分子检测技术，用于田间抗性菌株的快速检测鉴定。虽然新一代开发的 SDHIs 杀菌剂比最初开发时的 SDHIs 扩展了杀菌谱，但是随着药剂的连续使用，SDHIs 的抗性发展也随之发生。抗性主要是由琥珀酸脱氢酶上的不同亚基的点突变造成的，根据已有报道，多数病原菌的点突变发生在 SdhB 亚基上，少数病原菌的点突变在亚基 SdhC 和 SdhD 上。

（二）靶标基因的过量表达

已有的研究发现植物病原真菌对 DMIs 杀菌剂抗药性还可由 *CYP51* 基因表达水平上升，形成过量的脱甲基酶所引起。例如，指状青霉菌对 DMIs 杀菌剂的所有抗性菌株体 *CYP51* 序列上游存在一个简单的 126 bp 序列的 5 次串联重复，而该序列在所有的敏感菌株中只有一次，并且抗性菌株 *CYP51* 基因组成型表达水平比敏感菌株高 100 倍。因此，推测 126 bp 序列片段能起到转录增强子的作用，增强了 *CYP51* 基因的表达水平，从而导致菌株对 DMIs 类杀菌剂抗性的产生。另外，有学者研究发现，苹果黑星病菌对腈菌唑的田间抗性菌株中，均未发现 *CYP51* 基因点突变，但发现绝大部分抗性菌株的 *CYP51* 基因表达水平比亲本菌株高。其中少量表达上升的抗性菌株 *CYP51* 基因上游插入一个 553 bp 片段。说明除片段插入引起表达量上升可导致抗性产生外，可能还有其他机制调控了病原菌对 DMIs 杀菌剂的抗性。

（三）运输体外排机制

运输体是一类位于病原菌细胞膜上的蛋白质结构，可以阻止病原菌细胞内的毒性物质富集达到致死药剂浓度。ABC（ATP-binding cassette）和 MFS（major facilitator superfamily）复合体蛋白是最具代表性的保护病原菌免受杀菌剂抑制或杀死的运输体。已有大量研究报道了 ABC 复合体蛋白在病原菌多药抗性中发挥着重要作用。在构巢曲霉中第一次检测到由 *AtrB* 基因编码的 ABC 复合体蛋白与 QoI 类杀菌剂抗性存在相关性，发现该复合体过量表达可以保护病原菌免受几乎所有供试杀菌剂的抑制作用，包括 QoIs 杀菌剂。在构巢曲霉中，*AtrB* 基因编码的 ABC 复合体蛋白能够增强病原菌对 QoIs 等多种杀菌剂的抗性。ABC 复合体蛋白在灰葡萄孢菌的多药抗性中也发挥着重要的作用。灰葡萄孢中报道了 14 个 ABC 复合体蛋白，其中 3 个蛋白质 BcatrB、BcatrD、BcatrK 与多药抗性表型相关。同时有研究表明，小麦叶斑病原菌对 QoIs 杀菌剂产生抗性与 MFS 复合体蛋白有关。运输体的过量表达被认为是病原菌产生抗药性的最有可能的抗性机制。

（四）增强病原菌的代谢解毒作用

有的病原真菌能够将杀菌剂代谢成为没有杀真菌毒性的化合物，从而对药剂产生抗性。已有研究报道，立枯丝核菌抗性突变体能够把抑霉唑代谢成为没有毒性的化合物；黄瓜黑星病菌和柑橘青霉菌的抗性突变体也能将杀菌剂代谢成为没有杀真菌毒性的化合物，从而表现出抗药性。有的抗性菌株丧失将杀菌剂代谢成具有较高活性化合物的能力，如三唑酮在敏感菌株中被代谢成三唑醇才能起到更好的杀菌活性，而在抗性菌株中这种代谢作用被阻止。

（五）补偿作用或旁路氧化途径

旁路氧化途径最初发现于植物体内，后来也在病原菌中发现，并成为病原菌对 QoIs 杀菌剂产生抗药性的原因之一。交替氧化酶（alternative oxidase，AO）是该过程的关键酶，能接受 CoQ 传来的电子直接传递给氧生成水，而不经过复合物Ⅲ和复合物Ⅳ。

QoI 类杀菌剂因交替氧化酶被诱导而产生抗药性也有较多报道，在室内通过紫外

e 拓展资源 8-10

Ffcyp51a1b 基因过量表达可引起水稻恶苗病菌对咪鲜胺的抗药性

诱变获得的抗嘧菌酯的小麦叶枯病菌，其抗性倍数约为 10，加入 2 mmol/L 的交替氧化酶抑制剂 SHAM 后可使其重新敏感，表明抗性突变体的交替氧化酶被诱导表达是病原菌对嘧菌酯产生抗性的原因。另外，QoIs 杀菌剂可以诱导水稻稻瘟病菌交替氧化酶过量表达从而启动旁路氧化途径，病原菌则表现出抗药性。交替氧化酶过量表达不能在后代稳定遗传，转代培养 10 代或加入 100 μg/mL SHAM 后，AO 突变体重新表现为敏感。因此，QoIs 杀菌剂诱导交替氧化酶的过量表达也是病原菌对该类杀菌剂产生抗性的原因之一。

七、植物病原菌抗药性检测和监测方法

由于大多数植物病原真菌的生长发育和致病阶段处于单倍体时期，其生活史短，繁殖力强、遗传变异系数大，易产生抗药性；致病疫霉、荔枝霜疫霉和葡萄霜霉病菌等病原卵菌虽然营养体生长阶段多为二倍体，但其潜育期短，再侵染频繁，防治药剂少，所以抗药性发生速度快、引起的危害多而难以控制。同时，由于病原菌抗药性不容易被农民肉眼识别，必须通过精密测定才能鉴别和诊断，因此，自 1970 年始选择性杀菌剂被广泛应用以来，快速、灵敏的病原物抗药性诊断检测方法和技术一直是各国植物病理学领域研究开发的重点之一。

（一）病原菌抗药性检测和监测

抗药性检测（detection）是指通过常规的生化检测手段或分子生物学技术判断病原群体中是否存在抗性菌株及抗药菌株的出现频率。通常是对用药水平较高的地方临时采集标本进行测定。抗药性监测（monitoring）是测定田间植物病原群体对使用药剂的敏感性变化，主要是在各地定点连年系统测定，观察抗药群体的发生、发展动态。

（二）抗性监测的目的和意义

（1）明确病原菌抗药性群体的发生动态，预测抗药性的发展和危害。

（2）证实田间药剂防治效果下降是否与病原菌抗药性的产生有关。

（3）评估抗药性风险管理措施的有效性，及时指导抗药性治理策略的修改和完善。

（4）指导田间科学交替或轮换用药。

（三）抗性菌株鉴别方法

在测定某种病原菌不同个体对不同浓度杀菌剂的敏感性后，如何进一步鉴别和评估它们的抗药性，常用的标准有 3 种：①使用同一浓度测定各个菌株对药剂的敏感性；②测定最低抑制浓度（minimum inhibitory concentration，MIC）；③测定产生相同抑制率的浓度，如抑制菌体生长发育或致病 50% 的有效浓度（EC_{50}）。

第一种标准常会过高地评估抗药性水平或抗性程度。因为不同病菌个体对同一剂量的效应有时差异很大。第二种标准也有缺陷，因为有的菌株抗药性水平很高，如灰霉菌对多菌灵的抗药性，难以用最低抑制浓度来评估抗药性水平，有些杀菌剂即使在很高浓度下也不能完全抑制菌体生长，这种情况则不能采用这种分析标准。但灰葡萄孢菌、水稻恶苗病菌、小麦赤霉病菌等野生敏感菌株对多菌灵非常敏感，亦可用最低抑制浓度作为鉴别抗性和敏感菌株的标准。采用第三种分析标准，根据杀菌剂的剂量

ℯ拓展资源 8-11

番茄灰霉病菌对啶
菌恶唑的敏感性基
线的建立

与抑制菌体生长发育的效应关系，得出剂量与生长抑制率之间的回归方程，然后根据对测定菌株和标准野生敏感菌株的相同抑制生长发育百分率的药剂浓度比较，鉴别抗性菌株并分析抗性水平。有些病菌对某些药剂的敏感性是由多个微效基因决定的，表现出数量遗传性状，虽很难评估某一菌株的抗性水平，但可以通过测定某地区用药前病原群体（一般需要测 100 个菌株）对药剂的敏感性分布，建立敏感性基线，获得用药前病原群体对药剂的平均 EC_{50}，也称为病原菌对该药剂敏感性基线的平均 EC_{50}，用药后再测定病原群体的敏感性，由此可根据平均 EC_{50} 之比来评估某一地区病原群体的抗性水平（resistance level，RL）。

$$RL = \frac{田间抗性菌株的 EC_{50}}{田间敏感性基线的平均 EC_{50}}$$

（四）常用的抗药性监测方法

近年来，离体与活体技术、分子生物学和生物信息学技术、酶化学和免疫化学技术等均被用于植物病原物抗药性监测、治理的研究与开发。例如，瑞士和英国发明了病原菌孢子采集车和采集器。英国、荷兰、德国、日本、美国等在抗药性分子机制研究基础上，分别开发了大麦云纹斑病菌、小麦叶枯病菌和黄瓜霜霉病菌等对 QoI 类杀菌剂的实时定量 PCR 检测技术，实现了高通量抗药性早期检测与诊断；英国利用同位素标记技术、敏感和抗药性基因融合表达蛋白，进一步确认了靶标蛋白构型改变是病菌对多菌灵产生抗药性的机制。

我国也建立了多种常规和分子检测技术，适用于不同场景下病原菌的抗药性监测。主要监测检测方法和技术介绍如下。

1. 离体测定法

这是最常用的常规监测方法。主要测定病原菌孢子萌发率或生长量与药剂的效应关系。常见方法有菌落直径法，即在含有系列浓度杀菌剂培养基上测量药剂对菌落线性增长速率的抑制效应。采用干重法测量在含药的液体培养基中培养的菌体干重增长速率与药剂的效应，更能够准确反映杀菌剂对菌体生长的抑制作用。不过这种方法比较烦琐，工作量大。当病菌以孢子繁殖生长时，亦可采用孢子萌发法或者浊度法测定病原菌孢子萌发率或者细胞生长量与药剂的效应。但 DMIs 等许多内吸性杀菌剂并不影响孢子萌发，这时应该考虑对芽管形态和菌体发育的作用。

采用区分计量法，即使用临界剂量或鉴别剂量也是检测和监测田间病原菌抗药性覆盖度的常用方法，该方法省时省力，适合在短时间内监测大量菌株群体。如在含有完全能抑制野生敏感菌生长的杀菌剂浓度的培养基平板上，涂抹病原菌混合孢子或其他繁殖体，进行适当培养后，检查病菌的生长情况，计算抗药性菌株的出现频率（X）。

$$X = \frac{获得的抗药性菌体数量}{用于抗药性监测的病原菌群体数量总和} \times 100\%$$

2. 活体测定法

该方法是指将病原菌接种到经杀菌剂处理过的植株或叶片等植物组织上，评估药剂处理剂量与发病程度间的效应关系。这种活体测定法不仅是测定专性寄生菌抗药性的唯一方法，而且是验证病菌在培养基上对药剂敏感性差异是否与在寄主上的反应差异一致必不可少的方法。例如，麦角甾醇生物合成抑制剂和二甲酰亚胺类杀菌剂在离体条件下，很容易引起病原真菌的抗性突变，但是，这些突变体对寄主的致病性也常随之降低。此外，在培养基上能对叶枯唑表现抗药性的稻白叶枯病菌，则失去了致病能力，而在经叶枯唑、敌枯唑等处理的水稻上表现抗性的菌株，在培养基上反而不表现抗性。

3. 生化测定法

已知有些杀菌剂对菌体的呼吸作用或生物合成过程等生命过程有显著抑制作用，可以用生化测定法，测定杀菌剂梯度浓度对这些过程影响程度的差异来比较不同菌株的敏感性；或者基于靶标蛋白三维结构变化而丧失与药剂的亲和性，从而导致病原菌产生抗药性的机制，制备和利用单克隆抗体进行免疫检测。

4. 分子检测法

以上常规检测方法简便易行，但工作量大、消耗的人力资源和材料较多，检测周期长，从病原菌分离到抗性鉴定长达一周甚至数周，且在病原菌培养过程中存在杂菌污染，而且这些方法检测灵敏度低，要求抗药性菌株的突变频率在1%以上。近20多年来，随着核酸相关分子检测技术的发展，限制性片段长度多态性PCR（PCR-RFLP）、等位特异PCR（AS-PCR）、环介导等温扩增反应（LAMP）和定量PCR等分子检测法被成功用于病原菌抗药性群体监测。分子检测技术为植物病原菌的抗药性监测提供了快速、灵敏、准确的方法，使病原菌的抗药性早期监测和预警成为可能。例如，1999年在法国的葡萄园检测到对多菌灵和乙霉威均具抗性的双抗菌株，通过分子克隆测序比对表明，双抗菌株的出现是由于β-微管蛋白200位氨基酸由苯丙氨酸突变为酪氨酸，同时，198位的谷氨酸突变为缬氨酸或赖氨酸所致。而且根据这一抗性机制，设计出了AS-PCR和PCR-RFLP的分子检测技术，用于田间抗性菌株的快速检测鉴定。我国科研工作者也针对病原菌靶标位点突变导致的多种病原菌对内吸性杀菌剂的抗药性，建立了AS-PCR、PCR-RFLP和LAMP方法检测田间抗性菌株的技术体系，与传统方法相比，分子检测方法可缩短检测时间、提高了工作效率，而且提高了检测的灵敏度，检测频率在$10^{-5} \sim 10^{-4}$，更适用于检测低频率的抗药性基因，因此，也被作为田间抗药性早期诊断的理想方法。分子检测技术将在病害的可持续管理系统中发挥越来越重要的作用。

（1）限制性片段长度多态性PCR（PCR-RFLP） 由于靶标基因上抗药性相关的位点突变导致了酶切位点的改变，包括增加、减少或位点替换。从而导致抗性和敏感菌株的DNA酶切产物的PCR扩增片段长度多态性发生了差异性变化。例如，辣椒疫霉对氟噻唑吡乙酮的抗药性是由于其靶标蛋白氧化固醇结合蛋白上G769W的杂合突变，增加了1个$Pf1$MⅠ酶切位点，即抗性菌株中靶标基因上有3个酶切位点。除了敏感菌株的2个酶切位点之外增加了1个$Pf1$MⅠ酶切位点（图8-1）。另外，大豆疫霉对苯酰菌胺产生抗药性后，β-微管蛋白上发生了C239S的氨基酸位点突变，导致PmlⅠ酶切位点被替换为BmgBⅠ酶切位点，便可以使用PmlⅠ和BmgBⅠ分别同时酶切敏感菌株

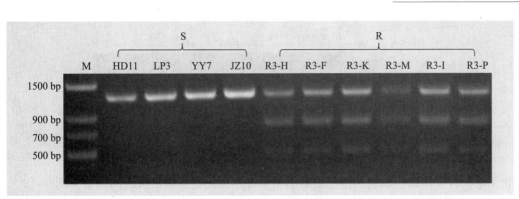

图 8-1　PCR–RFLP 检测结果
S 代表敏感菌株，R 代表抗性菌株

和抗性突变体的 β- 微管蛋白基因产物。这样，敏感菌株的 β- 微管蛋白基因产物只能被 *Pml* I 酶切成 713 bp 和 628 bp 的两个片段，而抗性突变体的 β- 微管蛋白基因产物只能被 *Bmg*B I 酶切成 713 bp 和 628 bp 的两个片段。

（2）环介导等温扩增反应（LAMP）
LAMP 是日本学者 Notomi 等发明的一种新颖的恒温核酸体外扩增技术，广泛应用于动物、植物等疾病的基因诊断（图 8-2）。该技术原理是：针对靶基因的 6

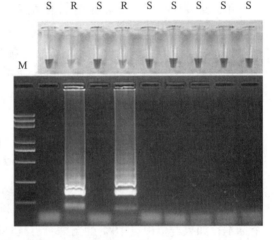

图 8-2　LAMP 扩增结果
引物组在 68℃ 45 min 条件下可检测出 PcORP1 上 G700V 突变的抗性菌株。S 代表敏感菌株，R 代表抗性菌株

个区域设计 4 种特异引物，利用一种链置换 DNA 聚合酶在等温条件（65℃左右）保温 30 ~ 60 min，即可完成核酸扩增反应。在 LAMP 的反应过程中，DNA 聚合酶发挥聚合作用，改变质子数量进而改变 pH，阴性的反应结果和阳性的反应结果显色不同，肉眼可见。LAMP 方法的最大特点就是实现恒温扩增，不需要循环仪、凝胶成像系统等昂贵的仪器；扩增反应极快，一般在 1 h 内完成；通过肉眼即可判定结果；灵敏度高、特异性强；操作简便、快捷，适用于病原突变基因型的快速鉴定及检测。

（3）等位特异 PCR（AS–PCR）　由于病原菌靶标基因发生了与抗药性相关的位点突变，据此可进行等位特异性引物设计，即正向引物的最后一位碱基为抗性菌株中检测到的碱基突变位点，在该引物的倒数第二位人为引入了一个错配碱基，以提高引物的特异性，并结合不同退火温度进行扩增筛选，最终获得在抗性和敏感菌株之间具有识别度的最适退火温度。使用该对引物仅能从抗性菌株中扩增到特异性片段。例如，大豆疫霉菌 β- 微管蛋白基因第 716 位碱基的点突变 G716C 可导致 C239S 的氨基酸位点突变，这是引起大豆疫霉对苯酰菌胺抗药性的原因。根据此突变位点设计了一对错配引物，在 67℃的退火温度下，以一对非特异性引物为参照，使用该对引物分别对苯酰菌胺表现抗性和敏感的菌株进行扩增，结果显示，在抗性突变体中均可以扩增出预期的条带，而在敏感菌株中均没有扩增出预期的条带（图 8-3A）；而使用非特异性引

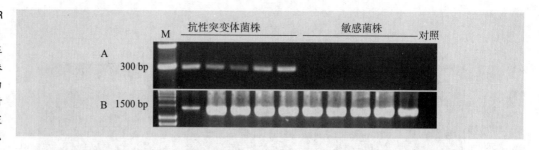

物无论在对苯酰菌胺表现抗性还是敏感的菌株中，均能扩增出预期的条带（图 8-3B）。

（五）病原菌抗药性监测中应注意的问题

1. 敏感性基线建立和敏感性测定

建立重要防治对象对常用药剂的敏感性基线，是监测田间重要病原菌抗药性的发生和发展动态的基础。某种杀菌剂 – 病原菌组合的抗性监测，不但要选用适当的方法和条件进行，而且抗药性监测所有方法必须与建立敏感性基线所用的方法和条件相同。用于病原菌敏感性测定的药剂应尽可能使用高含量的杀菌剂原药，避免采用市售的制剂，以防止助剂等成分影响测定结果的准确性。

2. 抗药性监测的样本量要求

抗药性群体的田间检测 / 监测，采集和测定靶标病原菌的标本数量，根据测试目的不同而异。如果病原群体中抗性产生情况未知，期望在群体内能够测到抗药性，那么供试的菌株数量合理基数应该达 100 个以上。据估计，如果自然群体中有 1% 的菌株产生抗药性，那么测定这一比例的 1% 和 5% 的显著水平，需要采集 458 个和 298 个标本；如果群体中有 10% 的菌株具有抗性，则达这一比例的显著水平只需要采集 44 个和 28 个标本就可满足要求。因此，若想在抗药性发生早期通过监测来预警抗药性发生，则要测定大量标本。如为了证实某药剂防治失效是否由于病菌产生了抗药性，就需要从防治水平高、发病严重、防效下降的地区或田间随机采集 10 ~ 20 个样本进行分离和测定，并需要进一步将检测到的抗性菌株和敏感菌株分别接种到寄主上，观察其致病性变化，并进行杀菌剂防效试验，以明确同等药剂剂量下，杀菌剂对抗性菌株和敏感菌株导致的病害在防治效果上是否具有显著性差异。

第二节　害虫对杀虫剂的抗药性

一、害虫抗药性现状

（一）害虫抗药性的概念

1. 害虫抗药性

1957 年，世界卫生组织（WHO）定义的害虫抗药性为："害虫具有忍受杀死正常种群大多数个体药量的能力在其种群中发展起来的现象。"通过抗药性的定义可看出：

害虫抗药性是指害虫种群的特性，具有相对性（相对于敏感种群而言）；抗药性有区域性，即抗药性的形成与该地的用药历史、药剂的选择压力等有关；抗药性是由基因控制的，是可遗传的，杀虫剂起了选择压力的作用。

2. 害虫抗药性与昆虫自然耐药性和选择性的区别

正确理解害虫抗药性必须将其与昆虫自然耐药性和选择性严格区分开。所谓自然耐药性是指一种昆虫在不同发育阶段、不同生理状态及所处环境条件发生变化而对药剂产生的耐药能力，而选择性是指不同昆虫对药剂敏感性的差异。只有在同一地区连续使用同一种药剂而引起害虫对药剂抵抗能力的增强，即这种害虫对该药剂产生了抗药性。

3. 害虫抗药性的确定

杀虫剂的连续使用导致害虫对杀虫剂产生了抗药性之后，再用这种杀虫剂进行防治时，其防治效果会大打折扣，但在害虫的田间防治中不能简单地通过药效降低就判断害虫产生了抗药性，因为导致药效降低的原因是多方面的。例如，农药的有效期、施药技术和环境条件，害虫的虫态、龄期、生理状态等都会影响杀虫剂的防治效果。因此，揭示上述影响药效的相关因素，并检测害虫抗药性水平，才能确定某种害虫是否产生了抗药性。

测定害虫抗药性必须使用相同的方法才具有比较意义，为此联合国粮食及农业组织（FAO）从 1970 年起制定了一系列害虫抗药性的测定方法。害虫的抗药性水平，一般通过比较药剂对抗性种群和敏感品系致死中量（或致死中浓度）的倍数（resistance ratio，RR）来确定；当害虫抗药性遗传特性为显性和不完全显性时也可以用区分剂量（完全显性时用敏感品系的 LD_{99} 值，不完全显性时通过抗药性遗传分析估算确定杀死全部敏感个体而不杀死抗药性杂合子个体的剂量）方法来测定昆虫种群中抗药性个体比例（%）；但当害虫抗药性遗传特性为完全隐形或不完全隐形时，不能采用区分剂量的方法。我国制定了《十字花科小菜蛾抗药性监测技术规程》（NY/T 2360—2013），其中抗药性水平的分级标准可参考作为相关农业害虫抗药性水平的分级标准（表 8-2）。

表 8-2　抗药性水平的分级标准

抗药性水平分级	抗药性倍数（RR）
敏感	RR < 5.0
低水平抗性	5.0 ≤ RR < 10.0
中等水平抗性	10.0 ≤ RR < 100.0
高水平抗性	RR ≥ 100.0

4. 交互抗药性和负交互抗药性

（1）交互抗药性　害虫的交互抗药性是害虫对选择药剂以外的其他从未使用过的

一种或一类药剂也产生抗药性的现象，形成的原因可能是害虫相同的抗性机制、药剂类似作用机制或类似的化学结构等。目前发现交互抗药性的现象较多。例如，褐飞虱对杀虫剂交互抗性方面的研究已有大量报道，抗吡虫啉的褐飞虱品系对同为新烟碱类杀虫剂的氯噻啉、噻虫啉、啶虫脒、呋虫胺及噻虫嗪等产生了一定程度的交互抗药性。具有交互抗药性的药剂间不能轮换交替、取代或作为混剂使用。

（2）负交互抗药性　负交互抗药性是指害虫的一个品系对一种杀虫剂产生抗药性后，反而对另一种未用过的药剂变得更为敏感的现象。轮换取代和作为混剂使用具有负交互抗药性的药剂，是治理害虫抗药性的有效措施。目前发现的具有负交互抗药性的药剂较少，例如，抗噻嗪酮的褐飞虱品系对乙虫腈、丁烯氟虫腈、毒死蜱和吡虫啉均无交互抗药性，但对噻虫嗪可能存在一定程度的负交互抗药性。

5. 多重抗药性

多重抗药性简称多抗性，不同于交互抗药性，多重抗药性是指害虫的一个品系由于存在多种不同的抗药性基因或等位基因，对几种或几类药剂都产生抗药性。例如，有些地区的小菜蛾、草地贪夜蛾等几乎对常用的各类药剂都产生了抗药性，对害虫的防治工作带来了巨大的困难与挑战。

（二）害虫抗药性的现状

杀虫剂的发明与使用带来的是粮食的丰收与农业的进步，但同时害虫抗药性的发展也是农业发展过程中不可回避的问题。自从1908年Melander首次发现美国加利福尼亚洲梨圆蚧对石硫合剂产生抗药性，害虫（螨）抗药性的发展较为缓慢，直至1946年，仅发现11种害虫（螨）产生抗药性。在这个阶段，抗药性是一种罕见的现象，往往不被人们所关注。1946年后，随着有机合成杀虫剂的出现和推广应用，害虫抗药性发展速度明显加快。从20世纪50年代后期开始，由于有机氯和有机磷杀虫剂的大量使用，抗药性害虫（螨）的种数几乎呈直线上升，自此引起了人们的高度关注。20世纪80年代以来，多重抗药性现象日益普遍，抗药性发展速度加快，完全敏感的害虫（螨）种群罕见。据Georghiou统计，到1989年抗药性害虫已达504种，其中农业害虫283种，卫生害虫（包括家畜）198种，有益昆虫及螨23种。截至2022年3月，全球报道各种害虫对杀虫剂产生抗性的案例达17 654例，涉及338个农药化合物、625种害虫。其中，双翅目、鳞翅目昆虫产生抗药性虫种数最多，农业害虫抗药性虫种数超过卫生害虫，重要农业害虫（如蚜虫、棉铃虫、小菜蛾、菜青虫、烟粉虱、褐飞虱、马铃薯甲虫）及螨类的抗药性尤为严重。目前通过美国密歇根州立大学的节肢动物抗性数据库（arthropod pesticide resistance database，APRD）可以检索到世界各地的害虫抗药性发生情况，最新的统计数据见表8-3。

我国最早于1963年发现棉蚜、棉红蜘蛛对内吸磷产生抗药性，现已发现有30多种农林害虫及螨产生了抗药性，这些害虫（螨）主要分布在鳞翅目、双翅目、鞘翅目及蜱螨目。对两类以上杀虫剂产生抗药性的害虫及螨有棉铃虫、蚜虫、褐飞虱、二化螟、小菜蛾、烟粉虱、甜菜夜蛾、斜纹夜蛾、菜青虫、马铃薯甲虫、柑橘全爪螨、棉叶螨等19种。发现有抗药性的卫生害虫包括家蝇、蚊类、跳蚤、臭虫、德国蜚蠊、体虱等。

表 8-3　世界排名前 20 位的抗药性节肢动物（截至 2022 年 3 月）

排名	拉丁名	通用名	目	科	抗药性报道事件数
1	*Plutella xylostella*	小菜蛾	鳞翅目	菜蛾科	980
2	*Helicoverpa armigera*	棉铃虫	鳞翅目	夜蛾科	891
3	*Spodoptera litura*	斜纹夜蛾	鳞翅目	夜蛾科	690
4	*Bemisia tabaci*	烟粉虱	半翅目	粉虱科	685
5	*Spodoptera exigua*	甜菜夜蛾	半翅目	夜蛾科	651
6	*Aedes aegypti*	埃及伊蚊	双翅目	蚊科	589
7	*Rhipicephalus microplus*	微小扇头蜱	蜱螨目	硬蜱科	562
8	*Tetranychus urticae*	二斑叶螨	蜱螨目	叶螨科	551
9	*Meligethes aeneus*	油菜露尾甲	鞘翅目	露尾甲科	518
10	*Myzus persicae*	桃蚜	半翅目	蚜科	477
11	*Nilaparvata lugens*	褐飞虱	半翅目	飞虱科	452
12	*Musca domestica*	家蝇	双翅目	家蝇科	409
13	*Leptinotarsa decemlineata*	马铃薯甲虫	鞘翅目	叶甲科	304
14	*Aphis gossypii*	棉蚜	半翅目	蚜科	301
15	*Culex quinquefasciatus*	致倦库蚊	双翅目	蚊科	299
16	*Blattella germanica*	德国小蠊	蜚蠊目	蜚蠊科	279
17	*Aedes albopictus*	白纹伊蚊	双翅目	蚊科	252
18	*Sogatella furcifera*	白背飞虱	半翅目	飞虱科	216
19	*Anopheles gambiae*	冈比亚按蚊	双翅目	蚊科	205
20	*Panonychus ulmi*	苹果叶螨	蜱螨目	叶螨科	203

二、害虫抗药性产生的内在机制

自从人们发现害虫抗药性以来，有关害虫抗药性的生物化学、生理学及遗传学方面的研究已取得明显的进展。人们需要了解害虫产生抗药性的机制，以便能科学合理地制定延缓抗药性发展的策略及措施。害虫生化、生理机制的改变是抗药性产生的直接原因，而抗药性基因控制着这些机制的改变，是抗药性产生的根本原因。根据害虫对杀虫剂反应的性质，从生化及生理水平来讲，害虫抗药性机制大致可分为以下几类。

拓展资源 8-12

害虫主要抗药性机制

（一）害虫代谢作用的增强

代谢抗性是由于害虫在长期进化过程中，体内解毒酶的活性增强而对杀虫剂的代谢加速所产生的抗性，该过程涉及多种解毒酶。杀虫剂施用后，一般可以从害虫的体壁、口腔及气门等 3 个部位进入体内，由于生物长期的适应性，害虫体内形成了具有代谢外来有毒物质的防御体系，其中主要起代谢作用的酶包括微粒体多功能氧化酶系（microsomal mixed function oxidases）、酯酶（esterase）、谷胱甘肽硫转移酶

（glutathione S-transferase）、脱氯化氢酶（dehydrochlorinase）等。它们把脂溶性强有毒杀虫剂分解成毒性较低、水溶性较强的代谢物（有可能为增毒的代谢物），以便继续进一步代谢或排出体外。害虫对杀虫剂产生的代谢抗药性，实际上是这些酶系代谢活性增强的结果。

1. 害虫体内的微粒体多功能氧化酶系及其代谢

（1）昆虫体内的微粒体多功能氧化酶系 1960年，孙云沛与Johanson首先指出杀虫剂在昆虫体内的代谢中，氧化作用很普遍且很重要。现在已经证实，这种氧化反应与药剂的代谢降解、增效作用、酶的诱导作用及昆虫对杀虫剂的抗药性均密切相关。

微粒体的概念是Caude于1938年提出的。由于高速离心机的应用，已可以从细胞匀浆中通过离心得到微粒体的粗制品。通过电子显微镜的观察，发现微粒体是匀浆离心后内质网的"碎片"。已经知道微粒体氧化酶系是多酶复合体，一般认为由细胞色素P_{450}、NADPH-黄素蛋白还原酶、NADH-细胞色素b_5还原酶、6-磷酸葡糖酶、细胞色素b_5还原酶、酯酶及核苷二磷酸酯酶等成分组成。

细胞色素P_{450}是生物体内微粒体氧化酶系的重要组成部分。1958年，Klingenberg及Garfinkel在哺乳动物肝细胞的微粒体中发现其还原型细胞色素与CO结合的复合体在旋光示差广谱中于450 nm有一个最大的吸收峰，因此命名为P_{450}，它在生物细胞中很普遍，主要存在于昆虫中肠、马氏管、胃盲囊脂肪体中。

细胞色素P_{450}的作用机制是将分子氧中的一个氧原子还原成水，另一个氧原子与底物（AH）结合，反应过程中由NADPH-黄素蛋白还原酶供给电子，其反应式为：

$$NADPH + H^+ + AH + O_2 \xrightarrow{微粒体多功能氧化酶系} NADP^+ + AOH + H_2O$$

虽然细胞色素P_{450}及微粒体多功能氧化酶系的作用还没有全部研究清楚，但大部分反应过程已经了解。图8-4是细胞色素P_{450}及微粒体的电子传递简图，表明细胞色素P_{450}在氧化代谢中的作用机制。整个反应分为下列四步：第一步，氧化型细胞色素P_{450}（Fe^{3+}）与底物形成复合体；第二步，从NADPH经过黄素蛋白还原酶供给电子，使氧化型细胞色素P_{450}（Fe^{3+}）与底物复合体还原为亚铁（Fe^{2+}）还原型复合体；第三步，还原型（Fe^{2+}）细胞色素P_{450}与底物复合体与CO反应成一个CO复合体，其差示光谱吸收峰在450 nm，在氧分子（O_2）存在时，还原型复合体与氧形成氧合中间体；第四步，氧合中间体转变为羟基化底物及H_2O，而还原型细胞色素P_{450}（Fe^{2+}）则转变为氧化型细胞色素P_{450}（Fe^{3+}）。但第四步反应过程尚不清楚，可能存在第二条电子传递途径，即从NADH供给电子，经黄素蛋白还原酶及细胞色素b_5传递给氧合中间体，再产生氧化型细胞色素P_{450}、羟基化底物和水。

微粒体多功能氧化酶系的亲脂性非常突出，因此其主要代谢非极性的外来化合物，亲脂性的化合物被代谢为极性的羟基化合物或离子化合物。昆虫的发育阶段、龄期都会影响氧化酶的活性，一般来说卵期和蛹期测不到其活性，幼虫或若虫期酶活性的变化很有规律，在各龄幼（若）虫期活性高，而在蜕皮的前后活性都降低。

（2）微粒体多功能氧化酶系对杀虫剂的代谢作用 微粒体多功能氧化酶系对各类杀虫剂及增效剂都可以使其氧化，绝大多数的氧化结果是解毒代谢，但对少数杀虫

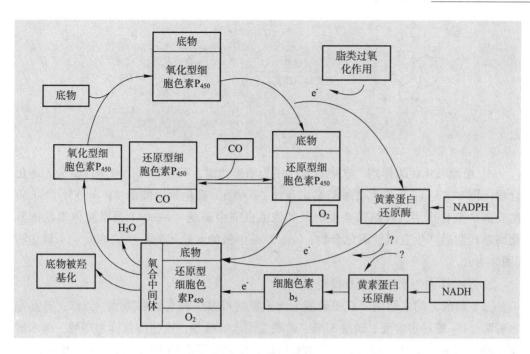

图 8-4　细 胞 色 素 P$_{450}$ 及微粒体电子传 递系统（仿 Hodgson 和 Tate）

为活化代谢，致使其毒性先增强，随后又迅速降解为无毒的代谢产物。微粒体多功能氧化酶系对杀虫剂的氧化作用主要可概括为以下 4 类反应。

① O—、S—及 N—脱烷基作用　在杀虫剂中，氧、硫、氮原子与烷基相连接时是微粒体多功能氧化酶系攻击的靶标，由于氧原子及硫原子的负电性较强，反应的结果是脱烷基作用，如久效磷和涕灭威（图 8-5）。

② 烷基、芳基羟基化作用　氨基甲酸酯苯环上的烷基、拟除虫菊酯三碳环上的烷基及其他杂环上羟基化均属于这类反应（图 8-6）。

③ 环氧化作用　以 C ═ C 双键变成为环氧化合物 $\overset{O}{\underset{C-C}{\diagup\diagdown}}$，如艾氏剂环氧化变成狄氏剂（图 8-7）。

图 8-5　脱烷基作用的酶攻击靶标（箭头所指）

久效磷　　　　　　涕灭威

图 8-6　烷基和芳基上的羟基化部位（箭头所指）

速灭威　　　　克百威　　　　　氯菊酯

图 8-7 环氧化作用

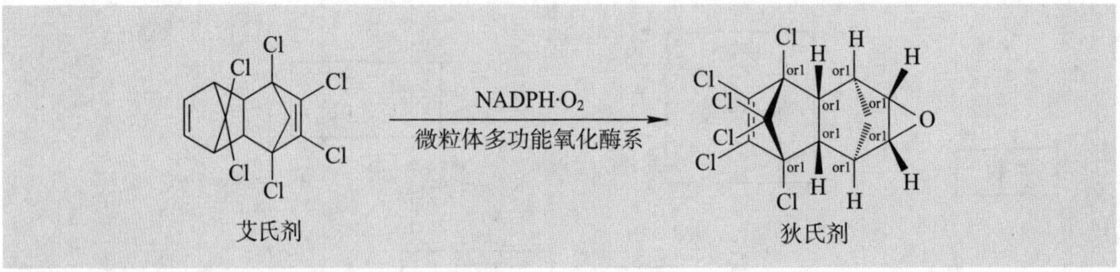

艾氏剂   狄氏剂

④ 增毒氧化代谢作用　这类氧化作用为增毒代谢，其产物可进一步代谢为无毒化合物（图 8-8）。（a）硫代磷酸酯类化合物（P＝S）氧化为磷酸酯（P＝O）；（b）硫醚及氮的氧化作用，有机磷杀虫剂及其他杀虫剂中硫醚（—S—）被微粒体多功能氧化酶系代谢后产生亚砜及砜化合物；（c）烟碱中氮的氧化代谢后生成烟碱 –1– 氧化物（图 8-8）。

2. 昆虫体内的水解酶系及代谢

（1）磷酸三酯水解酶　有机磷酸酯类杀虫剂可被多种水解酶降解。例如，芳基酯水解酶、O- 烷基水解酶、磷酸酯酶、磷酸二酯水解酶等，这些酶总称为磷酸三酯水解酶（phosphotriester hydrolase），其对有机磷杀虫剂分子有两个作用部位（图 8-9）。第一个反应产物为二烷基磷酸和 HX；第二个反应产物为去烷基衍生物和醇。由于这些含磷的代谢物在中性溶液中是胆碱酯酶弱的抑制剂，因此水解作用就是解毒代谢。

（2）羧酸酯水解酶　羧酸酯水解酶是催化水解马拉硫磷的羧酸酯部位，酯键断裂为水溶性的马拉硫磷 – 羧酸（图 8-10），对除虫菊酯及类似物也有类似催化解毒作用。

图 8-8 增毒氧化代谢作用

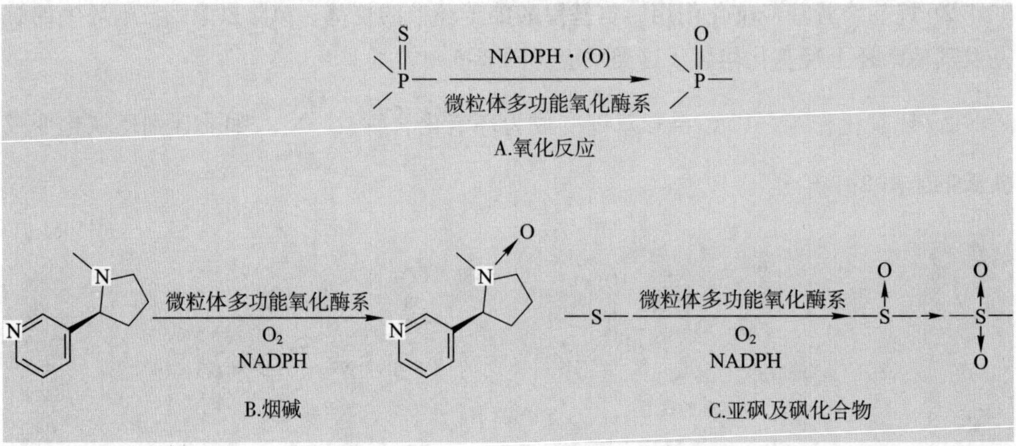

A.氧化反应

B.烟碱   C.亚砜及砜化合物

图 8-9 磷酸三酯水解酶的作用

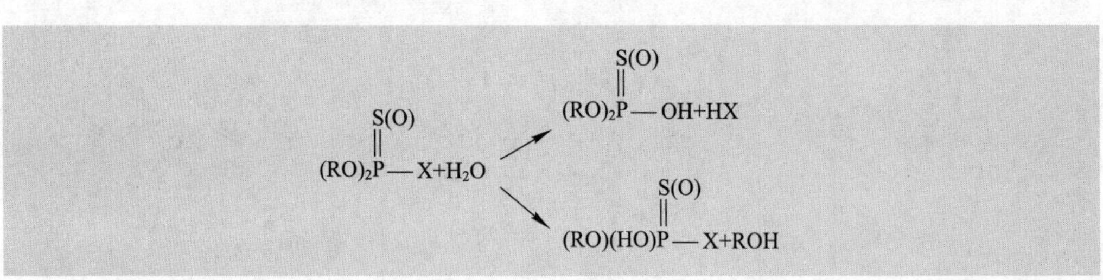

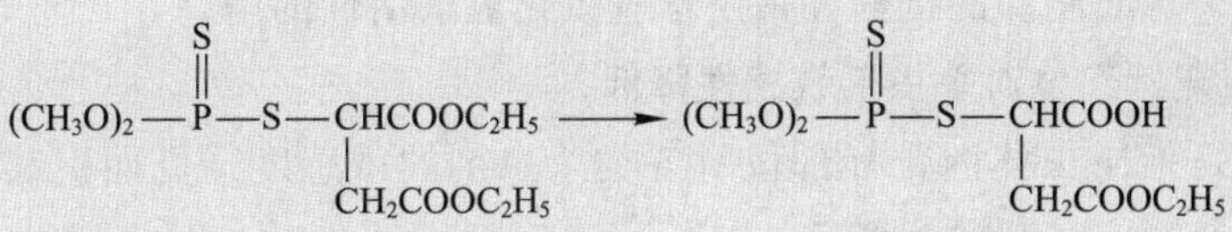

图 8-10　羧酸酯水解酶的作用

羧酸酯水解酶在哺乳动物中很普遍，而在昆虫中有些种类却缺乏这种酶，因此，这些昆虫对马拉硫磷特别敏感，但对马拉硫磷有抗药性的昆虫，羧酸酯水解酶的活性就特别高。许多有机磷杀虫剂能抑制羧酸酯水解酶的活性，特别是对具有 P＝O 结构的磷酸酯酶的抑制能力更强，但马拉硫磷与这些杀虫剂混用可以显著提高对昆虫的药效，但同时也可能增强对高等动物的毒性，这在实际应用中必须引起重视。

（3）酰胺水解酶　酰胺水解酶能催化水解乐果的酰胺基部位，产生对昆虫无毒的乐果酸（图 8-11）。

酰胺水解酶与羧酸酯水解酶很相似，它虽能水解硫代磷酸酯类杀虫剂（如乐果），但会被含酰胺基的磷酸酯类化合物（如氧乐果、久效磷、百治磷）所抑制。

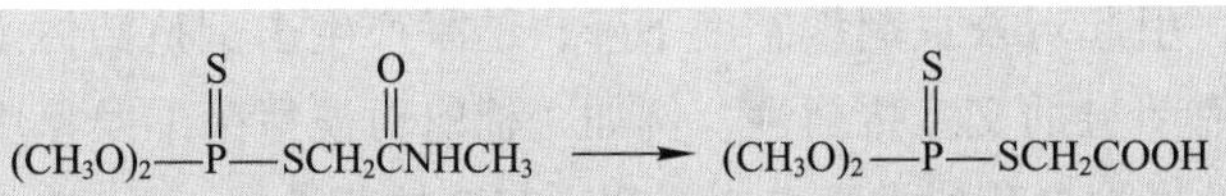

图 8-11　酰胺水解酶的作用

3. 昆虫体内谷胱甘肽 -S- 转移酶系及其代谢

谷胱甘肽 -S- 转移酶在杀虫剂的解毒过程中和在昆虫的抗药性中起着重要的作用。特别是许多有机磷化合物能被谷胱甘肽 -S- 转移酶作用而解毒。根据其底物的特性，该酶系可分为谷胱甘肽 -S- 烷基转移酶、谷胱甘肽 -S- 芳基转移酶、谷胱甘肽 -S- 环氧化转移酶、谷胱甘肽 -S- 烯链转移酶等。该类酶对二甲基取代的有机磷杀虫剂（如甲基对硫磷、甲基谷硫磷、速灭磷、杀螟硫磷等）为去甲基反应，也有报道对对氧磷和甲基对氧磷为去芳基反应。

4. 硝基还原酶及脱氯化氢酶

有机磷杀虫剂中有硝基结构的化合物（如对硫磷、杀螟硫磷、苯硫磷等），可以被硝基还原酶代谢为无毒化合物（图 8-12）。在哺乳动物、鸟类及鱼体内都有此酶，反应时需要 NADPH 参与。在昆虫体内有活性的组织包括脂肪体、消化道及马氏管等。

脱氯化氢酶能把滴滴涕（DDT）分解为无毒的滴滴伊（DDE）[2，2- 双（4- 氯苯基）-1，1- 二氯乙烯]，多数害虫（如家蝇、蚊、二十八星瓢虫、菜粉蝶、烟草天蛾、

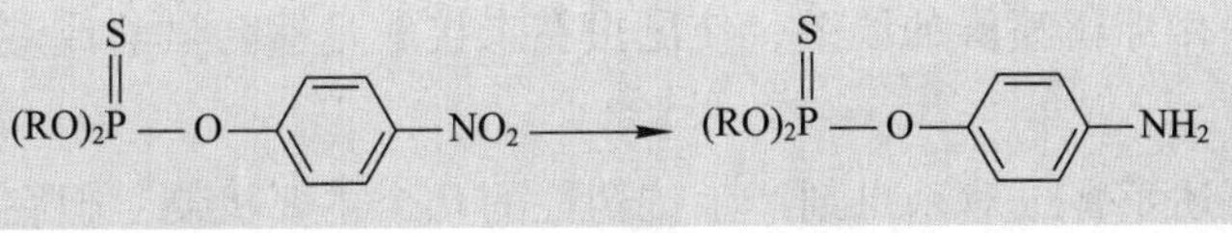

图 8-12　硝基还原酶的作用

墨西哥豆象等）对滴滴涕的抗药性是由于脱氯化氢酶活性的增高。

（二）害虫靶标部位对杀虫剂敏感性降低

靶标抗性是指昆虫体内靶标部位对各类杀虫剂的敏感度降低而引起的抗性，抗性的变化往往涉及对应基因的改变。

1. 乙酰胆碱酯酶

乙酰胆碱酯酶是有机磷和氨基甲酸酯杀虫剂的靶标酶，其质和量的改变均可导致对这两类药剂的抗药性。据 Smissaert（1964）首次观察到棉红蜘蛛乙酰胆碱酯酶（AChE）对有机磷敏感度降低，Schuntner 等（1968）最早报道蓝绿蝇的抗药性是其乙酰胆碱酯酶变构引起的。随后在 30 多种昆虫及螨中发现类似的情况。

通常由乙酰胆碱酯酶变构引起的交互抗药性较广。但有时也有一定的专一性，例如，稻黑尾叶蝉的一个品系其抗药性仅限于某些氨基甲酸酯及有机磷杀虫剂。乙酰胆碱酯酶变构可引起负交互抗药性，如正 – 丙基氨基甲酸酯对抗药性黑尾叶蝉变构乙酰胆碱酯酶的抑制能力高于其对敏感品系乙酰胆碱酯酶的抑制能力。

2. 神经钠通道

神经钠通道（sodium channel）是滴滴涕和拟除虫菊酯杀虫剂的主要靶标部位，由于钠通道的改变，引起对杀虫剂敏感度下降，结果产生击倒抗药性。通常具有击倒抗药性的害虫会具有明显的交互抗药性，例如，棉蚜对溴氰菊酯及氰戊菊酯产生抗药性后，对几乎所有的拟除虫菊酯类杀虫剂均产生交互抗药性。

3. 其他靶标部位

γ– 氨基丁酸（γ-aminobutyric acid，GABA）受体是环戊二烯类杀虫剂和新型杀虫剂呋虫腈及阿维菌素等杀虫剂的作用靶标部位，环戊二烯类杀虫剂与该受体结合部位敏感度降低导致了其抗药性。

昆虫中肠上皮细胞纹缘膜上受体是生物农药苏云金芽孢杆菌（Bt）的作用靶标部位。苏云金芽孢杆菌杀虫毒素蛋白质与中肠上皮细胞纹缘膜上受体位点亲和力下降导致了印度谷螟和小菜蛾的抗药性。

（三）穿透速率降低

杀虫剂穿透害虫表皮速率的降低是害虫产生抗药性的机制之一。例如，氰戊菊酯对抗药性棉铃虫幼虫体壁的穿透和敌百虫对抗药性淡色库蚊的穿透都有类似的结果。穿透速率降低的原因至今尚不完全清楚，Satio（1979）认为抗三氟杀螨醇的螨对该药穿透速率较慢是由于几丁质较厚引起的；Vinson（1971）则认为抗滴滴涕的烟芽夜蛾幼虫，对滴滴涕穿透速率较慢是由于几丁质内蛋白质与酯类物质较多而骨化程度较高引起的。

（四）行为抗药性

这种抗药性的产生是由于害虫改变行为习性的结果。例如，家蝇及蚊子会飞离药剂喷洒区或室内做滞留喷雾的墙壁，使昆虫在未接触足够药量前或避免接触药剂就飞离用药区而存活。

以上分别简述了害虫对杀虫剂产生抗药性的几个主要机制。但在实际抗药性的例子中，害虫的抗药性并非都是由单个抗药性机制所引起的，往往可以同时存在多种机制，各种抗药性机制间的相互作用绝不是简单的相加。例如，当体壁穿透力的降低为唯一的抗药性机制时，其抗药性倍数一般较低；但当与代谢活性的增加及靶标部位敏感性降低等结合存在时，如棉红蜘蛛的高抗品系，其抗药性倍数可高达数千倍。此外，一种杀虫剂可能存在多个解毒酶的作用部位，如对硫磷、马拉硫磷（图 8-13）。

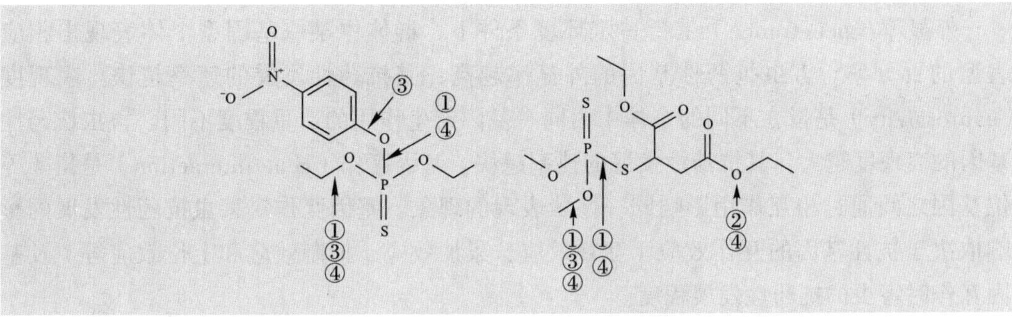

图 8-13　酶解毒作用的部位
① 酸酯酶；② 羧酸酯水解酶；③ 谷胱甘肽 -S- 转移酶；④ 微粒体多功能氧化酶系

三、影响害虫抗药性发展的因素

造成抗药性在害虫种群中发展起来的影响因素有很多，不仅害虫内在因素具有重要影响，环境和人为等因素也可以共同影响害虫抗药性的发展。具有作用的影响因子总体可以分为三大类：遗传学因子、生物学因子和操作因子。

（一）遗传学因子

这一大类影响因子是指在基因层面上，害虫自身的抗药性相关基因及基因特性对其抗药性的发展有影响的因子。主要包括：抗药性基因的频率，抗药性等位基因的数量，抗药性基因的显稳性，抗药性基因的外显率、表现度及互作，抗药性基因组与适合度因子的整合范围等。

1. 抗药性基因的频率

在田间环境中，害虫野生种群中的抗药性基因频率的高低对其抗药性发展的快慢具有决定性的作用。一般来说，在杀虫剂的选择压力之下，害虫的抗药性基因频率越高，存活下来的害虫个体会越多，其抗药性发展的速率也就越快。自 2019 年以来，从缅甸入侵我国云南省的草地贪夜蛾种群携带高频率对有机磷和氨基甲酸酯类杀虫剂抗性基因，因此田间防治过程中建议不用或少用有机磷和氨基甲防治草地贪夜蛾。

2. 抗药性等位基因的数量

害虫的抗药性多半是由多基因控制的，因此抗药性等位基因的数量会影响害虫抗药性的发展。一般来说，害虫抗药性等位基因的数量越多，越不容易产生抗药性。通过对室内筛选的抗丁氟螨酯的棉叶螨种群进行转录组测序，发现随着抗药性水平的提高，抗药性基因的数量逐渐增加，多基因介导的棉叶螨代谢抗药性增强是其形成抗药性的重要原因。

3. 抗药性基因的显隐性

害虫抗药性基因的显隐性能很直接的影响其抗药性的发展，如果害虫的抗药性等位基因是显性的，则其抗药性发展的速率就快，反之则慢。因为当抗药性等位基因是显性时，杂合个体也具有抗药性；反之若抗药性等位基因是隐性时的，杂合个体不具备抗药性，则会在杀虫剂的选择下被淘汰。

4. 抗药性基因的外显率、表现度及互作

外显率（penetrance）是指一定环境条件下，群体中某一基因型个体表现出相应表型的百分率。害虫抗药性基因的外显率越高，其抗药性发展的速率越快。表现度（expressivity）是指在不同的个体中由同一基因产生作用的严重程度不同。害虫抗药性基因的表现度越大，其抗药性发展的速率越快。基因互作（gene interaction）是指非等位基因之间通过相互作用影响同一性状表现的现象。基因互作对害虫抗药性发展的影响取决于抗性基因的互作效应（互补效应、累加效应、抑制效应和上位效应等）及基因互作时害虫的抗药性发展程度。

5. 抗药性基因组与适合度因子的整合范围

一般来说，害虫抗药性基因组与适合度因子的整合程度越高，其抗药性的发展速率越快。

（二）生物学因子

生物学影响因子主要是与昆虫个体的生理特性、生活习性等相关的因子。主要包括害虫每年发生的世代数，每代繁殖子代数，单配性、多配性与孤雌生殖，活动能力和迁飞能力，单食性与多食性，机会存活与庇护等。

1. 每年发生的世代数

害虫由卵开始发育到成虫能繁殖后代为止的个体发育史，称为一个世代。一般地，在田间条件下，害虫每年的世代数越大，在杀虫剂的选择压力下，其抗药性的发展也就越快。

2. 每代繁殖子代数

在田间杀虫剂的选择压力下，害虫每代繁殖的子代数越多，可供选择的害虫个体数量也就越多，最终导致害虫的抗药性发展速率也就越快。

3. 单配性、多配性与孤雌生殖

害虫两性生殖时，可以影响子代的抗药性，具体的影响效果取决于雌雄个体所携带的抗药性基因的相关特征，如抗药性基因的频率、数量、显隐性等。害虫孤雌生殖时，没有交配发生，对子代抗药性发展的影响取决于抗药性基因的初始频率，抗药性初始频率越高，则抗药性发展越快。

4. 活动能力和迁飞能力

害虫的活动能力及迁飞能力会影响害虫种群之间的基因交流，进而影响害虫的抗药性发展。如活动能力强、具有迁飞性的抗药性害虫迁移到另一个未施药的环境中时，可以使该地害虫种群的抗药性基因频率升高，从而加快当地害虫的抗药性发展。相反，敏感个体迁移到抗药性环境中时，可以稀释当地的抗药性基因，从而减缓当地害虫抗

药性的发展。

5. 单食性与多食性

一般来说，单食性昆虫取食单一植物，其接触杀虫剂的来源限于对该种植物进行防治所使用的杀虫剂，而多食性昆虫取食多种植物，接触的杀虫剂可能在不同种群间具有较大差异，进而影响其抗药性的发展。此外，植物本身对害虫的抗药性具有一定的影响。

6. 机会存活与庇护

田间环境是复杂的，害虫抗药性个体在田间的存活机会及自然环境对其的庇护作用都会影响其抗药性的发展。

（三）操作因子

操作因子主要包括两大类，第一类是选用的杀虫剂的性质，如杀虫剂的种类、与先前使用过的杀虫剂的关系、杀虫剂的剂型和持效期等。第二类是施药技术，如施药方式、施药阈值、选择阈值、施药选取的昆虫发育阶段、药剂的混用及轮用等。一般来说，杀虫剂的施用量越大，施用越频繁、施用面积越大、接触的害虫个体越多，其抗药性的发展越快。同时，施用持效期长的杀虫剂和剂型，会加快害虫抗药性的发展。

以上操作因子大多是可以人为控制的，但遗传学和生物学因子是由害虫本身的内在特性决定的，不能人为控制，而害虫的内在特性是评估害虫种群抗药性风险的基础。根据遗传学和生物学因子所展现的抗药性风险，人们可以通过改变操作因子，进而延缓或阻止害虫抗药性的发展。

四、害虫抗药性治理策略和措施

（一）害虫抗药性治理策略

害虫抗药性治理的目的在于寻求合适的途径以减缓或阻止害虫抗药性的发生与发展，或使已产生抗性的害虫恢复敏感性。Georghiou 在其著作 *Pest Resistance to Pesticides* 中从化学防治的角度详尽阐述了三种害虫抗药性治理的基本策略：适度治理（moderation management）、饱和治理（saturation management）和多向攻击治理（multiple attack management），这三种治理策略对开展害虫的抗药性治理具有重要的指导意义。

1. 适度治理

适度治理过程中，将害虫的敏感基因视作一种重要的自然资源，并需要采取措施对这种资源进行保护。主要通过限制杀虫剂的使用、降低总体的选择压力来保护害虫的药剂敏感基因，进而达到延缓害虫抗药性发展的目的。在降低药剂选择压力后，充分利用种群中抗性个体适合度低的有利条件，从而保障害虫种群中敏感个体的繁殖，以降低整个种群的抗药性基因频率，阻止或延缓抗药性的发展。这一策略主要采用限制用药次数及用药量，避免使用缓释剂，选择持效期短的药剂，采用局部用药等措施。

2. 饱和治理

一般认为抗药性杂合子害虫的抗药性比抗药性纯合子害虫低，因此，饱和治理策略主要通过使用高剂量的杀虫剂杀死害虫中的敏感个体及抗药性杂合子，以表达抗药性杂合子在功能上的隐性（图8-14）。饱和治理受很多因素的限制。首先，经过饱和治理后都需要有敏感个体的迁入，不然会导致更严重的抗药性风险。其次，由于需要做到"高剂量高杀死"的目标，选用的杀虫剂必须对非靶标生物具有极低的毒性。最后，施药地点需要允许高剂量杀虫剂短时间内的存在，避免农药的漂移及污染。

图 8-14 饱和治理的基本原理
假设害虫种群中有 3 种基因型，即敏感纯合子（SS）、抗性纯合子（RR）和杂合子（RS）

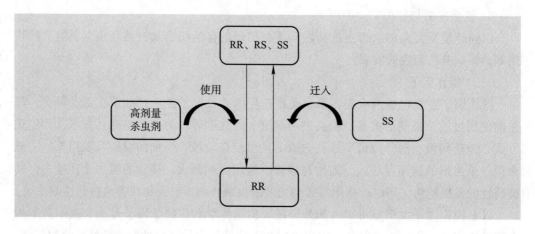

3. 多向攻击治理

多向攻击治理是使对害虫有毒害作用的物质同时作用于多个作用位点，从而使害虫相应靶标不易产生抗药性。然而，一种或一类化合物同时具有多位点作用机制是很困难的，因此，多向进攻治理策略通常是针对害虫的多个杀虫剂作用位点，采用不同作用类型的杀虫剂交替使用或混用，使害虫靶标不易产生抗药性，进而达到延缓害虫抗药性发展的目的。其中，被选择使用的任意一种杀虫剂的选择压力必须低于害虫抗药性发展所需要的选择压力。

三种基本的害虫抗药性治理策略中，适度治理和多向攻击治理的运用范围较广，而饱和治理的要求较高且有一定的局限性。因为饱和治理中的杀虫剂选择压力偏大，使害虫更易产生抗药性，造成较大的抗药性风险。因此，采用饱和治理策略时，需要制定周密的实施计划，并保证治理后有足够的敏感个体迁入施药区域。

（二）害虫抗药性治理措施

随着化学杀虫剂的大量使用，害虫的抗药性问题日益严重。采用科学有效的抗药性治理措施，对缓解害虫的抗性现状、延缓害虫抗药性的发展并延长杀虫剂的使用寿命具有重要的意义。害虫抗药性治理措施主要有以下 4 个方面。

1. 害虫抗药性监测

开展针对害虫的抗药性监测工作对害虫的抗药性治理具有重要意义，通过抗药监测，可以掌握在当前田间条件下，害虫对特定杀虫剂的抗性水平及抗性分布情况，为制订害虫的抗药性治理策略争取时间上的主动提供数据支持。

通过抗药性监测，可以针对特定杀虫剂做出正确的使用指导，包括禁用已产生高抗的杀虫剂、限用低抗杀虫剂并筛选轮用杀虫剂等，以达到科学使用杀虫剂的目的，提高杀虫剂的防治效果并延缓害虫抗药性的发展。自 2009 年起，全国农业技术推广中心每年都会开展主要农业害虫对主要杀虫剂的抗性监测工作，并发布《全国农业有害生物抗药性监测结果及科学用药建议》。

此外，通过定期的害虫抗药性监测，可以评估各个阶段的害虫抗药性治理效果，为抗药性治理方案的修改及补充提供理论依据。

2. 害虫抗药性的基础性研究

对害虫抗药性的治理不能停留在经验和直觉上，需要足够的理论依据与科学支撑，以保障抗药性治理的科学、合理与高效。害虫抗药性的基础研究主要包括：抗药性机制、抗药性遗传机制、交互抗性、抗性风险评估、害虫种群生态及种群遗传学等。虽然抗药性基础研究所需要的时间长、投入大，但可以使我们更加全面、深入地认识害虫的抗药性，有利于正确合理的研发各项关键防治技术，并建立更加科学高效的抗药性防治策略与方案。

3. 化学防治技术的合理使用

化学防治目前仍是害虫田间防治中的主要手段，但是由于对单一杀虫剂的长期、大量且不科学地使用，使得害虫的抗药性发展迅速。因此，基于化学防治技术开展对害虫抗药性的治理，需要科学规范地制定杀虫剂的使用计划，并尽可能减少杀虫剂的使用次数及使用剂量，降低对害虫的选择压力，延缓害虫抗药性的发展，进而达到对害虫抗药性的治理目的。具体措施如下。

（1）限制杀虫剂的使用　害虫对不同杀虫剂的抗药性发展速率是不同的，特别是对某种或某类杀虫剂，害虫具有极高的抗药性风险，如果不加以控制，害虫对该杀虫剂的抗性会快速发展。针对存在潜在高抗药性风险的杀虫剂，应对其防治效果、抗性水平等主要指标进行综合评估，采用限制使用次数、减少施用剂量甚至禁止其使用的措施。

（2）杀虫剂的轮用　长期、大量使用单一杀虫剂，会造成害虫对该杀虫剂抗药性的快速发展，因此，杀虫剂的轮用是延缓害虫抗药性发展的重要措施。杀虫剂的轮用需要制定科学合理的药剂轮用方案，包括轮用时间、剂量、次数，同时选用的轮用药剂应具有不同的作用机制，避免轮用杀虫剂之间存在交互抗性。

（3）杀虫剂的混用　杀虫剂的混用是将不同作用机制的杀虫剂混合后用于防治害虫，以达到延缓或克服抗药性发展的目的。但由于杀虫剂混用可能会给害虫产生交互抗性和多药抗性创造有利条件，因此对混用药剂的选择及混用方案的制定有较高的要求，需要保证混用药剂中的任何一种药剂的选择压力都低于引起害虫抗性发展的最低选择压力。只有科学合理地研发和使用杀虫剂混剂，才能充分发挥其在害虫抗药性治理中的重要作用。

（4）增效剂的使用　增效剂是本身无生物活性，但与某种杀虫剂混用时，能大幅度提高杀虫剂的毒力和药效的一类助剂的总称。增效剂的使用可以提高杀虫剂的杀虫效果，达到克服害虫抗药性的目的，对害虫抗药性治理具有积极作用。

4. 综合治理

根据有害生物综合治理（integrated pest management，IPM）的原则，可以通过加强农业防治、生物防治、物理防治等非化学防治方法在害虫防治中的运用，在保证将害虫控制在经济阈值以下的基础上，减少化学杀虫剂的使用，达到治理害虫抗药性的目的。

五、害虫抗药性检测方法

害虫抗药性检测是预防抗性发生和发展的前提，是害虫抗性治理工作的基础。快速、准确的抗药性检测方法一直是科研人员关注和研究的重点。目前主要的害虫抗药性检测方法有生物测定法、诊断剂量法和分子生物学检测法三大类。

（一）生物测定法

生物测定法是最基础的害虫抗药性检测方法，通过在室内条件下直接使用杀虫剂处理害虫种群，统计具体的死亡率以构建毒力回归方程、计算出害虫种群的抗性倍数，进而明确害虫对特定杀虫剂的抗性水平。生物测定最常用的方式是胃毒毒力测定和触杀毒力测定，常用的实验方法有以下 4 种。

🅮 拓展资源 8-13
·······················
稻苗浸渍法示意图

1. 稻苗浸渍法

稻苗浸渍法通常是对褐飞虱、白背飞虱、灰飞虱等水稻害虫的抗药性测定方法。选取生长健康、长势一致的稻苗，15 根一组，清水洗净。将供试药剂溶解于丙酮或二甲基甲酰胺（DMF）中配制成一定浓度母液，根据预实验结果，将母液稀释至 6~9 个系列浓度。将稻苗在药液中浸 30 s 后取出晾干，以浸水的脱脂棉包住稻苗根部放入一次性塑料杯中，每杯接入 15 头标准一致的健康 3 龄中期若虫后用细纱布封口，每个处理重复 3 次，处理 96 h 后检查试虫死亡情况，根据实验要求和药剂特点，可缩短或延长检查时间。

2. 人工饲料混药法

人工饲料混药法的目标昆虫通常是草地贪夜蛾、二化螟、棉铃虫、甜菜夜蛾等鳞翅目昆虫。原药用有机溶剂配制成母液，用水或丙酮等有机溶剂稀释成 5~7 个系列浓度。将适量稀释好的药液均匀混入制作好的人工饲料中（有机溶剂在饲料中的含量不超过 1%），趁热分别倒入 12 孔板冷却备用，或凝固后切成小块转入指形管中备用。最后每孔接入 1 头试虫，每个处理重复 3 次，每个重复 20 头虫，并设置空白对照。根据实验要求和药剂特点，可缩短或延长检查时间。

3. 浸叶法

浸叶法的目标昆虫是小菜蛾、甜菜夜蛾等鳞翅目昆虫。需要选取生长一致的植物叶片，采用打孔器、剪刀等制成适宜的叶碟或叶段。原药用有机溶液配制成母液，将母液稀释成 5~7 个系列浓度，再将叶碟或叶段浸于待测药剂溶液中，10 s 后取出晾干置于含有 1% 琼脂或保湿滤纸的培养皿中，接入试虫，每个重复不少于 10 头虫。每个处理不少于 4 个重复，并设置空白对照。根据实验要求和药剂特点，可缩短或延长检查时间。

4. 点滴法

点滴法的目标昆虫一般是鳞翅目昆虫（如黏虫、二化螟、棉铃虫等）和半翅目昆虫（如蚜虫、叶蝉、飞虱等）。原药用水或有机溶剂配制成母液，然后将母液稀释成5～7个系列浓度。再使用点滴设备将药剂点滴到试虫的前胸背板或者腹部。每个处理至少4个重复，每个重复试虫不少于10头，并设置空白对照。处理后24 h检查试虫死亡情况。根据实验要求和药剂特点，可缩短或延长检查时间。

生物测定法的操作简单、结果直观，并能通过检测获得害虫的抗药性图谱，因而被长期、广泛地采用。但该方法也具有一定的局限性，如必须使用大量健康、龄期一致的标准目标试虫，才能保证对杀虫剂毒力的准备反应；检测时间较长，不适合早期的抗药性检测；不能判断出抗药性机制等。

（二）诊断剂量法

诊断剂量法又称区分剂量法，该方法被联合国粮农组织推荐用于害虫的抗药性监测，可区分害虫种群中的敏感个体与抗药性个体，采用能造成敏感种群99%个体死亡的药剂剂量对目标害虫进行处理，同时设置对照组，根据处理后害虫种群死亡率的大小判断供试害虫的抗药性水平。诊断剂量法相比于传统的生物测定法更加快速、便捷，能在短时间内明确害虫的抗药性水平，可以进行害虫早期的抗药性检测，对害虫的早期预防及防治具有重要意义。

1. 药膜法

药膜法适用于具有触杀作用的杀虫剂，将溶于丙酮中配制成的浓度为诊断剂量的杀虫剂溶液均匀的覆盖于滤纸或玻璃瓶的表面，待丙酮自然挥发后，接入试虫，使试虫直接接触杀虫剂，观察并计算试虫的死亡率，最后通过死亡率的大小判断试虫的抗药性水平。以Mao等对半翅目昆虫白背飞虱制定的玻璃瓶药膜法为例：首先通过生物测定确定药剂的诊断剂量，然后将药剂原药溶解在丙酮中，配置成与诊断剂量相同浓度的药剂溶液，随后将配置好的药剂溶液转移至干净、干燥的玻璃瓶中，再将小瓶水平放置在滚轮式混合装置上不断转动，干燥至少30 min，以确保玻璃瓶内部杀虫剂均匀涂满玻璃瓶，最后将待测试虫转移至玻璃瓶中，并将小瓶放在（27±1）℃和70%～80%相对湿度的环境中60 min后，通过计算白背飞虱的死亡率大小，判断害虫的抗药性水平（图8-15）。同时，可以进一步将制作好的涂上药膜的玻璃瓶制成害虫抗药性快速诊断试剂盒，便于推广应用。

2. 简化生测法

简化生测法相比于药膜法的适用范围更广，适用于多种作用类型的杀虫剂。简化生测法首先要明确药剂的诊断剂量，然后与生物测定方法一致，采用浸渍法、点滴法或人工饲料涂药法等生测方法，以诊断剂量作为杀虫剂的处理浓度处理试虫，并设置对照组。最后基于处理后试虫的死亡率大小确定试虫的抗性水平。

（三）分子生物学检测法

随着科学技术的不断发展，对害虫抗药性分子机制研究的不断深入，分子生物学检测技术在抗性检测中发挥了日益重要的作用。目前，分子生物检测技术集中于对害

图 8-15 基于玻璃管药膜法的害虫抗药性快速诊断试剂盒的制作及应用

a. 七个药剂检测瓶及一个对照瓶；b. 使用说明书；c. 自制取虫器；d. 白纸；e. 漏斗；f. 毛笔

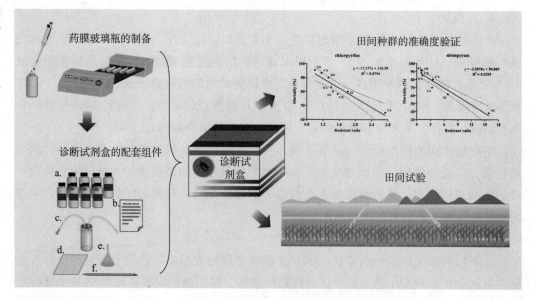

虫靶标基因突变的检测。常用的方法有 PCR- 限制性内切酶法、基于 PCR 扩增技术的检测法、基因测序法、转录组测序法和全基因组重测序法等。

1. PCR- 限制性内切酶法（PCR-restriction endonuclease，PCR-REN）

害虫的抗药性基因位点发生突变时，由于突变是随机、不可控的，可能会导致对应限制性内切酶作用位点的破坏或产生，PCR-REN 技术是利用基因突变的特性发展起来的新型突变检测技术。首先对靶标序列段进行 PCR 扩增，再利用相应的限制性内切酶对扩增序列进行酶切，随后进行凝胶电泳，敏感和抗性害虫将表现不同的电泳带型，达到检测的目的。

2. 基于 PCR 扩增技术的检测法

（1）特异性等位基因 PCR 扩增技术　特异性等位基因 PCR 扩增（PCR amplification of specific alleles，PASA）技术是一种快速检测 DNA 单个碱基突变的方法，其基本原理是将其中一条 PCR 引物的 3′ 端设计于抗性突变位点处，然后进行靶标基因的扩增，只有含有突变型等位基因的序列或敏感基因序列被扩增出，再对 PCR 产物进行琼脂糖凝胶电泳即可达到抗性基因分离鉴定的目的。

（2）PCR- 单链构象多态性　由于序列不同的 DNA 单链片段，其空间构象也会有差异，因此当不同的 DNA 单链片段在非变性聚丙烯酰胺凝胶中进行电泳时，其电泳条带会在不同位置，表现出不同序列单链电泳迁移率的差异，据此可以判断目标序列有无突变或多态性，这就是 PCR- 单链构象多态性（PCR-single-strand conformation polymorphism，PCR-SSCP）的基本原理。传统 PCR-SSCP 电泳结果的显示需要借助同位素标记，方法复杂。近年来非同位素标记物掺入法、银染法、荧光标记法等的发展避免了同位素法的诸多不便。该方法对检测基因的单个碱基置换或短核苷酸片段的插入或缺失的筛查提供了有效而快速的手段，现已广泛应用于遗传及害虫抗药性检测中基因突变的分析。

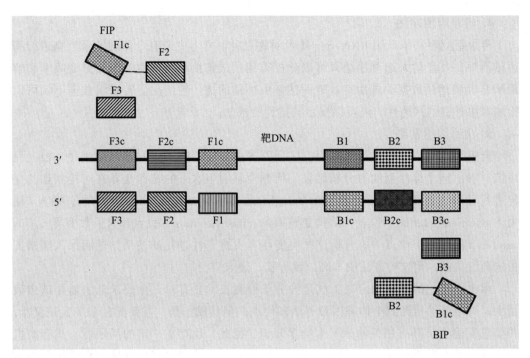

图 8-16 LAMP 中
靶基因上 6 个区域 3
对引物设计示意图

（3）环介导等温扩增技术 环介导等温扩增（loop-mediated isothermal amplification，LAMP）技术的原理主要是基于害虫抗性基因的 3′ 端和 5′ 端的 6 个区域设计 3 对特异性引物，包括 1 对外引物、1 对环状引物和 1 对内引物（图 8-16），3 种特异引物依靠链置换型 DNA 聚合酶在恒温条件（60 ~ 65℃）下进行扩增反应，反应能产生大量的扩增产物可以与镁离子反应产生焦磷酸镁白色沉淀，可以通过肉眼观察白色沉淀的有无来判断抗性基因是否存在，并且可通过羟基萘酚蓝检测溶液中镁离子浓度，进而判断害虫的抗药性水平。相比于传统 PCR 技术，LAMP 具有高特异性和高灵敏度的优势，操作简单，在应用阶段对仪器的要求低，只需要恒温装置（如恒温水浴锅）就能实现反应，不像普通 PCR 方法需要进行凝胶电泳观察结果，是一种适合现场、基层快速检测害虫抗药性的方法。LAMP 技术在害虫的抗药性快速检测中的运用前景很广，已知桃蚜对新烟碱类杀虫剂的抗性与细胞色素 P450 *CYP6CY3* 基因表达量提高和乙酰胆碱受体 R81T 突变有关，因此 Muhammad 针对桃蚜乙酰胆碱受体 R81T 突变建立了快速检测 LAMP 方法，其对桃蚜新烟碱类杀虫剂的抗性检测具有重要意义。

3. 基因测序法

基因测序法是设计合适的引物，获得害虫抗性基因的 DNA 片段，再将目的 DNA 片段通过 DNA 测序技术明确其核苷酸序列，最后将目的基因的核苷酸序列与敏感个体的序列进行比对，进而判断害虫是否产生了抗药性。目前，随着科技的进步，测序技术由最初的一代测序技术发展到了现在的二代、三代测序技术。在对害虫的抗药性检测种，测序技术的灵敏度无疑是最高的，无论是一代测序还是二代测序，灵敏度均可达 99.9% 以上，是目前基因检测领域的权威。

4. 转录组测序法

转录组测序法是采用 RNA-Seq 技术对害虫种群样本中所有个体的转录产物进行高通量测序，基于转录组测序结果可以分析得到供试害虫相关抗性基因的突变频率和解毒酶基因表达量数据，进而有效地评估害虫种群的抗药性情况。转录组数据不仅可以检测害虫种群的抗药性，还可以揭示其抗药性机制。

5. 全基因组重测序法

全基因组重测序是对已知基因组序列的害虫进行不同个体的基因组测序，根据测序抗、敏不同个体序列比对分析结果，检测全基因组水平的结构变异并对检测到的变异进行注释，包括单核苷酸多态性（single nucleotide polymorphism）位点、插入/缺失（insertion/deletion）位点、结构变异（structure variation）位点和拷贝数变异（copy number variation）位点等，分析这些突变与害虫抗药性进化的关系，进而深入探索害虫抗药性机制。但这种方法成本高、流程长，还未广泛应用。

相比于传统的生物测定法，抗药性分子检测技术具有对试虫要求低、需要试虫数量少，而且能够检测到个体基因型等诸多优点。但其成本高、需要配套众多实验仪器，并要求实验人员具有相关的分子生物学知识，因此，也存在一定的局限性。只有有机结合这两种抗药性检测方法，相互协助、取长补短，才能更好地掌握害虫的抗药性情况，为害虫的抗药性治理打下坚实基础。

第三节 杂草对除草剂的抗药性

一、杂草抗药性现状

杂草是世界范围内限制作物生产的主要生物因素，它不仅直接与作物争光、争肥、争空间，而且还容易滋生病虫害。20 世纪 40 年代以来，人们使用化学除草剂，对杂草防控取得了很好的效果，但也导致了杂草抗药性问题的出现。

（一）杂草抗药性的概念

1. 杂草抗药性

杂草抗药性是指通常情况下能被一种除草剂有效防控的杂草种群中存在的那些能够存活的杂草生物型所具备的遗传能力。

2. 抗药性杂草生物型

抗药性杂草生物型（resistant weed biotype）是指在一个杂草种群中天然存在的有遗传能力的某些杂草生物型，这些生物型在除草剂处理下能存活下来，而该种除草剂在正常使用情况下能有效地防治该种杂草敏感种群。

（二）杂草抗药性的现状

20 世纪 50 年代，在加拿大和美国首次发现竹节菜（*Commelina diffusa*）和野胡萝卜（*Daucus carota*）对 2,4-D 产生抗药性。之后随着化学除草剂的广泛使用，全球抗

🅔 拓展资源 8-14

杂草抗药性产生态势

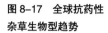

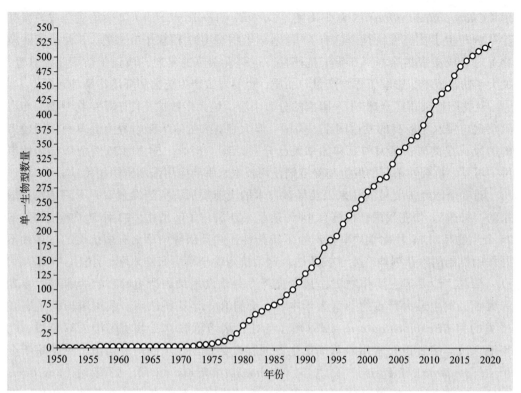

图 8-17　全球抗药性杂草生物型趋势

药性杂草生物型一直呈上升趋势（图 8-17）。目前，全球已有 266 种（153 种双子叶植物，113 种单子叶植物）杂草的 512 个生物型，对 31 种已知除草剂作用部位中的 21 类和 165 种化学除草剂产生了抗药性，在 71 个国家的 96 种作物中报道了抗除草剂杂草。

在这些抗药性杂草中，抗乙酰乳酸合成酶（acetolactate synthase，ALS）抑制类除草剂杂草的发生速度十分惊人，ALS 抑制类除草剂是已报道抗药性杂草最多的一类，目前全球已报道有 169 种杂草生物型（104 种双子叶植物，65 种单子叶植物）对 ALS 抑制类除草剂产生了抗药性。抗光系统 II 抑制类除草剂的杂草生物型发生较早，20 世纪 80 年代中后期以来一直呈上升趋势，目前全球已有 87 种杂草生物型（53 种双子叶植物，34 种单子叶植物）对光系统 II 抑制类除草剂产生了抗药性。自 1996 年报道了第一例抗草甘膦硬直黑麦草（*Lolium rigidum*）在澳大利亚出现后，美国、南非、法国、西班牙等国家也相继出现了抗草甘膦硬直黑麦草，至今已有 53 种杂草生物型（27 种双子叶植物，28 种单子叶植物）对 5- 烯醇丙酮莽草酸 -3- 磷酸合成酶（5-enolpyruvylshikimate-3-phosphate synthase，EPSPS）抑制剂产生了抗药性。1982 年，在澳大利亚首次发现抗乙酰辅酶 A 羧化酶（acetyl-CoA carboxylase，ACCase）抑制剂硬直黑麦草，随后在美国、智利、南非、西班牙、英国也出现了多种抗 ACCase 抑制类除草剂的杂草，至今已有 50 种杂草生物型对 ACCase 抑制类除草剂产生了抗药性。抗合成激素类除草剂的杂草生物型在历史上出现较早，1957 年，在美国和加拿大分别发现了抗合成激素类除草剂的竹节菜和野胡萝卜。后来在瑞典、菲律宾、英国、新西兰等国家相继发现丝路蓟（*Cirsium arvense*）、尖瓣花（*Sphenoclea zeylanica*）、藜（*Chenopodium album*）、密头飞廉（*Carduus pycnocephalus*）等杂草对合成激素类除草剂产生了抗药性，至今已有41种杂草生物型（33种双子叶植物，8种单子叶植物）对合成激素类除草剂产生了抗药性。抗药性杂草的出现，增强了杂草防治难度，加大了防治成本，影响了作物产量与品质，也易导致产生药害和环境污染等问题。

从抗药性杂草在全球71个国家的分布来看，绝大多数抗药性杂草生物型都分布在除草剂应用水平较高的发达国家。美国、澳大利亚和加拿大是世界上除草剂使用较多的国家，在美国、澳大利亚和加拿大已分别报道了584、154和120例杂草抗药性事件。可见，抗药性杂草的发生与除草剂使用技术水平和应用强度密切相关。

随着全球经济贸易的往来以及科学技术的飞速发展，抗药性杂草并不只是发达国家的"特产"。如在我国已报道有44种杂草（21种双子叶植物，23种单子叶植物）共74个生物型对38种化学除草剂产生了抗药性，并且部分杂草具有多抗性，对多种不同作用机制的除草剂均产生了抗药性。这些抗药性杂草分布在水稻、小麦、玉米、大豆、棉花、油菜等主要作物田，其中抗药性杂草发生最为严重的作物为水稻、小麦和大豆，发生最为严重的杂草为禾本科、菊科和十字花科杂草。我国稻田间危害最严重的稗（*Echinochloa crus-galli*）已经对五氟磺草胺、二氯喹啉酸、双草醚、噁唑酰草胺等多种田间常用除草剂产生不同程度的抗药性。此外，稻田常见杂草千金子（*Leptochloa chinensis*）、雨久花（*Monochoria korsakowii*）、野慈姑（*Sagittaria trifolia*）已分别对氰氟草酯、苄嘧磺隆、吡嘧磺隆产生抗药性。在我国麦田中，菵草（*Beckmannia syzigachne*）、猪殃殃（*Galium aparine*）、田紫草（*Lithospermum arvense*）、播娘蒿（*Descurainia sophia*）等麦田主要阔叶杂草对2,4-D、苯磺隆的抗药性也已出现。在我国大豆田中，马唐（*Digitaria sanguinalis*）对高效氟吡甲禾灵的抗药性已产生，反枝苋（*Amaranthus retroflexus*）对氟磺胺草醚的抗药性也明显上升。近年来，我国玉米田中的杂草马唐对烟嘧磺隆也产生了抗药性。

二、杂草抗药性产生的内在机制

随着抗药性杂草的大量出现以及抗药性杂草种群的蔓延和发展，对于我国以化学除草为主体的杂草综合治理体系提出了新挑战。因此，深入了解和研究杂草抗药性的发生和形成机制，有利于延缓和避免杂草抗药性的形成，制定安全、合理的抗药性杂草治理策略。杂草抗药性的产生不仅与杂草对除草剂的吸收、转运、代谢有关，也与除草剂作用靶标位点发生变化有关。目前已经研究和阐明的杂草抗药性机制主要包括：靶标抗性机制和非靶标抗性机制。由于靶标基因确定，易于鉴定，因此对于靶标抗性机制的研究目前开展较多，研究较为透彻，而受制于杂草基因组序列资源的匮乏，对于同样非常重要的非靶标抗性机制则研究较少。

（一）靶标抗性机制

靶标抗性是指除草剂作用位点改变导致的抗药性，包括靶标酶对除草剂敏感性降低、靶标基因突变等。大多数除草剂作用于植物内的单一靶标酶，随着同一作用位点的药剂连续使用，对杂草的选择压力也逐渐增强，导致靶标位点核苷酸突变造成氨基酸变化，从而影响除草剂与靶标酶的结合作用，使杂草产生抗药性。ACCase是脂肪酸生物合成途径的关键酶，是ACCase抑制剂类除草剂的靶标酶。目前，在ACCase的羧基转移结构域内已经报道了7个氨基酸位点发生突变导致杂草产生抗药性，这7个氨基酸位点突变共导致了14种氨基酸发生了取代。这些不同位置的突变，导致杂草对ACCase抑制剂类除草剂产生了不同程度的抗药性。ALS是支链氨基酸缬氨酸、亮氨酸、异亮氨酸合成途径的关键酶，影响植物体内蛋白质的合成。目前全球发现并报道的ALS结构域共有8个氨基酸位点发生了突变，这些位点的突变导致杂草对ALS抑制剂产生了抗性。光系统Ⅱ抑制剂类除草剂通过与PSⅡ复合体上的D1蛋白结合从而阻断了光系统Ⅱ中的电子传递，达到杀死杂草的效果。D1蛋白编码基因 psbA Val-219-Ile、Ser-264-Gly和Ser-268-Pro突变导致杂草对光系统Ⅱ抑制剂类除草剂产生抗药性。

此外，靶标酶基因的过量表达也可能导致杂草产生靶标抗性。杂草受到除草剂胁迫后，靶标基因过量表达合成足够的蛋白质，从数量上弥补被除草剂钝化的酶，从而有足够量的酶仍然能正常发挥作用，导致杂草对除草剂产生抗药性。抗性种群早熟禾（ Poa annua ）体内EPSPS相关基因表达量是敏感性种群的7倍，导致了早熟禾对草甘膦的高抗性。2001年，Bradley等研究表明，ACCase的过量表达是引起假高粱（ Pseudosorghum fasciculare ）对精喹禾灵和烯禾啶产生抗药性的主要原因。Laforest等发现，马唐抗性种群ACCase的基因拷贝数是敏感种群的3.4~9.3倍，转录水平是敏感种群的5~7倍，导致其对5种ACCase抑制剂类除草剂（烯草酮、精噁唑禾草灵、精吡氟禾草灵、精喹禾灵、烯禾啶）产生抗药性。

（二）非靶标抗性机制

非靶标抗性机制是尽量减少活性除草剂到达目标部位的数量，从而减少除草剂对杂草的损伤。主要包括杂草对除草剂的渗透、吸收和输导减少，代谢解毒作用增强以及对除草剂的屏蔽或隔离作用等，其中杂草对除草剂的代谢解毒功能增强而导致的抗性称为代谢抗性。代谢抗性杂草由于交互抗性、多抗性问题突出，成为杂草抗性治理中的一大难题。目前，国内外学者主要通过同位素示踪、色谱技术、转录组测序分析等方法来研究杂草的非靶标抗性机制，从生理生化和分子水平解释抗性机制。

1. 对除草剂的吸收与输导减少和隔离作用

物种之间除草剂吸收的差异主要归因于根的形态差异和叶表面的物化性质差异，这些差异影响除草剂溶液在叶片上的保留时间和除草剂穿透表皮的效率，如毛状叶片上有绒毛，比光滑叶片更容易保留雾滴，从而促进药剂吸收。减少除草剂的输导最早在抗草甘膦黑麦草种群中被证实，敏感性黑麦草种群中草甘膦主要在根部积累，而抗性种群中草甘膦主要聚集在叶片边缘，转移至分生组织的药剂较少，从而降低除草剂药效并产生了抗药性。在抗草甘膦小蓬草（ Erigeron canadensis ）种群中，对草甘膦疏导的减少是抗药性产生的主要原因。黑麦草（ Lolium perenne ）对百草枯具有屏蔽作用，百草枯与叶绿体中一种未知细胞组分结合或在液泡中的累积，致使百草枯与叶绿体中的作用位点相隔离，从而对百草枯产生抗药性。在抗药性小蓬草种群中，草甘膦进入叶面的同质体，被液泡快速隔离而导致无法运输至分生组织，导致杂草产生抗药性，但是还不明确其具体相关转运基因。

2. 对除草剂的解毒代谢作用

代谢抗性是目前最普遍的非靶标抗性机制，是由植物体内的细胞色素 P450 单加氧酶（cytochrome P450 monooxygenase）、谷胱甘肽硫转移酶（glutathione S-transferase，GST）、糖基转移酶（glycosyl transferase，GT）等作用，将除草剂代谢为无毒或低毒的次生代谢物。除草剂解毒代谢一般包括三个阶段：第一阶段通常是细胞色素 P450 单加氧酶介导的氧化还原作用；第二阶段是 GST、GT 催化代谢物轭合作用，部分除草剂也可与谷胱甘肽（glutathione）直接反应失活；第三阶段是通过液泡或转运蛋白作用将代谢产物转移出去。不同酶系的协同作用将除草剂在到达靶标位点前代谢或阻断，导致抗药性的产生。杂草代谢作用增强导致杂草对一种或多种不同作用位点的除草剂产生抗药性，并且有对新型除草剂产生抗性的风险，使得杂草的治理更加困难。在通过自交和回交等方式对一些杂草的后代进行研究发现，GSTs 和细胞色素 P450 单加氧酶引起的抗性主要通过细胞核遗传，也就是说可以通过花粉和种子进行传播，这无疑将给农业生产带来更大的威胁和挑战。

细胞色素 P450 单加氧酶在杂草抗药性中扮演着重要的角色，因此，其在杂草中得到了充分的研究。研究发现抗药性黑麦草对西玛津的代谢速率更快，其体内细胞色素 P450 单加氧酶活性显著增强导致了黑麦草对西玛津的抗药性。Svyantek 报道了细胞色素 P450 单加氧酶活性提高增强了早熟禾对西玛津、莠去津、嗪草酮、敌草隆和氨唑草酮的抗药性。大穗看麦娘（*Alopecurus myosuroides*）对氯磺隆和精噁唑禾草灵产生抗药性是由于体内细胞色素 P450 单加氧酶活性提高，增强了大穗看麦娘对除草剂的解毒代谢能力。

GST 在杂草对除草剂的解毒代谢作用中已经得到广泛研究，GST 可以催化除草剂或除草剂初级代谢物与 GSH 形成共轭复合物而对多种除草剂起解毒代谢作用。植物 GST 首次于 1970 年在玉米中被报道催化除草剂氯 –S– 三嗪莠去津亲电基团与玉米内源 GSH 发生偶联，形成溶于水的物质随着次生代谢作用穿透细胞膜排出植物体外，从而保护玉米免受除草剂的有毒危害。目前，已在玉米、苘麻（*Abutilon theophrasti*）、水田稗（*Echinochloa oryzoides*）、牛筋草（*Eleusine indica*）等很多植物中证实 GST 可介导植物抗药性。

三、影响杂草抗药性发展的因素

在除草剂长期、大量、单一的使用情况下，杂草产生抗药性是必然的，但抗药性发展速度则受到下述因素的影响。

（一）杂草基因库中抗性突变的起始频度

杂草种群中抗性基因型的起始频度因植物种类及抗性类型而不同，这影响着杂草抗药性发展的速度。在施用 ALS 抑制剂除草剂后，杂草细胞核中半显性 *ALS* 基因突变产生抗性的频度是 10^{-6}。对光系统 II 抑制剂的抗性由叶绿体中隐性 *PsbA* 基因遗传，叶绿体基因突变产生抗性的频度接近 10^{-20}。三氮苯类除草剂抗药性的起始频度很低，据估算可能在 $10^{-20} \sim 10^{-10}$。因此，抗三氮苯类杂草种群可以持续应用除草剂 10 年以上，而抗 ALS 抑制剂类杂草种群在应用除草剂 3～4 年后抗药性就会迅速发生。

（二）除草剂的选择压

选择压是一种除草剂杀死敏感的野生型（遗传上最常见的表型，表现一个种在自然环境下的特征）而遗留抗性个体的相对能力。它是控制杂草抗药性演化速率的最重要因素。有些除草剂的选择压较其他除草剂大，对杂草有高效致死效应的除草剂选择压最大。同一种除草剂对不同杂草种类的选择压也不同。选择压受除草剂的持效性影响很大，当杂草全生长季节萌发时，除草剂活性越持久，选择压越高。因此应用氯磺隆、甲磺隆、苄嘧黄隆、莠去津等长持效除草剂，抗性杂草的发生是大范围的。应用短持效除草剂（如 2,4-D），在活性消失后萌发的一些敏感杂草产生敏感种子，稀释抗性个体，大大降低选择压及抗性的演化速率。

（三）杂草种子库寿命

杂草种子在土壤种子库中的寿命越长，敏感性杂草种子的稀释效应越大，杂草抗药性发展越缓慢。在没有机械操作的果园、苗圃及路边，欧洲千里光（*Senecio vulgaris*）对三氮苯类除草剂很容易产生抗药性，因为耕作改变了杂草种子在土壤中的动态。

（四）杂草适合度

杂草的适合度（适应程度）是指选择因子除草剂不存在的情况下抗药性与敏感性个体的相对生存繁殖能力。它决定杂草在自然选择下的行为，是控制杂草抗药性演化速率的一个主要调节因子。对持效期较短的除草剂或在长效除草剂停用一季或更长时，适合度大是延缓抗药性的重要因素。如在轮作年份，对三氮苯类具有抗药性的个体适合度为敏感个体的 10%～50%，因而较易防除，但对 ALS 抑制剂产生抗药性的个体适合度为敏感个体的 90%，若仅靠停用来延缓抗药性是无效的，而要依靠降低除草剂的选择压来减小抗药性。

四、杂草抗药性治理策略和措施

化学除草剂是机械化、规模化作物种植模式中不可缺少的除草措施，对于粮食安全具有重要意义，除草剂也是目前和未来很长时间田间除草的主要手段，由此带来的抗药性杂草问题不可避免。但由于过度依赖除草剂，抗药性杂草不断发生发展，必须采取有效措施减少或延缓杂草抗药性的发生和蔓延，延长除草剂使用年限，确保粮食安全。在杂草治理中要科学合理地应用除草剂，避免连续使用同一种或同一类作用机制的除草剂，充分发挥农艺措施，通过合理的轮作改变田间杂草群落的组成以延缓杂草抗药性的发生。

（一）遏制、检疫

一旦确证某种杂草产生了抗药性，应尽最大努力把它控制在原发区，防止其种子产生和传播。同时立即组织农田检疫，检疫内容包括：所有农机具在离开该区域前必须清除所携带的杂草种子；必须保证杂草种子不会经过青贮饲料、粪肥和作物种子传播；适时耕作，防止残存于土壤中的杂草种子通过其他途径（如风、水等）向外传播。

（二）合理使用除草剂

1. 除草剂的交替使用

交替使用除草剂（尤其适用具有负交互抗性的除草剂）能使抗药性杂草比敏感性杂草更容易控制。但是这种方法也有可能使杂草产生交互抗性，所以在选择轮用除草剂时必须注意以下几点：①轮换使用不同类型的除草剂，避免同一类型或结构相近的除草剂长期使用；②轮换使用对杂草作用位点复杂的除草剂；③轮换使用作用机制不同的除草剂或同一除草剂品种的不同剂型。

2. 除草剂的混用

除草剂的科学合理混用，也是杂草抗药性综合治理的一种重要方法。使用按一定比例混配的除草剂混剂，可明显降低抗药性杂草生物型的发生频率，以延缓或者阻止抗药性的发展，同时还能扩大杀草谱、增强药效以及提高对作物的安全性。对农民来说，除草剂的混用除了能降低成本以外，并不都是可取的，因为除草剂混用具有产生交互抗性和多重抗药性的风险。杂草不仅会对常用的除草剂产生抗药性，而且可能对以前没有使用过的不同类型、不同作用方式的除草剂产生抗药性。所以在进行科学合理混用除草剂时，也需要注意避免混用具有交互抗性的除草剂，尤其是作用位点相同的除草剂。

3. 除草剂的限制使用

限制使用主要是指限制用药量，即在阈值水平上使用最佳除草剂浓度。这不仅经济有效，而且还能降低除草剂用量，有意识地保留一些田间杂草和田边杂草，可以使敏感性杂草和抗药性杂草产生竞争，通过生态适应、种子繁殖、传粉等方式形成基因流动，以降低抗药性杂草种群的比例。但这一方法需要有很长的时间和较严格的试验工作，经验证后才能实施。有研究结果表明，连续重复使用广谱性除草剂后，田旋花（*Convolvulus arvensis*）、打碗花（*Calystegia hederacea*）都形成了抗药性，而且已有传播和蔓延，但如果维持一定数量的阿拉伯婆婆纳（*Veronica persica*）、野芝麻（*Lamium barbatum*）和藜（*Chenopodium album*）等一年生杂草，就能通过杂草种群间的竞争压力限制或减少抗药性杂草的数量。

4. 除草剂安全剂和增效剂的使用

在杂草管理上应用除草剂增效剂和安全剂，首先必须掌握除草剂在杂草和作物体内的生理生化反应。一般除草剂是通过选择性保护作物，而安全剂的应用，可能使一些非选择性或选择性弱的除草剂得以使用，并且扩大杀草谱，这就给抗药性杂草的管理提供了一条途径。

目前，对除草剂及一些助剂的代谢、作用机制等研究结果表明，除草剂增效剂的运用可能直接阻止或延缓杂草抗药性的形成，并且在经济和环境保护上具有很大优势。有研究报道称除草剂与其他农用化学物质联用具有明显的增效作用，已有一些除草剂增效剂商品投入市场。现在对于增效剂与除草剂之间各成分的协同作用机制还不是很清楚，但是有一点是明确的，即增效的主要原因是由于增加了杂草对除草剂的吸收、输导或减少了杂草对除草剂的降解、解毒。

（三）农业防治、生物防治及其他防治措施

1. 农业防治

农业防治主要包括作物轮作、耕翻、放牧、焚烧、休闲等。作物轮作能避免栽培系统中使用单一除草剂，从而延缓其抗药性产生。合理的轮作具有多方面的作用。有许多恶行杂草与特定的作物有着密切联系，这是由于种子萌发的要求和生长模式等因素决定的。作物轮作会减弱这些杂草对环境的适应性，同时选用其他除草剂可以明显地提高控制效果。如果选择竞争性强的作物品种进行轮作，也不利于抗药性生物型杂草的生长发育，轮作的年限决定于土壤种子库中抗药性和敏感性杂草种子的数量、寿命、相互间流量及与栽培方式之间的关系。

耕翻可以增加埋入土层杂草种子数量，有利于减少化学除草剂的使用量，减少除草剂的选择压力，有利于降低杂草种群中抗药性生物型的比例。控制抗药性杂草种子的传播，如加强灌溉水源中杂草种子的清除、加强牲畜粪便的管理等，这样可以减少抗药性杂草种子的扩散。

2. 生物防治

杂草的生物防治就是利用杂草的天敌（包括昆虫、病原微生物、病毒、线虫等）来防除杂草。如 1926 年澳大利亚利用仙人掌螟（*Cactoblastis cactorum*）控制危害牧场的仙人掌；20 世纪 70 年代初，我国山东省农业科学院植物保护研究所开发的'鲁保 1 号'制剂防治大豆田菟丝子效果显著。

总之，抗药性杂草的产生对当今过分依赖化学除草剂的杂草治理方式提出了严峻挑战，给杂草的有效治理和现代农业生产造成了巨大威胁。从全球绝大多数抗药性杂草生物型分布在除草剂应用水平较高的国家的事实可以看出，虽然除草剂的抗性风险不同，但长期大量、广泛使用化学除草剂，选择压力的长期存在是杂草产生抗药性的关键。现阶段，我国农田杂草治理仍以化学除草为主，且处于快速发展阶段。我国正式报道的抗药性杂草种类不多，可能是除草剂混剂应用占有较大比例，一定程度上延缓了杂草抗药性发展。但是我们不得不意识到，相对滞后的杂草科学研究也一定程度地掩盖了我国杂草抗药性的真实现况。因此，必须关注我国杂草抗药性的发展，加强抗药性杂草的快速检测和抗药性机制研究，尤其应关注多位点突变引起的杂草抗药性。在杂草治理中充分发挥农艺措施、生态调控等方法的作用，科学合理地应用除草剂，延缓杂草抗药性的发生，延长除草剂的使用寿命，以保障杂草的有效治理和农业可持续发展。

五、杂草抗药性检测方法

为及时了解田间杂草防治动态，合理使用农药，首先要进行杂草抗性生物型的研究鉴定工作。要经济而有效地控制抗药性杂草的发展，需要在该杂草尚未成为各地杂草的优势种时，采取有效手段及时了解该杂草的抗性水平。为此，建立一套快速、高

效、准确、经济的检测鉴定方法是非常重要的。通过这些方法可初步筛选出抗药性种群，然后应用一定的防治措施，从而使抗药性杂草在形成之初就能得到有效控制。

（一）田间和温室整株植物测定法

整株植物测定法是目前应用最广泛的抗药性杂草检测技术，该方法简单易行。基本操作步骤为：首先从长期单一使用过并怀疑有抗药性杂草生物型的田块采集杂草种子，播种在大田或栽在温室，在播后苗前或苗后进行常规施药处理，药剂设置不同浓度梯度，观察比较不同剂量下杂草的出苗率、发芽率和死亡率、叶面积、干重等指标，并与对照进行比较，以确定抗性程度。还可运用不同的除草剂浓度处理抗药性和敏感性杂草种群，并根据剂量与防效关系曲线计算出 LD_{50} 或 GR_{50}，求出抗性倍数，描述抗性程度。

（二）叶片内叶绿素荧光测定方法

植物叶片内的叶绿素有发射荧光现象，当抑制光合作用的除草剂处理植物叶片时，电子传递过程中光系统 II 的还原端被中断，叶绿素 a 以荧光的方式释放。方法有 Ducruet 法和 Ahrens 法，前者是将早晨摘的植物幼叶，在黑暗下浸泡在含有除草剂的水溶液中，2 h 后取出叶片，再用短波光照射叶片背面，记录叶片所发出的荧光强度。后者是把从幼叶上切下的叶圆块放在有光照的条件下浮于去离子水中 20~60 min，取出之后吸干叶圆块上的水分，然后将近轴面向上放在黑布上，并在黑暗条件下测定其荧光强度，再将叶圆块面向下，放在含有低浓度的表面活性剂和除草剂的溶液中，照光后测定荧光强度。一般抗药性植株叶片表面的荧光强度小，敏感性生物型叶片表面的荧光强度大。根据叶片表面的荧光强度，可区分抗药性生物型和敏感性生物型。

（三）叶圆块浸渍技术测定法

首先将叶圆块放在含有除草剂溶液的试管中抽真空，当溶液渗入叶圆块组织中，可观察到叶圆块下沉至试管底部，解除真空，加入少量 $NaHCO_3$ 溶液，照光，对除草剂产生抗药性的杂草生物型，光合作用未被抑制，组织间会产生 O_2，叶圆块浮力增加并且渐渐上浮。而对除草剂敏感的生物型，光合作用受抑制，叶圆块仍沉在试管底部。此法可鉴定对抑制光合作用的除草剂产生抗药性的生物型。

（四）酶活与代谢检测技术

除草剂中的有效成分被输导到靶标部位才可以发挥除草作用，因此杂草体内能代谢除草剂中的酶活性和含量也被广泛地用于杂草抗药性研究。Reade 和 Cobb 于 2002 年建立了田间酶联免疫法测定看麦娘体内 GST 的活性与含量，进而检测看麦娘对绿麦隆、异丙隆和噁唑禾草灵抗药性的程度。增强杂草的代谢解毒作用是杂草产生抗药性的一种重要机制，提取分离并分析代谢酶在敏感性杂草和抗药性杂草体内的酶活性和含量差异是检测杂草抗药性的重要方法。

（五）种子萌发实验鉴定法

很多除草剂能强烈抑制杂草种子的萌发，也往往使植物幼根、幼茎和幼叶的生长受到抑制。不同生物型的杂草种子对除草剂表现出不同的萌发率，有时只需要观察除草剂对种子萌发的影响，观察时，将种子相对萌发率范围确定在 0%~100%。100 表示未用药，0 表示完全被抑制，通过种子的萌发率确定对除草剂的抗药性。由于有些除草剂并不抑制种子萌发，只是表现出对幼苗茎、叶、根系的伤害或生长抑制等作用，因而可以根据幼苗形态特征和发育状况比较不同生物型对除草剂反应的差异，以确定杂草对除草剂的抗性程度。

（六）分子生物学技术

PCR、RFLP 和 RAPD 等分子生物学技术在杂草抗药性研究中已得到广泛和成功的应用。针对以特定基因突变而产生的抗药性，运用分子生物学技术，仅需要少量活体或死亡组织即可快速获得检测结果。Délye 等采用能够表达 1 780 位异亮氨酸转变为亮氨酸的单核苷酸多态标记方法，成功地区分了抗环己烯酮类除草剂的看麦娘抗药性种群和敏感性种群。这种方法对隐性抗药性基因的检测尤其重要。

参考文献

1. 高希武. 害虫抗药性分子机制与治理策略［M］. 北京：科学出版社，2012.
2. 柏连阳. 中国农田杂草抗药性状况与治理技术［M］. 北京：中国农业科学技术出版社，2018.
3. Powles S，Yu Q. Evolution in action：plants resistant to herbicides［J］. Annual Review of Plant Biology，2010，61：317–347.

思考题

1. 什么是有害生物抗药性，其主要的遗传机制和生化机制是什么？
2. 分别叙述有害生物对杀菌剂、杀虫剂和除草剂的抗药性分子机制及相应的抗药性分子检测技术。
3. 试述影响有害生物抗药性发展的主要因素有哪些。
4. 有害生物抗药性的检测方法有哪些？
5. 试述有害生物抗药性的治理策略和措施。

第九章

农药残留及真菌毒素智能检测

在生物灾害的综合治理中，化学农药防治是最方便、最稳定、最有效、最可靠和最廉价的防治手段，但化学农药的残留对农产品质量安全、生态环境安全和人类健康造成了危害。真菌毒素是由镰刀菌属、曲霉属、青霉属等真菌产生的一类有毒有害次生代谢产物。农作物在生长、收获、贮藏、运输和加工等环节均有可能被产毒真菌污染进而含有真菌毒素。目前，已知的真菌毒素有400多种，主要污染粮食、水果、饲料和干果等农产品。大多数真菌毒素可通过抑制动物体蛋白质和相关酶的合成，破坏细胞结构，损害动物体肝、肾、神经、造血等组织器官，具有致癌、致畸、致突变、生殖紊乱以及免疫抑制作用。常规农药残留及镰刀菌毒素检测方法已建立完整的技术标准体系，但无法满足快速、低成本和现场检测的需求。快速检测具有类型丰富、反应灵敏、操作简单、适用性广、成本低廉等优势，主要包括酶抑制法、免疫分析法和传感器法等，可作为常规仪器检测方法的补充，用于田间地头、农贸市场等非实验室场景的检测。

第一节 抽样、前处理方法

一、抽样策略

抽样是农药残留及真菌毒素检测的首要步骤，为确保抽取样品的代表性与检测结果的真实性，抽样需要遵循一定的标准，以解决抽样过程中样品代表性不佳、均一度不够等问题。欧盟采用欧盟委员会法规（EC）第 401/2006 号规定的抽样标准，我国主要依据《粮食、油料检验扦样、分样法》（GB/T 5491—1985）、《无公害食品 产品抽样规范 第 2 部分：粮油》（NY/T 5344.2—2006）、《新鲜水果和蔬菜 取样方法》（GB/T 8855—2008）、《蔬菜农药残留检测抽样规范》（NY/T 762—2004）、《农药残留分析样本的采样方法》（NY/T 789—2004）等。相关标准中规定了抽样的方法、样本的缩分、样本包装和储存、样本记录等。不同场景（产地抽样、市场抽样）、不同农产品所采用的抽样方法、样本预处理及抽样量均有所差异。抽样一般应遵循以下原则：①抽样前要明确抽样目的，即明确样品鉴定性质，对抽取的样品不论进行现场常规鉴定还是送实验室做品质鉴定，一般要求随机抽样。②抽取的样品应充分代表该批量样品的全部特征。③抽样结束应填写抽样报告。

二、样品前处理

快速检测与色谱分析在检测前均需要进行样品的前处理，通常快速检测的前处理方法较色谱分析简便。样品前处理包括样品制备、提取、净化和浓缩等步骤，依据分析物的理化性质和样品基质特性选取前处理方式，可以最大限度地减少基质的影响，是获得准确、可靠检测结果的前提。样本制备过程中，固态样品的粉碎粒径对检测结果的准确性有直接影响。样品粉碎后，样品的取样量对分析误差也会产生影响，在样品充分混匀且足量的情况下，将分析样品质量提高到 20 g 以上，可有效提高检测精密度。

大多数液态食品样品（如牛奶、葡萄酒、苹果汁等），都是经液液萃取来初步分离农药及真菌毒素；如液态样品基质感染较小，则无须萃取，经适当稀释后可直接进行快速检测。对于固态样品中农药及真菌毒素的提取，则需要采用固液萃取。大部分农药和真菌毒素较难溶于水，易溶于甲醇、乙腈、丙酮、氯仿、乙酸乙酯等有机溶剂，提取溶剂主要采用上述有机溶剂与水、酸性溶液的混合溶剂。提取溶剂中水的添加，有利于增强样品基质中有机溶剂的渗透作用，而酸性溶剂则能够打破分析物与基质物质（如蛋白质、糖类等）之间的强作用力。对于脂质含量高的样品，则采用非极性溶剂（如己烷、环己烷等）进行萃取。近年来，超临界流体萃取（supercritical fluid extraction，SFE）、加速溶剂萃取（accelerated solvent extraction，ASE）、微波辅助提取（microwave-assisted extraction，MAE）等仪器自动溶解萃取法也应用在农药残留及真菌毒素检测样品前处理过程，相比于传统的前处理方法，其优点在于减少了提取溶剂的使用量，提取效率更高。提取完成后，通过离心或过滤的方法减少基质，用于下一步的净化。

提取物的净化和浓缩可以有效减少基质干扰，提高检测的专一性和灵敏性。当快速检测灵敏度较高时，可使用缓冲液对提取物进行稀释，去除基质干扰后直接进行检测。目前，常用净化方法主要包括液液分配、固相萃取（solid phase extraction，SPE）、免疫亲和色谱法（immunoaffinity chromatography，IAC）、柱层析、离子交换柱和多功能清洗柱（如 Mycosep™）等。固相萃取和免疫亲和色谱法快速、高效、安全、可重复且具有较为广泛的选择性，是目前最常用的净化方法。固相萃取是一种基于溶解在萃取物（流动相）和固定相中分析物的特定分布特征，分析物被固定相吸附后，再由有机溶剂洗脱。免疫亲和色谱法则是通过柱身填充材料中分析物抗体与分析物的特异结合，再经甲醇等溶剂洗脱，从而达到清除其他基质成分，净化分析物的目的。近年来，QuEChERS 样品制备方法因其具有快速、简单、廉价、高效、坚固和安全等优点，被广泛应用于农药及真菌毒素检测。

第二节　农药残留及真菌毒素的快速检测

一、酶抑制法

酶抑制法是用于检测有机磷和氨基甲酸酯类农药的快速检测方法。有机磷和氨基甲酸酯类农药为神经毒剂，能够抑制人、哺乳动物和昆虫神经中枢和周围神经系统中乙酰胆碱酶的活性，造成神经传导介质乙酰胆碱的积累，阻碍神经的正常传导，引发中毒甚至死亡。酶抑制法便是基于有机磷和氨基甲酸酯类农药抑制乙酰胆碱酯酶活性的这一毒理学原理。有机磷和氨基甲酸酯类农药在一定浓度范围内，对酯酶的抑制率与其浓度呈正相关，各种动物和植物来源的酯酶均可用作酶源。在检测中，若样品中不含或含有极少量的有机磷和氨基甲酸酯类农药，酯酶活性不受抑制，可将底物正常水解，水解产物可通过 pH、吸光度、荧光强度以及其他参数变量进行检测；反之，若样品中的有机磷和氨基甲酸酯类农药含量过高，抑制了酯酶活性，底物就不被水解或水解较慢，可通过测定抑制率推断样品是否含有有机磷和氨基甲酸酯类农药，并估算其含量。

自 1951 年 Giang 和 Hall 发现沙林、对氧磷等有机磷农药在体外对胆碱酯酶有不同抑制作用以来，酶抑制法已发展出多种检测方法，灵敏度、准确性等检测性能均得到一定程度的提升。目前，基于该方法已形成速测箱、速测仪、速测卡等检测产品，已在我国基层广泛应用。

（一）酯酶简介

酶抑制法的核心试剂是酶，其特性直接决定了酶抑制法的灵敏度、特异性和准确性，主要从动植物中分离纯化获得，也可通过蛋白质重组表达的方式制备。胆碱酯酶、羧酸酯酶、碱性磷酸酶和酪氨酸酶等均可用于建立酶抑制法检测有机磷和氨基甲酸酯类农药，其中乙酰胆碱酯酶和丁酰胆碱酯酶应用最为广泛。

1. 乙酰胆碱酯酶

乙酰胆碱酯酶（acetylcholinesterase，AChE）又称真性胆碱酯酶或特异性胆碱酯酶，属于丝氨酸水解酶家族，广泛存在于各种生物体中，主要定位于细胞膜和突触前后膜，在生物中枢神经传导过程中发挥关键作用，能够快速水解神经递质乙酰胆碱（acetylcholine，ACh），形成胆碱和乙酸，终止突触传递，阻止神经冲动。乙酰胆碱酯酶主要存在于神经肌肉组织中，在红细胞、巨核细胞、血清及血小板中也有分布；昆虫体内的乙酰胆碱酯酶主要分布在头部和胸部。用于有机磷和氨基甲酸酯类农药检测的乙酰胆碱酯酶主要是从动物血清和昆虫头部分离纯化获得。

乙酰胆碱酯酶以多种分子形式存在，具有相同的催化活性，但氨基酸组成存在差异。1991 年，Sussman 等成功解析了电鳐乙酰胆碱酯酶的晶体结构。乙酰胆碱酯酶在分子表面有一个约 2 nm 长深而窄的峡谷，其中催化三联体、外周阴离子位点、酰基口袋、氧阴离子洞等活性位点均分布于此。催化三联体由 Ser200、His440 和 Glu327 组成，位于活性峡谷底部附近，是乙酰胆碱酯酶的活性中心，也是抑制剂（如有机磷和氨基甲酸酯类农药）的键合位点。在水解反应中，乙酰胆碱的季铵离子与乙酰胆碱酯酶的阴离子位点通过静电作用结合，其亲电子羰基碳原子分两步与乙酰胆碱酯酶中 Ser200 的羟基发生作用，通过乙酰化和去乙酰化循环来水解乙酰胆碱。

2. 丁酰胆碱酯酶

丁酰胆碱酯酶（butyrylcholinesterase，BChE），又称拟胆碱酯酶或非特异性胆碱酯酶，属于丝氨酸水解酶家族，主要存在于动物血清和肝中，也存在于动物肌肉和脑组织中，但其生理功能目前尚不明确。丁酰胆碱酯酶可催化胆碱酯类物质水解，但对不同胆碱酯类物质的催化速率存在差异，其催化水解丁酰胆碱（butyrylcholine，BCh）的速率远大于乙酰胆碱。用于有机磷和氨基甲酸酯类农药检测的丁酰胆碱酯酶主要是从动物血清中分离纯化获得。

1987 年，Lockridge 通过降解法测定了人血清丁酰胆碱酯酶的完整氨基酸序列，一级序列包含 574 个氨基酸，与乙酰胆碱酯酶有 55% 的序列同源性。丁酰胆碱酯酶的催化三联体由 Ser198、His438 和 Glu325 组成，氨基酸残基与乙酰胆碱酯酶相同，但是两者活性中心存在一定差别，人丁酰胆碱酯酶活性中心为一约 2 nm 长的囊袋，囊袋入口处比乙酰胆碱酯酶大 20 nm 左右，囊袋四周内壁上有 8 个芳香氨基酸残基和 6 个非芳香氨基酸残基，而乙酰胆碱酯酶的囊袋是 14 个芳香氨基酸残基，正是这一差别决定了丁酰胆碱酯酶在催化活性上与乙酰胆碱酯酶的差异。

（二）底物和显色剂

酶抑制法的反应底物包括乙酰胆碱、乙酸 –β– 萘酯、乙酸羟基吲哚和乙酸靛酯等，根据底物被水解后产生的乙酸和另一水解产物如 β– 萘酯、吲哚酚、靛酚蓝等，选择不同的显色方法。①乙酰胆碱 – 溴百里酚蓝显色法：利用胆碱酯酶催化乙酰胆碱水解产生乙酸，反应体系的酸碱性发生变化，以 pH 指示剂溴百里酚蓝显色，pH < 6.2 时呈黄

色，pH > 7.6 时呈蓝色。②乙酸 –β– 萘酯 – 固蓝 B 盐显色法：利用乙酸 –β– 萘酯的水解产物 β– 萘酯与显色剂固蓝 B 盐作用形成紫红色偶氮化合物。③吲哚乙酸酯显色法：利用底物吲哚乙酸酯水解产物吲哚酚氧化成靛蓝而显蓝色。④靛酚乙酸酯显色法：利用底物靛酚乙酸酯水解产物靛酚显蓝色。由于乙酰胆碱 – 溴百里酚蓝显色法灵敏度不高，且易受样品基质对 pH 的干扰，现已很少使用。乙酸 –β– 萘酯 – 固蓝 B 盐显色法、吲哚乙酸酯显色法和靛酚乙酸酯显色法的灵敏度较高，是目前常用的显色法。

（三）基于酶抑制法的农药残留快速检测

1. 分光光度法

基于酶抑制法的分光光度法是指利用分光光度计于特定波长处测定酶抑制显色反应的吸光度，计算酶活性抑制率，进而计算样品中农药残留量的方法。1961 年，Ellman 基于酶抑制法的原理，建立了一种利用比色法测定生物组织中乙酰胆碱酯酶活性的方法，即目前常用的酶抑制法。该方法以硫代乙酰胆碱为底物，乙酰胆碱酯酶催化底物水解生成中间产物硫代胆碱，并与 5,5′– 二硫代双（2– 硝基苯甲酸）（DTNB）结合生成黄色产物，通过黄色的深浅程度来判断乙酰胆碱酯酶的活性，从而间接判断样品中乙酰胆碱酯酶抑制剂的含量。该方法显著提升了酶抑制法的检测速度和灵敏度，在农药残留检测中得到了广泛应用。在我国已建立基于分光光度法的酶抑制农药残留检测相关标准，如《蔬菜上有机磷和氨基甲酸酯类农药残毒快速检测方法》（NY/T 448—2001）、《蔬菜中有机磷及氨基甲酸酯农药残留量的简易检验方法（酶抑制法）》（GB/T 18630—2002）。此外，配合该方法的一些检测设备（如农药残留检测仪），包括便携式检测设备，已被研制并在市场上销售，一方面可以满足现场检测的需求；另一方面，一些检测设备也具备数据传输功能，使检测结果及时上传管理部门，便于数据处理及对农产品安全的有效监管。

拓展资源 9–1

农药残留检测仪

2. 速测卡

基于酶抑制法的农药残留速测卡是将酶、底物及显色剂等固定在纸基上而设计的检测试纸，具有操作简便、快速、操作人员不需要专业的技术培训、方便储存和便于携带等优点，因此适合于现场检测。常用的速测卡是由白色片（含有胆碱酯酶）和红色片（含有靛酚乙酸酯）组成的检测试纸，其显色原理是胆碱酯酶催化靛酚乙酸酯水解生成靛酚，显蓝色。在使用时将试纸对折，白色片和红色片重叠反应，若样品中无或含有较少有机磷和氨基甲酸类农药时，白片显蓝色；反之，若样品中有机磷和氨基甲酸类农药含量较高时，催化反应被抑制，白片不变色或呈浅蓝色（图 9–1）。该方法已广泛应用，并制定了国家标准《蔬菜中有机磷和氨基甲酸酯类农药残留量的快速检测》（GB/T 5009.199—2003）。速测卡除用肉眼观察进行判定以外，还可

图9–1 速测卡示意图

图 9–1 彩色图片

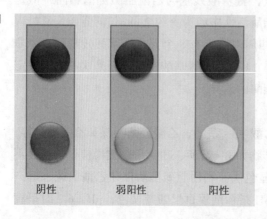

阴性　　　　弱阳性　　　　阳性

以与小型仪器设备联用，或利用扫描仪、照相机、智能手机等便携设备获取检测图像，使用简单的图像处理软件，实现定量检测。由于该方法的检测过程用时短，且可多个样品同时检测，非常适用于监管部门在农贸市场和超市等农产品流通终端的现场检测。

（四）酶抑制法的不足之处及展望

1. 酶抑制法的不足之处

虽然酶抑制法在酶源和检测方法上取得了显著的进步，但是该方法依然存在以下不足之处：①酶抑制法的原理决定了其只能对有机磷和氨基甲酸酯类进行检测，随着这两类农药使用的逐渐减少，酶抑制法的局限性被凸显；②由于酶抑制法的特异性不强，且不同农药对酶的抑制能力存在差别，所以该方法在实际应用中不能定性到哪种农药及准确的定量；③酶抑制法的灵敏度较低，其检出限高于《食品安全国家标准 食品中农药最大残留限量》（GB 2763—2021）中规定的食品中农药最大残留限量的要求，易造成假阴性的结果；④影响酶抑制法检测准确性的因素较多，如酶和底物来源及浓度、反应时间、反应温度、pH 和天然抑制剂等。

2. 酶抑制法的展望

近年来，研究者们针对酶抑制法的不足之处，开展了系列研究改善酶抑制法在农药残留快速检测中的应用效果。①微生物酯酶和植物酯酶等新酶源的挖掘；②模拟酶、抗体酶、酪氨酸酶等新型酶试剂的应用；③基于计算机辅助分子模拟技术对酯酶的结构进行优化，使其与抑制剂（如有机磷和氨基甲酸酯类农药）具有更高的亲和力；④纳米材料、荧光探针等新型显色剂的研发；⑤基于便携式设备和智能手机的新型检测方法的开发。

二、免疫分析法

免疫分析（immunoassay）是以抗原与抗体特异性识别和可逆性结合反应为基础，对目标分析物进行定性和定量分析的技术。免疫分析法具有灵敏度高、特异性强、方便快捷、检测成本低、准确可靠等优点，同时，样品的前处理过程相对简单，不需要贵重的检测仪器和专业操作人员，适合大量样品的检测及现场检测，容易普及和推广。目前，农药残留及真菌毒素免疫分析法已在我国应用。

（一）免疫分析的核心试剂

1. 抗原

抗原（antigen）是一类能诱导动物免疫系统发生免疫应答，并能与免疫应答产物（抗体或效应细胞）发生特异性结合的物质。抗原具有免疫原性和抗原性两种性质。免疫原性是指抗原具有诱导动物免疫系统产生免疫应答和抗体的能力，一般要求抗原相对分子质量大于 1.0×10^4，且来源与受免动物存在较远的种属关系。抗原性是指抗原能够与抗体发生特异性的结合反应，要求抗原分子具有一定的分子组成和结构。

半抗原（hapten）是指只有抗原性，没有免疫原性的物质。化学农药及真菌毒素是小分子化合物，相对分子质量通常小于 1 000，不能诱导动物免疫系统发生免疫应答，没有免疫原性，但是可与抗体特异性地结合，只具有抗原性，属于半抗原。因此，农药及真菌毒素必须与大分子载体偶联制备完全抗原（具有免疫原性和抗原性，也称人工抗原），才能诱导特异性抗体的产生。由于大多数农药及真菌毒素不具有与载体蛋白偶联的活性基团，或者偶联产物不适合用于免疫，所以抗原的制备一般分为半抗原的设计与合成和完全抗原的制备（半抗原与载体蛋白的偶联）。

（1）半抗原的设计与合成　针对农药和真菌毒素等小分子的半抗原设计已总结出以下规律：①半抗原应具备与分析物（农药及真菌毒素）类似的立体化学特征；②含有一定长度的间隔臂（3~6个碳原子），以便使半抗原突出于载体表面，易被免疫系统识别；③间隔臂的末端含有能与载体共价结合的活性基团，如—NH_2、—COOH、—OH和—SH等；④设计的半抗原不仅在实验室条件下具有稳定性，而且在动物体内也要有一定的稳定性。通常依据以上规则，设计并合成单个或者系列的农药半抗原用于实验验证，并从中筛选出最优半抗原，即试错法（trial and error method）。

半抗原的合成路径或方法需要根据所设计半抗原的结构来决定。根据半抗原制备时所用反应物可以将半抗原的合成方法分为3类：①直接使用农药及真菌毒素作为半抗原；②以农药及真菌毒素作为反应原料，合成具有活性末端基团的半抗原；③以中间体或类似物为反应物，从头合成具有活性末端基团的农药及真菌毒素类似结构，作为半抗原。合成的半抗原需要进行质谱和核磁的鉴定。

（2）完全抗原的制备　由于蛋白质的结构复杂、免疫原性好，不仅可以增加半抗原的相对分子质量，而且可以利用其强免疫原性诱导免疫应答，对半抗原产生载体效应，所以现在一般均选择各种蛋白质作为大分子载体。常用的蛋白质载体包括牛血清白蛋白（bovine serum albumin，BSA）、卵清蛋白（ovalbumin，OVA）、钥孔血蓝蛋白（keyhole limpet hemocyanin，KLH）、甲状腺球蛋白（thyroglobulin）、人血清白蛋白（human serum albumin，HSA）、兔血清白蛋白（rabbit serum albumin，RSA）、球蛋白片段（globulin fraction）、纤维蛋白原（fibrinogen）等。其中，牛血清白蛋白（BSA）因其物理化学性质稳定、不易变性、溶解性好、价廉易得，而且其赖氨酸含量高，自由氨基多，在含有有机溶剂（如二甲基甲酰胺、吡啶等）的情况下均可和半抗原进行偶联，且在偶联后仍保持可溶状态而常被使用。钥孔血蓝蛋白（KLH）因为其与脊椎动物免疫系统具有很好的异源性也常被优先选择。

半抗原与载体蛋白的偶联方法主要根据半抗原的活性基团进行选择，常用的有以下5种：①活泼酯法，利用半抗原的末端羧基（—COOH）在二环己基碳二亚胺的作用下与N-羟基琥珀酰亚胺反应，生成的活泼酯衍生物与载体蛋白上的氨基反应，形成偶联物；②混合酸酐法，利用半抗原的末端羧基（—COOH）与氯甲基异丁酯反应生成混合酸酐中间体，然后与载体蛋白上的氨基反应，形成偶联物；③戊二醛交联法，借助双功能交联剂戊二醛两端的醛基分别与载体蛋白和半抗原氨基（—NH_2）以共价键连接形成偶联物；④重氮化法，利用半抗原的氨基（—NH_2）与亚硝酸发生重氮化反应生成芳胺重氮盐，然后与载体蛋白氨基反应形成偶联物；⑤咪唑酯法，利用半抗原的末端羟基（—OH）与N,N'-羰基二咪唑反应生成酯基咪唑中间体，然后与载体蛋白上的氨基反应形成偶联物。

偶联获得的完全抗原需要进行透析或超滤去除未结合的半抗原，并进行鉴定。一方面判断半抗原与载体是否偶联成功；另一方面是估算结合比和蛋白质含量。所谓结合比即结合到载体蛋白上的半抗原与载体蛋白的摩尔比例。结合比过高或过低均会影响免疫效果，一般认为免疫抗原的最佳结合比为 10~40，包被抗原或标记半抗原的最佳结合比为 2~10。影响结合比的因素包括：投料比、反应介质的 pH、反应时间、反应温度等。完全抗原的鉴定及结合比测定的方法有 200~400 nm 连续波段扫描法、自由氨基测定法、同位素示踪法、定磷法和质谱法等。其中连续波段扫描法最为常用，但是如果半抗原在紫外区没有吸收就只能选择其他方法进行估算。

2. 抗体

抗体（antibody）是免疫系统受抗原刺激后产生的能与抗原和半抗原发生特异性结合的免疫球蛋白（immunoglobulin）。免疫球蛋白普遍存在于脊椎动物和人的血液、组织和外分泌液中，所有抗体都是免疫球蛋白，但并非所有免疫球蛋白都是抗体，如骨髓瘤蛋白的结构与抗体相似但无免疫学活性，就不能称为抗体。抗体分子由 4 条肽链组成，两条短链称为轻链（light chain），相对分子质量约为 2.5×10^4，有 2 种，即 κ 和 λ；两条长链称为重链（heavy chain），相对分子质量为 $(50~75) \times 10^4$，有 5 种，分别为 α、γ、δ、ε 和 μ。肽链间通过二硫键连接，整个分子呈"Y"型结构。根据重链的种类可将抗体分为 IgA（α链）、IgD（δ链）、IgE（ε链）、IgG（γ链）和 IgM（μ链），其中 IgG 在血清中含量最多。抗体根据其制备方法的不同，可分为多克隆抗体、单克隆抗体、重组抗体和人工模拟抗体等，在农药残留及真菌毒素免疫分析中常用的抗体为多克隆抗体和单克隆抗体。

ℯ 拓展资源 9-2

抗体结构示意图

（1）多克隆抗体 抗原上可以引起机体产生抗体的分子结构，称为抗原决定簇。多克隆抗体是多种抗原决定簇刺激机体免疫系统后，机体产生的针对不同抗原决定簇的混合抗体。通常利用免疫抗原对体型相对较大的动物如兔子、山羊、马等进行免疫，从血清中分离纯化获得。因此，免疫的效果决定了多克隆抗体的质量。免疫效果受多种因素的影响，如偶联物的免疫原性、免疫过程中是否向抗原中添加增强免疫反应的物质、佐剂的种类及用量、免疫程序、免疫方式、免疫动物的种类等。由于多克隆抗体是不同抗原的混合体，所以利用复合免疫或混合免疫方法制备的多克隆抗体可以用于多分析物的检测。虽然多克隆抗体的制备简单、成本低，但是对免疫原纯度要求高、批次间差异大、不易大规模生产，在实际使用中需要更加严格的验证程序。

（2）单克隆抗体 1975 年，德国学者 Köhler 和英国学者 Milstein 创建了体外杂交瘤技术，即将小鼠骨髓瘤细胞和经过免疫的小鼠脾细胞在体外进行两种细胞的融合，得到既能分泌特定抗体又能无限增殖的杂交瘤（hybridoma）细胞，并通过培养杂交瘤细胞获得均一性高、仅针对某一特定抗原决定簇的抗体，称为单克隆抗体。单克隆抗体技术对免疫原纯度要求低，并且单克隆抗体的特异性较强，性质恒定、易于批量生产。单克隆抗体研制的关键步骤是骨髓瘤细胞与脾细胞的融合，融合方法包括生物法（病毒法）、化学法（聚乙二醇）和物理法（电融合法），其中化学法应用最多。在骨髓瘤细胞研究的基础上，研究者们又先后研发了大鼠单克隆抗体和兔单克隆抗体技术。

与小鼠单克隆抗体技术相比，大鼠单克隆抗体技术可制备更多的杂交瘤细胞；兔单克隆抗体的亲和力更高。由于小鼠单克隆抗体技术成本较低且容易操作，是目前研究最为成熟和使用最多的单克隆抗体技术。

（3）基因工程抗体　基因工程抗体是利用 DNA 重组和蛋白质工程技术，在基因水平对抗体分子进行切割、拼接、修饰和重新组装，经转染适当的受体细胞所表达的抗体分子。基因工程抗体删除或减少了与抗原识别无关的结构，在保留天然抗体的特异性和生物活性的基础上，赋予抗体分子新的生物学活性。基因工程抗体是在前两代抗体（多克隆抗体、单克隆抗体）技术基础上发展而来的第三代抗体，包括人源化抗体、单链抗体、纳米抗体、抗体融合蛋白及某些特殊类型抗体等。基因工程抗体从一定程度上克服了前两代抗体技术的不足，同时结合体外展示技术、蛋白质定向进化技术等，使得不经抗原免疫就获得特异性抗体成为可能。

（4）人工模拟抗体　人工模拟抗体是通过对天然抗体的仿生学模仿，人工合成的能够特异性识别目标分子的元件，属于广义上的抗体。人工模拟抗体主要包括除传统抗体外的蛋白质来源抗体、核酸来源抗体和小分子聚合物材料抗体等。

目前，针对农药人工模拟抗体的研制技术主要是分子印迹技术（molecular imprinting technique，MIT）。分子印迹技术是利用印迹分子（模板分子）与聚合物单体接触时会形成多重作用点，通过聚合过程这种作用就会被记忆下来，当除去模板分子后，聚合物中会留下与模板分子空间构型相匹配的具有多重作用点的空穴，这样的空穴将对模板分子及其类似物具有选择识别特性。分子印迹聚合物的稳定性好、易于制备和储存、使用寿命长、抗恶劣环境能力强，已经在污染物富集分离及检测方面显示出广阔的应用前景。但也存在一些不足，如可使用的功能单体和交联剂的种类较少、分子印迹聚合物的吸附行为和吸附容量有待提高、分子印迹的识别一般发生在有机相等。

（二）免疫分析的模式

1. 竞争与非竞争

非竞争模式一般用于检测含有两个或两个以上不重叠抗原决定簇的大分子，如蛋白质、病毒等，其中一个抗体用于捕获分析物，另一个抗体识别被捕获的分析物，提供检测信号，也称为双抗夹心模式。化学农药及真菌毒素等小分子化合物，属于单抗原决定簇分析物，整个分子只能与一个抗体结合，无法按照常规方法建立非竞争模式的免疫分析，通常选择竞争模式。在竞争模式中，必须存在一个提供检测信号的竞争抗原与分析物共同竞争结合抗体的活性位点。样品中分析物浓度越高，分析物占据的抗体活性位点越多，与抗体结合的竞争抗原越少，吸光度越弱；反之，样品中分析物浓度越低，分析物占据的抗体活性位点越少，与抗体结合的竞争抗原越多，吸光度越强。因此，竞争模式下，分析物浓度通常与吸光度成反比（图9-2）。

2. 间接与直接

免疫分析根据是否使用第二抗体提供检测信号分为间接竞争和直接竞争两种模式。第二抗体简称二抗，是指能和抗体结合的抗体，即抗体的抗体，其主要作用是识别一

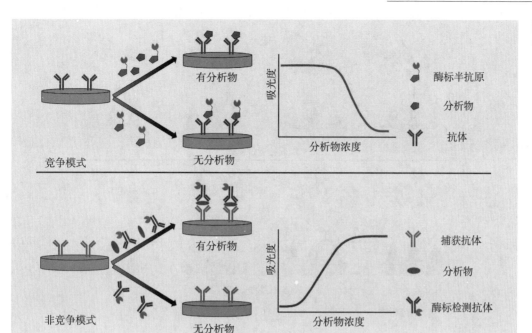

图 9-2　竞争与非竞争免疫分析示意图

抗（识别分析物的抗体），提供检测信号。二抗利用的抗体是大分子的蛋白质具有抗原性的性质，免疫异种动物后，由异种动物的免疫系统产生的针对此抗体的抗体。间接模式的检测信号由标记的第二抗体提供，优点是来源于同一物种、不同分析物的抗体可使用同一种二抗进行识别，提供检测信号。间接模式的缺点是检测步骤较多、检测时间较长。直接模式的检测信号由标记的一抗或者竞争抗原提供，由于不需要第二抗体，操作步骤较少，检测时间较短。然而，在直接模式下，不同分析物的抗体或竞争抗原需要标记后才能提供检测信号，用于建立直接模式的免疫分析方法。间接竞争模式检测农药及真菌毒素的原理见图 9-3A，包被在固相载体上的抗原与分析物竞争结合一抗的抗原结合位点，之后使用标记的二抗对结合在固相载体上的一抗进行检测。直接竞争模式检测农药及真菌毒素的原理见图 9-3B，该模式下检测信号直接由标记示踪物的检测抗体（a）或竞争抗原（b）提供。

　　3. 同源与异源

　　同源（homology）模式是指免疫分析中竞争抗原的半抗原结构与制备抗体使用的半抗原结构相同，竞争抗原称为同源竞争抗原；反之，竞争抗原的半抗原结构与制备抗体使用的半抗原结构不同为异源（heterologous）模式，竞争抗原称为异源竞争抗原。对系列异源竞争抗原进行筛选，可获得最佳竞争抗原，提高免疫分析的灵敏度。虽然，异源模式可以提高免疫分析的灵敏度，但抗体和竞争抗原的工作浓度一般较同源模式的工作浓度高。

　　4. 均相与非均相

　　按抗原－抗体反应是否在固、液两相间进行，及是否需要分离未结合的标记抗体或标记抗原，可将免疫分析分为均相免疫分析和非均相免疫分析。

图 9-3 间接竞争与
直接竞争免疫分析
示意图

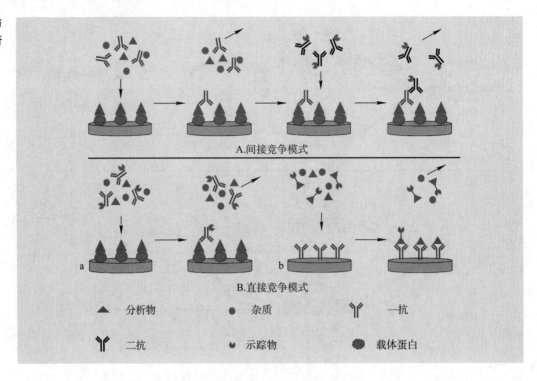

A.间接竞争模式

B.直接竞争模式

▲ 分析物　　　● 杂质　　　一抗

二抗　　　示踪物　　　载体蛋白

　　　均相免疫分析是在均匀体系（通常在液相）中进行，利用抗原－抗体反应形成复合物后标记物的活性（如酶活性）或其他信号的变化（如荧光偏振、荧光增强、荧光淬灭等）来检测分析物。整个操作过程不需要分离和洗涤的步骤，操作简单，用时短。目前，在农药残留及真菌毒素检测中，研究与应用最多的均相免疫分析方法是荧光偏振免疫分析。非均相免疫分析通常在固、液两相中进行，将未标记的抗原或抗体固定于适当的固相载体（如聚苯乙烯微孔板）表面，液相中标记的抗体或抗原与固相载体上的抗原或抗体反应，在反应达到平衡后，通常将固相和液相分离，一般测定固相上结合的标记物的活性，推算分析物的含量。非均相免疫分析由于存在分离及洗涤的步骤，所以操作较复杂，用时较长，酶联免疫吸附分析（enzyme-linked immunosorbent assay，ELISA）是目前最常用的非均相免疫分析方法。

　　（三）基于不同标记物的免疫分析方法

　　免疫分析需要对竞争抗原或抗体进行标记，使抗体与分析物的结合反应变成可检测的信号。根据标记物产生的检测信号的差异，可以将免疫分析分为以下分析方法。

　　1. 放射免疫分析

　　放射免疫分析（radioimmunoassay，RIA）是用放射元素对参与免疫反应的试剂进行标记，以放射元素的放射信号为检测信号实现对分析物的检测。由于放射免疫分析存在污染和辐射问题，且需要特殊、昂贵的检测仪器，已被其他免疫分析技术所取代。

　　2. 酶联免疫吸附分析

　　酶联免疫吸附分析（ELISA）是用酶作为标记物，通过酶促反应产生有色产物，利用分光光度计可以检测生成物并计算出待测抗原的含量。最常用的酶是辣根过氧化物酶（horseradish peroxidase，HRP）和碱性磷酸酶（alkaline phosphatase，AP），对应的反应底物分别为对四甲基联苯胺和硝基苯磷酸盐。该方法具有操作简单、快速、廉价、应用范围广等优势。

3. 化学发光免疫分析

化学发光免疫分析（chemiluminescence immunoassay，CLIA）是以酶作为标记物，催化底物生成发光信号，通过发光分析仪测量发光强度，根据发光强度计算分析物的浓度，从而实现对分析物的检测。常用的酶和底物包括辣根过氧化物酶与鲁米诺、碱性磷酸酶与 1,2- 二氧环己烷衍生物（adamantyl 1,2-dioxetane arylphosphate，AMPPD）及荧光素酶与荧光素等。化学发光免疫分析的优点包括灵敏度高、检测范围宽、不需要激发光源、检测成本低、孵育时间短等。

4. 时间分辨荧光免疫分析

时间分辨荧光免疫分析（time-resolved fluorescence immunoassay，TRFIA）是以镧系元素离子为荧光标记物，通过双功能络合物配基将镧系元素离子标记在竞争抗原或抗体上，免疫反应结束后，通过增强液形成荧光强度更强、荧光寿命更长的新荧光螯合物，用时间分辨荧光免疫分析检测仪延缓检测时间，测定产物的荧光强度，消除自然荧光的干扰。镧系元素离子包括 Eu^{3+}、Tb^{3+}、Sm^{3+}、Fy^{3+} 等，其中 Eu^{3+} 的应用最为广泛。时间分辨荧光免疫分析具有以下优势：①相对分子质量小、稳定性高，镧系元素离子螯合物的相对分子质量小，标记抗原或抗体后，对其活性和空间结构影响小；②时间分辨延迟检测，镧系元素离子螯合物的荧光寿命为 60 ~ 900 μs，远大于普通荧光物质（10 ns 以内），可以在其他普通荧光物质的信号消失后读取检测信号（延迟读取信号），排除背景噪音的干扰，提高检测的灵敏度、准确性和稳定性；③ Stokes 位移大，最大激发波长为 250 ~ 350 nm，最大发射波长大于 500 nm，Stokes 位移宽，且发射光谱带半峰宽小于 10 nm，提高了检测信号的准确性和稳定性；④解离增强作用，使用增强液对镧系元素离子进行解离再螯合，可显著放大荧光信号，提高检测灵敏度；⑤多组分分析，不同的镧系元素离子的发射光谱不同，且最大发射波长互不干扰，可在一个反应体系中使用多种镧系元素离子，同时检测其荧光信号，实现多组分同时检测。

5. 荧光偏振免疫分析

荧光偏振免疫分析（fluorescence polarization immunoassay，FPIA）是以荧光偏振强度为检测信号的均相免疫分析方法，主要应用于相对分子质量小化合物检测。光源发射的激发光经过起偏器后产生偏振光，被激发的荧光物质产生偏振荧光，通过检偏器可以测出垂直和水平偏振荧光强度（分别为 Iv，Ih）。荧光偏振（fluorescence polarization，FP）强度是一个比值，通常写作 mP（1 P = 1 000 mP），计算公式为：$FP = （Iv-Ih）/（Iv+Ih）$。荧光偏振免疫分析的原理为：当样品中存在分析物时，抗体的活性位点被分析物占据，使荧光配体（半抗原与荧光素的结合物）为游离状态，分子体积小，转动速率快，发射光去偏振化，FP 值较小；当样品中无分析物时，荧光配体与抗体结合，形成荧光配体 - 抗体复合物，分子体积大，转动速率慢，发射光偏振化，FP 值较大。荧光偏振免疫分析是均相分析方法，无须分离和洗涤等步骤，操作更加简单、快捷，但其灵敏度一般要低于其他免疫分析法（图9-4）。

6. 量子点荧光免疫分析

量子点荧光免疫分析（quantum dot fluorescence immunoassay，QDFIA）是以量子点（quantum dot，QD）为标记物，通过检测量子点的荧光信号强度计算出分析物的浓度。量子点是一种半导体纳米晶体，直径一般为 2 ~ 20 nm，目前研究较多的是由 II ~ VI 族元素（CdSe、CdTe、CdS、ZnSe、ZnS 等）和 III ~ V 族元素（InP、InAs 等）组成，也有少数是由 IV ~ VI 族元素（PbS、PbSe 等）组成的核壳式结构，最常用的是 CdSe 和 CdTe。量子点优点包括：①荧光强度高，其荧光强度是普通荧光素罗丹明 6G 的 20 倍以上；②荧光稳定性好，其荧光稳定性是普通荧光素罗丹明 6G 的 100 倍以上，且耐光漂白；③量子尺寸效应，量子点荧光颜色丰富，不同粒径和组成的量子点具有系列颜色，不同量子点可使用同一激发光，发射不同的荧光颜色，这一独特属性可用于建立多组分同时检测的方法。

7. 胶体金免疫层析分析

拓展资源 9-3

胶体金免疫层析分析

胶体金免疫层析分析（gold immunochromatographic assay，GICA）也称为胶体金试纸条，是基于抗原抗体特异性反应，使胶体金聚集产生色带的一种膜检测技术。将膜与其他组件通过接头处小部分重叠的方式集成在一起，膜及各组件协同实现分析。如图 9-5 所示，胶体金试纸条一般由样品垫、硝酸纤维素膜（NC 膜）、结合垫、检测线（test line）、控制线（control line，也称质控线）、吸水端和底板组成。通常，检测线和控制线分别是将竞争抗原和二抗以条带状先固定于硝酸纤维素膜上，当待测样品被加到样品垫上后，样品液会通过毛细作用向吸水端移动，当经过结合垫时，溶解固化在结合垫上的胶体金标记物，继续移动至检测线区域时，胶体金标记物与固定在检测线区域的竞争抗原发生特异性结合，使胶体金聚集在该区域，从而出现可以目测的显色。过量的胶体金标记物继续前移至控制线区域，与固定的二抗发生特异性反应，使控制线显色。当样品中含有分析物时，分析物与胶体金标记物上的抗体结合，抑制胶体金标记物在检测线区域聚集，使检测线不显色或颜色强度弱于控制线，但控制线依然显色。检测结果可通过肉眼观察直接进行定性和半定量的判定，也可配合便携式

图 9-4 荧光偏振免疫分析示意图

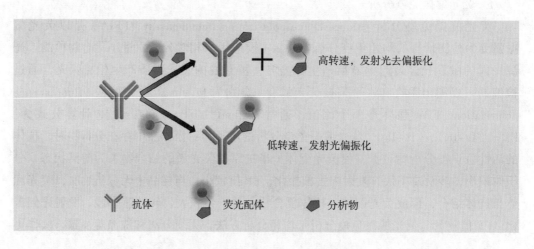

高转速，发射光去偏振化

低转速，发射光偏振化

抗体　　荧光配体　　分析物

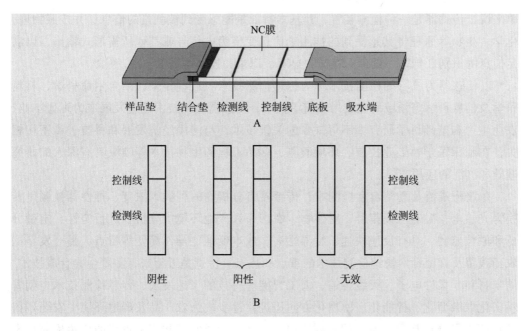

图9-5 胶体金试纸条示意图（A）及检测结果判定示意图（B）

的检测设备实现定量检测。由于胶体金试纸条具有操作简单、快捷，可现场检测等优点，该方法已被大量用于农产品中农药残留及真菌毒素的快速检测。

（四）免疫分析的不足及展望

1. 免疫分析的不足

免疫分析方法虽然在灵敏度、特异性上具有显著的优势，但是仍存在以下不足之处：①基于试错法的半抗原设计存在一定的盲目性，系列半抗原的合成及测试需要花费大量的人力及物力；②单克隆抗体的制备周期较长，成本较高；③结构类似的化合物通常存在交叉反应，对检测的特异性产生影响；④试纸条作为最常用的分析方法，其灵敏度较低，为满足实际检测的需求，对免疫分析试剂（竞争抗原和抗体）的质量要求较高。

2. 免疫分析的展望

研究者们针对免疫分析的不足开展了系列研究，包括：①基于计算机模拟技术开展农药及真菌毒素半抗原的分子设计；②随着分子生物学的发展，噬菌体展示技术、核糖体展示技术等在免疫分析核心试剂的研制上应用越来越多，为高质量核心试剂的研制提供了技术手段；③抗免疫复合体多肽和抗体的研制，使农药、真菌毒素等小分子非竞争免疫分析的建立成为可能，可提高免疫分析的特异性（三元复合体可显著提高特异性）及灵敏度；④新型示踪物，如量子点、转换荧光等纳米材料在免疫分析，特别是试纸条上的应用，可显著提高分析方法的特性。

三、传感器法

传感器（sensor 或 transducer）是一类能够灵敏感受被测量，并按照一定规律转换成可用输出信号的器件或装置，通常由敏感元件、转换元件和其他辅助元件组成。简单来说，传感器是一种检测装置，其基本特征是能感受到被测量的信息，并按照物理、化学、生物等原理将其感受到的被测量信息变换为电信号或其他所需形式输出，以满足信息的识别、传输、处理、存储、显示、记录和控制等需求。

以传感器为核心的检测技术称为传感检测技术。近些年来，结合生命科学、材料科学及信息科学等领域研究成果和前沿技术，传感器检测技术迅速发展成为现代工业、农业生产和基础科学研究中不可缺少的关键技术，与国民经济发展和科技进步密切相关，在临床医学、工业控制、环境监测、食品工程和生物技术等领域具有深入的研究基础和广泛的应用前景。

在农药残留及真菌毒素检测中，传感器将分析物的种类、浓度、毒性等被测量转换为光、电、磁等可读信号，对作物、农产品和产地环境中分析物进行定性、定量分析和原位监测，具有反应快速、特异性高、成本低廉、操作简便等特点，是开发新型农药残留及真菌毒素快速检测技术的重点和热点。特别是近年来，随着生物合成技术、纳米材料、柔性电子、无线传输、人工智能等科技的飞速发展，传感检测技术也朝着精密化、微型化、智能化、便携化方向迈进，逐步成为农产品及产地环境中农药残留及真菌毒素分析与原位监测的重要手段。目前，针对农药和真菌毒素的传感检测技术已有较多报道。

（一）传感器的基本组成及分类

传感器的组成包括两个部分：敏感元件及转换元件。

1. 敏感元件

敏感元件也称为识别元件，是指传感器中能直接感受（或响应）被测物的部分，是传感检测系统的关键组成元件，直接决定了检测过程的选择性、灵敏度及可靠度，是评价检测器功能及传感检测效率的重要指标。通常，用于农药、真菌毒素等小分子传感检测的敏感元件包括高分子合成材料（如分子印迹聚合物、金属有机框架材料）、生物材料（如酶、抗体、DNA、RNA、适配体、细胞）等，其中以生物材料为敏感元件的传感器又称为生物传感器（biosensor）。

敏感元件对分析物具有选择性，使传感器对分析物产生特异性响应，有效避免了其他物质的干扰，从而保障检测的选择性和灵敏度。按敏感元件分类，常用于农药残留及真菌毒素快速检测的传感器包括分子印迹传感器（molecular imprinted sensor）、免疫传感器（immunosensor）、酶传感器（enzyme sensor）、核酸传感器（nucleic acid sensor）等。

在分子印迹传感器中，制备专一性的分子印迹聚合物（molecular imprinted polymer，MIP）是识别农药及真菌毒素分子的关键。MIP也被称为"塑料抗体"，通过自组装分子、功能凝胶、有机聚合物或树枝状分子与模板分子（农药或真菌毒素）聚合，再洗脱模板分子，获得具有结构特异性或键合特异性的高分子聚合物。目前，分子印迹技术已经广泛应用于色谱分离、固相萃取、药物控制缓释等，具有优异的底物专一性、稳定性、易操作性等优点，应用前景广阔。

在免疫传感器中，抗体是最常用的敏感元件。利用抗体对抗原的专一性识别和结合，提高复杂基质中农药残留及真菌毒素的检测效率和准确度。目前，农药及真菌毒素分子的抗体制备技术趋于完善，可构建单克隆抗体、多克隆抗体、重组抗体等多种选择性强、灵敏度高的抗体，并通过化学交联、生物亲和及凝胶包埋等方式，直接或间接修饰传感器表面。

酶传感器利用特异性酶催化农药及真菌毒素分子，产生电、光等信号，实现痕量农药残留及真菌毒素的无标记（label-free）检测，具有操作简便、反应迅速、可批量生产等优点，商业化潜力大。

在核酸传感器中，DNA、RNA、适配体（aptamer）是常用的生物识别元件，具有亲和力高、稳定性强、制备成本低、特异性强等明显优点。核酸识别靶分子（农药或真菌毒素）后，通过检测两者结合转化的光学、电化学等信号，建立灵敏、高效的比色分析、荧光分析、电化学分析等生物传感技术。

此外，单壁碳纳米管、多壁碳纳米管、石墨烯、碳量子点等多种碳基纳米材料常用于生物传感器表面的修饰材料。利用碳基纳米材料突出的电化学性能、较大的比表面积、稳定性、易改性修饰等特点，通过吸附、共价结合、交联等方法，将酶、抗体、适配体等多种生物识别元件固定在碳纳米材料上，增强并传输生物材料与分析物的识别信号，构成灵敏度更高、选择性更强的传感检测系统，也是一类研究广泛的农药残留及真菌毒素检测的生物传感器。

2. 转换元件

转换元件也称为换能器、传感元件，其作用是将敏感元件识别被测物的生物、化学或物理的信息转变为电、光、磁、热等可读信号。识别过程产生的信息是多元化的，传感技术结合微电子学、光学等领域的研究成果，为输出这些信息提供了丰富的手段，以满足不同反应体系、环境条件的检测需求，是传感检测技术蓬勃发展的重要基石。

按转换元件分类，常用于农药及真菌毒素残留快速检测的传感器包括电化学传感器（electrochemical sensor）、光学传感器（optical sensor）、热感器（thermal sensor）等。根据敏感元件和转换元件特征，可以将传感器更细致地分为电化学免疫传感器、电化学酶传感器、分子印迹电化学传感器、适配体比色传感器等。

（二）传感检测的工作原理及特点

农药及真菌毒素分子经扩散、吸附等方式进入固定在敏感元件上的识别层，与敏感元件（如 MIP、抗体、酶、核酸等）发生特异性结合，经过转换元件将两者结合产生的化学、生物信号转换成其他可读信号（如电位变化、光强或光谱变化等），对所得信号进行定性、定量分析，完成样品中农药及真菌毒素残留的传感检测（图 9-6）。

由于敏感元件常由酶、抗体、核酸等生物材料或微米、纳米级微型材料组成，需要将其固定到转换元件或连接转换元件的设备表面，有助于敏感元件与待测样品接触，便于转换元件读取两者识别、结合的信号，从而快速准确地检测信号变化。根据信号类型不同，用于固定敏感元件的载体包括电极（如纳米金、二硫化钼等粒子修饰的丝网印刷电极）、纸类材料（如纤维素滤纸、硝化纤维膜、普通打印纸）、高分子聚合物（如聚二甲基硅氧烷、聚苯乙烯）、芯片（如微流控芯片）等。

图9-6 传感器基本组成及传感检测分析物的原理图

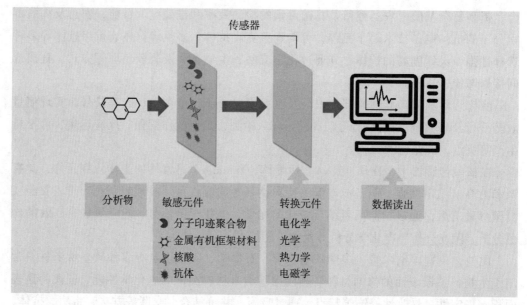

通常，固定敏感元件的方法有：夹心法、包埋法、吸附法、共价结合法、交联法和微胶囊法。例如，乙酰胆碱酯酶是常用的电化学生物传感器敏感元件，用于检测有机磷类农药。为提高乙酰胆碱酯酶与有机磷农药特异性结合的稳定性和反应效率，需要将乙酰胆碱酯酶固定于传感器的电极上，采用重氮（—N≡N）试剂为主的共价交联法固定酶，以确保蛋白质分子不脱落，保护酶的活性中心。

相较于常规仪器分析，采用传感器检测农药残留及真菌毒素具有以下特点：①种类丰富，基于敏感元件和转换元件的多样性，理论上可制备适应所有分析物和检测条件的传感器；②微量分析，需要的样品量少，大多传感器不需要使用化学试剂；③特异性强，检测灵敏度高；④生产使用成本低；⑤检测快速，操作简便，容易实现自动化分析；⑥具有便携化、微型化、智能化的潜力，利于原位监测。

（三）传感器法的不足与展望

值得注意的是，当前传感检测技术的规模化推广受到多种因素的限制，难以发挥其在农产品安全检测及环境监测等方面的突出优势。首先，如何提高生产工艺，确保传感检测设备在批量化工业生产中仍然保持高灵敏、高效率、高稳定等重要性质，是制约传感器生产推广的关键问题，尤其在降低生物敏感元件（如抗体、适配体、纳米生物复合物）生产成本、维持其特异识别功能的持久性和稳定性等方面，需要进一步优化生产工艺。此外，缺少标准的传感器制造方法和效果评价体系也是制约传感检测发展的主要因素。作为常规仪器分析的补充，建立广泛认可、标准可行的评价体系，这将有利于推动传感检测技术的常规化、标准化发展，有望最终形成完善可靠的农药残留及真菌毒素快速检测技术体系，为保障农业生产的绿色、可持续发展提供坚实的技术力量。

第三节　农药残留与真菌毒素快速检测的智能化

快速检测具有类型丰富、反应灵敏、操作简单、适用性广、成本低廉等优点，结合材料科学、人工智能、云数据等科技的最新研究成果，快速检测在微型化、智能化、数据化等方面展现出突出潜力，推动了农药残留及真菌毒素智能检测与原位监测技术的蓬勃发展，其应用前景不可小觑。

一、基于智能手机的快速检测

随着智能手机的迅速发展并普及，其强大的图像采集和数据处理能力逐渐被应用到快速检测中。利用智能手机及其附加组件，通过开放的软件平台或根据需求开发的智能手机软件（APP），可集数据采集、分析、显示以及共享于一体，实现对农药的快速检测。基于智能手机的快速检测主要是应用了智能手机的拍照功能，Pohanka 将吲哚乙酸酯固定在滤纸上制备了检测试纸，使用智能手机对检测结果进行拍照，配合 Zoner Photo Studio 17 软件进行色彩通道分析，实现对克百威的定量检测；Wu 等通过 3D 打印制备了花形芯片，基于酶抑制法，配合智能手机的拍照功能实现了对马拉硫磷的定量检测。此外，智能手机的扫码功能在快速检测中也有应用，如 Guo 等基于酶抑制法制备了条形码式的检测芯片，可通过智能手机的扫码功能和图像分析软件实现对马拉硫磷的定性和定量检测。由于智能手机便于携带、普及面广，配合智能手机的酶抑制法具有强大的应用前景。

此外，随着材料科学和新型（生物）识别元件（如适配体、分子印迹聚合物、金属有机框架材料等）的快速发展，新一代比色分析技术具有更好的选择性、灵敏度和广泛的适用性。其中，基于纸类材料的传感器因其资源丰富、成本低廉、高稳定性和吸附性等优点，在比色传感器中占主导地位。例如，最新折纸技术（origami）通过纸张折叠构建 3D 花形纸结构，在不同"花瓣"上固定不同酶（包括 AChE 酶、胆碱氧化酶和过氧化物酶），利用有机磷农药与 AChE 酶结合诱导的连锁反应，制备用于检测有机磷农药的酶抑制化学发光传感器，通过手机拍照进行结果分析，检测灵敏度达到 fg/mL 水平。

二、基于拉曼散射技术的原位检测

由于每种化合物具有独特的理化特性，根据化合物的吸收光、发射光、散射光、红外光等频谱差异进行分析，为农药残留及真菌毒素的特异性检测提供了卓越的先天优势。然而，常规光谱检测的适用性十分有限，在精准度、灵敏度等方面存在不足。随着便携式微型检测设备的快速发展，显著加快了读取光谱信号的灵敏性和可靠性，逐步成为农药及真菌毒素原位检测的重要手段。

在目前研究最广泛的光谱传感检测中，基于拉曼散射（raman scattering）技术的检测方法发展最快。拉曼散射是指物质接收的入射光频率与散射光频率不一致的现象，是物质的"指纹光谱",因此,通过检测拉曼散射光谱可以快速鉴定物质种类。然而,拉曼散射光的强度非常弱,为增强拉曼散射信号至仪器响应的范围,研究开发了表面增强拉曼光谱术(surface-enhanced raman spectroscopy,SERS)技术。SERS 技术利用多种材料(如贵金属纳米颗粒、碳材料、金属有机框架材料等),增强识别农药分子的灵敏度并放大拉曼信号,结合手持式拉曼光谱分析仪(handheld raman analyzer),进行快速、精准的农药残留原位分析,是将来便携式、微型化、智能化农药残留及真菌毒素检测的发展热点。

三、可穿戴电化学传感检测设备

传感器检测技术与柔性材料、微芯片、数据交互等前沿技术相结合,朝着微型化、智能化方向发展。其中,可穿戴式传感装置(wearable sensing device)的研制是这一领域的最新研究方向。

可穿戴式传感装置也称可穿戴设备,是新一代的智能传感器,它可以直接与皮肤接触或佩戴,具有柔韧性、便携性及微型化等特征,结合集成电路、人工智能、无线数据传输等技术成果,利用多种终端设备(如计算机、手机)进行检测数据的实时传输及分析,在个人健康、医学监测等领域发展迅速。近年来,可穿戴式传感装置在农药残留及真菌毒素检测领域的研究十分活跃。例如,将微型传感器固定在手套或亲肤贴纸上,通过直接触摸待测样品(如果蔬表皮),在终端设备上读取数据,完成农药残留的快速智能检测。

目前,用于农药残留及真菌毒素检测的可穿戴式传感装置多为电化学传感器。电化学传感器以基础电极为转换元件,通过修饰电极识别农药分子,测量识别过程中电流、电势或阻抗的变化,将分析物浓度转变成电子量实现传感检测。由于电化学传感器具有灵敏度高、响应快速和仪器便携等优点,是发展最早、研究最深入的农药残留及真菌毒素检测传感器。结合柔性电子(flexible electronics)科技,可穿戴式电化学传感检测设备在农药残留及真菌毒素检测方面初具规模。此类传感器包括三部分,即柔性基底材料(固定传感器的载体)、活性层(含有敏感元件或数据传输电路芯片)和界面层(类似黏合剂,用于固定活性层)。

一般来说,为适应使用过程中皮肤的屈伸形变,常用柔韧性好、可拉伸的柔性材料作为可穿戴式电化学传感器的基底材料,如高分子聚合物(聚乙烯亚胺、聚二甲基硅氧烷)和纤维材料(纸、纺织品等)。在活性层中,修饰电极能快速、灵敏识别分析物,通过集成电路传输识别信号,并在终端设备上快速读出。例如,国际传感检测专家 Joseph Wang 团队将有机磷水解酶(OPH)修饰电极固定在明胶上,制成可直接粘在皮肤上的可穿戴式电化学传感器。当电极识别到甲基对氧磷时,产生阳极峰值电流,该信号通过无线传输到移动设备上,实现有机磷的快速、智能检测。此外,该团队尝试将 OPH 电极固定于纺织品及手套上,通过轻触待测样品产生电信号,优化了检测设备的便携性和耐用性,并避免了皮肤与农药的直接接触,建立了一套使用灵活、高效灵敏、适用性广、安全可靠的智能检测技术。

参考文献

1. Aragay G, Pino F, Merkoci A. Nanomaterials for sensing and destroying pesticides [J]. Chemical Reviews, 2012, 112: 5317-5338.

2. Guo J, Wong JXH, Cui C, et al. A smartphone-readable barcode assay for the detection and quantitation of pesticide residues [J]. Analyst, 2015, 140: 5518-5525.

3. Mishra RK, Hubble LJ, Martin A, et al. Wearable flexible and stretchable glove biosensor for on-site detection of organophosphorus chemical threats [J]. ACS Sensors, 2017, 2: 553-561.

4. Oliveira TMBF, Ribeiro FWP, Sousa CP, et al. Current overview and perspectives on carbon-based (bio)sensors for carbamate pesticides electroanalysis [J]. TrAC Trends in Analytical Chemistry, 2020, 124: 115779.

5. Pohanka M. Photography by cameras integrated in smartphones as a tool for analytical chemistry represented by an butyrylcholinesterase activity assay [J]. Sensors, 2015, 15: 13752-13762.

6. Wu FY, Wang M. A portable smartphone-based sensing system using a 3D-printed chip for on-site biochemical assays [J]. Sensors, 2018, 18: 4002.

7. Xu ML, Gao Y, Han XX, et al. Detection of pesticide residues in food using surface-enhanced raman spectroscopy: a review [J]. Journal of Agricultural and Food Chemistry, 2017, 65: 6719-6726.

思考题

1. 酶抑制法检测农药残留的局限性是什么？
2. 设计农药及真菌毒素半抗原时应遵循哪些原则？
3. 根据抗体制备方法，常用抗体类型有哪些？分别具有什么特点？
4. 免疫分析法的优点是什么？
5. 简述农药残留及真菌毒素免疫检测的模式和方法。
6. 简述传感器的组成和工作原理。
7. 传感器技术的特点是什么？

第十章

植物保护无人机的应用

近年来，随着科学技术的快速发展和农林业生产对机械现代化的巨大需求，植物保护无人机行业迅速发展。2016 年以来，无论是植物保护无人机的保有数量还是航空植保作业面积都出现了井喷式发展。2020 年，我国植物保护无人机保有量达到 11 万架，作业面积突破 $6.67 \times 10^7 \, hm^2$，相较 2015 年增长超过 47 倍，植物保护无人机已从早期的实验性产品发展成为一种常见的农业生产机械，并开始"飞"入寻常百姓家。植物保护无人机现已被广泛应用于农林航拍、病虫害监测、农药喷洒等工作，打破了农业生产中植物保护机械化的薄弱环节，极大地提高了工作效率。此外，植物保护无人机自动飞控作业还最大限度地减少了作业人员接触农药的时间，保障了工作人员的安全。随着植物保护无人机发展的智能化、操作简便化、施药精准化的进一步发展，其在农林生产中将拥有更加广阔的发展前景。本章着重对植物保护无人机的发展概况、系统组成、应用、相关机构与政策、可用药剂、存在问题和发展趋势等进行介绍，为学习掌握植物保护无人机相关专业知识奠定基础。

第一节 植物保护无人机概况

一、植物保护无人机的定义

植物保护无人机简称植保无人机，是用于农林植物保护作业的无人驾驶飞机，植保无人机由飞行平台（固定翼、直升机、多轴飞行器）、导航飞控、喷洒机构三部分组成，通过地面遥控或导航飞控来实现喷施作业。无人机不仅可以施药，还可以从事播种、施肥甚至除草等农业生产活动。

二、植物保护无人机的类别

依据动力可将植保无人机分为三类：油动力型植保无人机、电动力型植保无人机、混合动力型植保无人机。油动力型植保无人机的优点是具有较大的承载能力和较长的续航时间，缺点是机身较大且飞机机体结构复杂，灵活性差，操作难度大，而且发动机寿命较短；电动力型植保无人机具有灵活轻便的机身，起降快、结构简单、价格低、操控及维护保养容易，缺点是载荷较小、续航时间较短；混合动力型植保无人机具有良好的续航能力以及出色的载荷能力，但是复杂的结构增加了无人机生产的成本，使得后期维护保养费用较高。

依据升力结构可将植保无人机划分为三类：固定翼植保无人机、单旋翼植保无人机、多旋翼植保无人机。固定翼植保无人机虽然具有较好的滑翔性能，较快的飞行速度，较高的飞行高度，但是由于固定的机翼起落必须借助跑道而且极易受到气流的影响，在植物保护行业很难大规模推广；单旋翼植保无人机类似于直升机，不需要跑道起降，能够悬停、飞行灵活、稳定性比固定翼植保无人机高，但是单旋翼植保无人机的飞行培训难度大，风险较高；多旋翼植保无人机是具有三个及以上旋翼轴的特殊植保无人机，具有机身机构稳定、价格低、垂直起降、空中悬停、灵活性强等优点，目前主流的植保无人机大多是多旋翼植保无人机。

三、植物保护无人机的发展历程及趋势

近年来，随着世界各国经济实力和科学技术的快速发展，农业基础设施建设也稳步向前推进，民用植保无人机在各国政府的大力支持下得到了快速发展，成为农业机械的重要组成部分。

（一）国外植物保护无人机的发展历程

美国是农业航空技术应用最早的国家。1918年，美国利用载人航空技术在棉花上开展了农药喷洒。1922年，美国将JN-6军用飞机进行改良，装载农药后对植物进行喷洒。同年，苏联爆发蝗虫灾害，借鉴美国航空施药的模型，苏联开始用飞机喷洒农药并取得了较好的效果，从而打开了无人机在植保领域应用的大门。20世纪50年代，以美国、苏联为首的发达国家开始大规模研制生产植保无人机，由此进入了植保无人

机发展的初级阶段。20 世纪 70 年代，美国开始研究航空喷施作业技术参数的优化模型，以降低航空施药的成本。据统计，美国有 65% 的化学农药是通过飞机作业完成喷洒，而水稻的所有施药都是通过航空作业来完成。

进入植保无人机发展的初级阶段后，日本在植保航空领域占据了一席之地。日本地形复杂，特殊的地理环境使得地面装备难以行走，因此，无人机的优势在日本就得到了凸显。1987 年，日本 Yamaha 公司生产出世界上第一台用于农药喷洒的植保无人直升机 R-50（图 10-1）。

此外，澳大利亚、韩国和俄罗斯也广泛使用植保无人机。澳大利亚在 20 世纪 50 年代首次将飞机用于农业喷洒，韩国于 2003 年首次引入无人直升机用于农业航空作业，之后航空植保面积逐年增加。俄罗斯地广人稀且具有良好的航空作业条件，拥有数目庞大的植保农用飞机，总数高达 1.1 万架，年处理耕地面积占比达 35% 以上。

（二）国内植物保护无人机的发展历程

我国的农用航空植保发展始于 20 世纪 50 年代，1951 年，C-46 型飞机在广州执行了连续两天的灭蚊蝇任务，共计飞行 41 架次。1952 年，我国首次在黑龙江大兴安岭和小兴安岭地区进行护林飞行。1956 年，我国开始用飞机防治水稻病虫害；1958 年，在泰来用飞机进行杀蝗。这一系列事件拉开了中国航空植保发展的序幕。20 世纪 90 年代，设计的 3WQF 型农药喷洒设备配套轻型飞机被广泛用于水稻、小麦、棉花等大田作物的病虫草害防治。

2004 年，在科技部"836 计划"的大力支持下，南京农业机械化研究所等单位开始植保无人机的研究和推广。2008 年，国家"836 计划"项目"水田超低空低量施药技术研究与装备创制"正式启动，这标志着我国正式开始植保无人航空技术的研发与创制。同年，中国农业大学植保机械与施药技术研究中心、山东卫士植保机械有限公司和临沂风云航空科技有限公司开展合作，进行多旋翼无人机的研发，并于 2010 年首次在国内研制出多旋翼电动植保无人机——3WSZ-15 型 18 旋翼植保无人机（图 10-2）。

图 10-1 农药喷洒植保无人直升机 R-50

图 10-2 3WSZ-15 型 18 旋翼植保无人机

虽然我国的农用植保无人机技术起步较晚，但随着资金和科研力量的不断投入，近年来在低空低量航空农业应用方面发展迅速。除科技进步带来无人机硬件提升之外，国家给予的政策支持以及购机补贴也为植保无人机发展起到了促进作用，有利于积极完善农业航空规范和促进植保无人机推广应用。历经十多年的发展，我国植保无人机体系已经初具规模，2020 年底，全国植保无人机保有量 11 万架，作业面积达到 6.67×10^7 hm²，植保无人机装备总量和作业面积均为全球第一，标志着我国航空植保发展进入了一个新时代。

目前，我国轻小型农用植保无人机主要有"大疆 MG-1P 系列、T 系列""安阳全丰自由鹰系列""广西田园 3XY8D、3XY5D4""极飞 P 系列"等。

（三）植物保护无人机的发展趋势

随着科技的进步，植保无人机也发生着变化，未来植保无人机的发展趋势有以下五个方面。

1. 成熟、稳定、安全的移动端操作平台

随着植保无人机技术的不断发展，植保无人机已进入了智能化时代，植保无人机智能化操控模式显得尤为重要。通过手机 APP 操作平台来操控植保无人机，可实现上升悬停、航线规划、自主飞行、GPS 跟随及虚拟摇杆操作等功能，同时也解决无人机无法感知和避开障碍物的问题。研发高稳定性、高可靠性农用植保无人机自主飞行控制系统，搭建更加成熟、稳定、安全的移动端操作平台，是植保无人机发展的重中之重。

2. 精准施药技术

近年来，为提高农药有效利用率、减少作物农药残留危害和保护施药地区周边环境，精准施药技术已成为研究热点。目前，开发高效的航空遥感系统成为一种新趋势，

⌬ 拓展资源 10-1

大疆 T-30 植物保护无人机

无人机搭载遥感系统可以通过核心技术产生的精确空间图像对大田作物的营养状况、长势状况及病虫害的状况进行分析。针对雾滴沉积、飘移、分布均匀性监测及雾滴图像处理系统等先进传感器的开发与使用在推动我国植保无人机精准施药技术的发展过程中至关重要。

3. 农业航空植保静电超低容量施药技术

传统喷雾技术只有25%~50%的药液附着在作物上，并且雾滴飘移严重，使用静电喷雾能有效增加药液的附着率，药液的有效利用率大幅度提高。同时，由于控制了飘移量，可降低对周围环境和土地的污染。

4. 植保无人机喷杆振动特性研究

雾滴的飘移量、沉降量及分布均匀性是影响植保无人机作业质量的三个重要评价指标。植保无人机研究的首要目标是提高其作业质量。喷杆作为植保无人机的施药关键部件，至今很少有人对其在喷雾作业过程中因振动问题产生的影响进行研究。根据已有的针对发动机、旋翼、传动系统的振动分析方法，解析三者的振动方程，结合地面喷杆的相关研究，获得航空喷杆的振动特性，在满足喷杆强度作业要求、空气动力学性能的前提下，优化设计质量轻、强度高、耐腐蚀、空气阻力小的喷杆是目前航空喷施装备关键部件的研究趋势。

5. 高承载质量、高效率、长续航

目前，植保无人机普遍存在承载质量较小、续航时间较短的问题，一般承载质量为30~40 kg，续航时间一般为15~30 min，这极大地限制了植保无人机的发展。随着单位面积喷洒收入的提升及土地流转的增加，高载药量、高效率、长续航植保无人机的需求会逐步显现出来。载药量越多，飞行时间越长，植保无人机的作业效率将大大提高。因此，高承载质量、高效率、长续航的中小型无人机将是今后植保无人机的发展趋势。

第二节　植物保护无人机的系统组成

一、飞控系统的模块组成

（一）主控制模块

1. 开源飞控

开源飞控就是建立在开源（open source）思想基础上的自动飞行控制系统（automatic flight control system），同时包含开源软件和开源硬件，其中软件包含飞控硬件中的固件和地面站软件两部分。爱好者不但可以参与软件的研发，也可以参与硬件的研发；不但可以购买硬件来开发软件，也可以自制硬件，这样便可让更多人自由享受该项目的开发成果。开源项目的使用具有商业性，所以每个开源飞控项目都会给出官方的法律条款以界定开发者和使用者的权利，不同的开源飞控对其法律界定都有所不同。

2. 闭源飞控

目前，市面上已经出现了很多安全可靠的闭源飞控。闭源飞控稳定性高、可靠性强，但是无法拿到原始数据以及底层的控制权，无法改变底层的控制逻辑，限制了自主开发和应用能力。源代码被看作这个公司的商业秘密，因此，源代码不对外泄漏，以保证源代码为大众所知而影响其盈利。

（二）传感器模块

无人机同有人机一样装有多种传感器，为飞行控制系统提供更精确、可靠、全面的信息，以保证无人机能够安全稳定的飞行和执行任务。无人机上的常用传感器，主要包括角速度传感器、加速度传感器（加速度计）、地磁传感器（数字罗盘）、气压传感器（气压计）等。

1. 角速度传感器

角速度传感器能监测三轴的角速度，因此可监测出俯仰（pitch）、滚翻（roll）和横摆（yaw）时角度的变化率。角度信息的变化能用来维持无人机稳定并防止晃动。由角速度所提供的信息将汇入马达控制驱动器，通过动态控制马达速度，来保证马达的稳定度。角速度还能确保无人机根据用户控制装置所设定的角度旋转。

2. 加速度传感器

加速度传感器是用来提供无人机在 X、Y、Z 三轴方向所承受的加速力。它能决定无人机在静止状态时的倾斜角度。相关数值可应用于三角公式，让无人机达到特定倾斜角度。加速度传感器同时也用来提供水平及垂直方向的线性加速。相关数据可用来计算速率、方向，甚至是无人机高度的变化率。加速度传感器还可以用来监测无人机所承受的震动。对于任何一款无人机来说，加速度传感器都是一个非常重要的传感器，因为即使无人机处于静止状态，都要靠它提供关键输入。

3. 地磁传感器

地磁传感器能为无人机提供方向感。它能提供装置在 X、Y、Z 各轴向所承受磁场的数据。接着相关数据会汇入微控制器的运算法，以提供磁北极相关的航向角，然后就能用这些信息来感测地理方位。除了方向的感测，地磁传感器也可以用来感测四周的磁性与含铁金属，如电极、电线、车辆、其他无人机等，以避免事故发生。

4. 气压传感器

气压传感器利用空气的压力，测量出物体所在位置的高度。其作用就是用于测量物体所在平面的高度。气压是由地表空气的重力产生的。海拔高的地方，地表的空气厚度小，气压低；海拔低的地方，地表的空气厚度大，气压高。通过测量所在地的大气压值，与标准值比较，就可以获得物体所在位置的高度。这就是气压传感器的基本测量原理。在实际应用中，需要结合温度等对测量结果进行修正。

（三）飞控系统的辅助设备

飞控系统的辅助设备主要用于增强无人机的环境感知能力，使无人机更加准确地完成任务。常用的飞控系统辅助设备有光流模块、红外感应器、超声波传感器、激光雷达等。

1. 光流模块

光流模块是一个比较特殊的模块，既可以用来感知机体的运动状态，如测量水平方向的移动速率，也可以用来感知周围的环境，用作避障。光流就是通过检测图像中光点和暗点的移动，来判断图像中像素点相对于飞行器的移动速率。如果地面是静止的，自然就可以得到飞行器相对于地面的移动速率。所谓光流定位，其实是利用光流测速再积分定位。

2. 红外感应器

红外感应器包含红外发射器与 CCD 检测器，红外发射器会发射红外线，红外线在物体上会发生反射，反射的光线被 CCD 检测器接收后，由于物体的距离不同，反射角度也会不同，不同的反射角度会产生不同的偏移值，利用这些数据再经过计算，就能得出物体的距离了。

3. 超声波传感器

无人机采用超声波传感器就是利用超声波碰到其他物质会反射这一特性，进行高度或距离控制。超声波频率高于 20 kHz，人耳听不见，并且指向性更强。超声波测距的原理比红外线测距的原理更加简单，因为声波遇到障碍物会反射，而声波的速度已知，所以只需要知道发射到接收的时间差，就能轻松计算出测量距离，再结合发射器和接收器的距离，就能算出障碍物的实际距离。由于需要主动发射声波，所以对于太远的障碍物，精度也会随着声波的衰减而降低。此外，对于海绵等吸收声波的物体或者在大风干扰的情况下，超声波将无法工作。

4. 激光雷达

激光雷达与红外线类似，也是发射激光然后接收。不过激光雷达的测量方式很多样，有类似红外线的三角测量，也有类似于超声波的时间差 + 速度。但无论是哪种方式，激光避障的精度、反馈速度、抗干扰能力和有效范围都要明显优于红外线和超声波。但需要注意，不管是超声波还是红外线，亦或是这里的激光测距，都只是一维传感器，只能给出一个距离值，并不能完成对现实三维世界的感知。当然，由于激光的波束极窄，可以同时使用多束激光组成阵列雷达，近年来此技术逐渐成熟，但由于其体积庞大，价格昂贵，故不太适用于植保无人机。

（四）导航系统

导航的关键在于确定飞行器的瞬时位置，在起飞和着陆过程中特别重要。20 世纪 70 年代至 21 世纪，全球定位导航系统得到全面快速地发展。经过近一个世纪的发展，导航系统的功能已经变得越来越强大。目前用于无人机的导航技术种类很多，这些导航技术都各有优缺点，根据无人机担负任务的不同来选择合适的导航技术至关重要。根据不同工作原理，导航系统可分为三大类：单一导航系统、卫星定位导航系统、组合导航系统。

1. 单一导航系统

（1）无线电导航系统　无线电导航系统是飞机广泛使用的导航装置。无线电导航系统利用地面无线电导航台和飞行器上的无线电导航设备对飞行器进行定位，引导飞行器沿规定航线安全到达目的地。利用无线电波，可以测定飞机的方位、距离、速度等参数，计算出与规定航线的偏差，再由操作员或自动驾驶仪进行操作消除偏差。

（2）惯性导航系统　惯性导航是以牛顿力学定律为基础，依靠安装在飞行器内部的加速度传感器测量载体在三个轴向运动的加速度，经积分运算得出载体的瞬时速度和位置，并测量载体姿态的一种导航方式。惯性导航系统通常主要由惯性测量装置、计算机和显示器等组成。惯性测量装置又称惯性导航组合，包括测量飞行器平移运动的加速度传感器和测量转动角度的陀螺仪。

（3）多普勒导航系统　多普勒导航系统是一种基于多普勒效应的自主式导航系统。多普勒导航系统由磁罗盘或陀螺仪表、多普勒雷达和导航计算机组成。它的工作原理是：飞行器上的多普勒导航雷达不断向地面发射电磁波，因飞行器与电磁波辐射的地面之间存在相对运动，雷达接收到地面回波的频率与发射电磁波的频率相差一个多普勒频率，从而可计算出飞行器相对于地面的飞行速度，以及飞行器纵轴与地速之间的夹角（称为偏流角）。

（4）地磁导航系统　地磁场为矢量场，在地球近地空间内任意一点的地磁矢量都不同于其他地点的矢量，且与该地点的经纬度存在一一对应的关系。因此，理论上只要确定该点的地磁场矢量即可实现全球定位。

2. 卫星定位导航系统

如果把无线电导航台从地面搬到卫星上，其信号覆盖范围就会大大增加。卫星定位导航系统是通过不断对目标物体进行定位从而实现导航功能的。卫星定位导航系统由卫星、地面测控站和用户设备三部分组成，采用导航定位卫星对地面、海洋、空中和空间用户进行导航定位。全球有影响的卫星定位导航系统包括美国 GPS 卫星定位系统、欧盟"伽利略"卫星定位系统、俄罗斯"格洛纳斯"卫星导航系统和中国"北斗"卫星导航系统。

卫星定位导航分为二维定位和三维定位。二维定位只能确定用户在当地水平面内的经纬度坐标；三维定位还能给出高度坐标。

3. 组合导航系统

组合导航系统（integrated navigation system，INS）通过对两种或多种导航系统测量或输出信息进行综合处理（即数据融合），获得更高的导航精度和可靠性。组合导航系统具有以下特点：相比于各个子系统，组合导航系统具有更高的精度和可靠性。组合导航系统对各个子系统的数据进行有机处理，相比于子系统，其功能更加完善；组合导航系统能合理地利用各个子系统的特点，取长补短，相比于子系统，其适用范围更广，输出的导航信息更多；各个子系统对同一个信息源进行观测，增加测量的余度，提高组合导航系统的可靠性。

二、动力系统

（一）电动植保无人机的动力系统

电动植保无人机的动力系统由电池、电子调速器、无刷电机以及螺旋桨组成（图

图 10-3 植保无人机动力系统组成

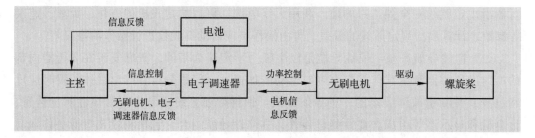

10-3）。电池是整个动力系统能量的储备，负责为整个系统供电。电子调速器将电池提供的直流电转化为无刷电机需要的三相电，并且主控的信号传递给电子调速器来控制无刷电机的转速。无刷电机必须在电子调速器控制下才能工作。无刷电机驱动螺旋桨，最终螺旋桨旋转从而产生升力并进行飞行。

1. 电池

锂聚合物电池（Li-polymer，又称高分子锂电池）简称 LIPO，是一种能量密度高，放电电流大的新型电池。同时，锂电池相对脆弱，对过充、过放都极其敏感，在使用中应该深入了解其使用性能。锂聚合物电池的充电和放电过程，就是锂离子的嵌入和脱嵌过程，充电时锂离子从负极脱离嵌入正极，而在放电时，锂离子脱离正极嵌入负极。一旦锂聚合物电池放电导致电压过低或者充电电压过高，正负极的结构将会发生坍塌，导致锂聚合物电池发生不可逆的损伤。电池主要参数包括放电截止电压、充电截止电压、标准电压、储存电压、串联电芯、并联电芯、放电倍率和电池容量。

2. 电子调速器

电子调速器简称电调，在整个飞行系统中，主要为调节电机转速、控制电机运转，是动力系统的重要组成部分，无刷电机必须通过无刷电子调速器的驱动才能运转。无刷电子调速器在结构上由输入部分电源线、电调主体输出部分电源线、信号输入线、连接件等构成。无刷电子调速器的主要参数包括使用电压、持续工作电流、信号频率和 PWM 驱动频率。

3. 无刷电机

无刷电机，简称 BLDC，多旋翼无人机常用的是三相无刷外转子电机。无刷电机是采用半导体开关器件来实现电子换向的，即用电子开关器件代替传统的接触式换向器和电刷。无刷电机由永磁体转子、多极绕组定子、位置传感器等组成。无刷电机的基本参数包括工作电压、kV 值、最大功率和电机型号。

4. 螺旋桨

螺旋桨是一种靠桨叶在空气中旋转将电机转动功率转化为推进力或升力的装置。螺旋桨主要由桨叶、桨毂及桨叶变距机构等组成。螺旋桨是一个旋转的翼面，适用于任何机翼的诱导阻力，失速和其他空气动力学原理也都对螺旋桨适用。它提供必要的拉力或推力使飞行器在空气中移动。

（二）油动植保无人机的动力系统

油动植保无人机发动机主要以活塞发动机为主，活塞式发动机也称为往复式发动机，由气缸、活塞、连杆、曲轴、气门机构、螺旋桨减速器等组成主要结构。活塞式发动机属于内燃机，它通过燃料在气缸内燃烧，将热能转化为机械能。活塞式发动机系统一般由发动机机体、进气系统、增压器、点火系统、燃油系统、启动系统、润滑系统以及排气系统构成。下面介绍部分构件。

1. 进气系统

进气系统是活塞式发动机的动脉，为发动机提供燃烧做功所需的清洁空气和燃料，并且油气的混合也是在这里完成。活塞式发动机进气系统的作用是：将外部空气和燃油混合，然后把油气混合物送到发生燃烧的气缸。外部空气从发动机罩前部的进气口进入进气系统。这个进气口通常会包含一个阻止灰尘和其他外部物体进入的空气过滤器。

2. 增压器

增压器是一种用于活塞式发动机的辅助装置。发动机产生动力的条件是空气中的氧与燃料的燃烧，由于在一定大气压力下单位空气的含氧量是固定的，同时一般的自然进气发动机是依靠活塞运动产生的压力差将空气或空气与燃油的混合气吸进汽缸，压力差有其上限，使得自然进气发动机的动力被大气压力局限，所以就有了增压器的使用。装设增压器能提高发动机进气的压力，以增加其中氧气的含量，通常可以使同排气量的发动机增加 20% ~ 50%，甚至更高的输出马力。最新的增压器技术，能大幅降低油耗。

3. 点火系统

点火系统是用于点燃燃料空气混合的系统。点火系应产生足够能量的高压电流，准时和可靠地在火花塞两电极间击穿，使火花点燃发动机气缸内的混合气并能自动调整提前点火角，以适应发动机不同工况的需求。电子点火器常见的有无触点点火器和 ECU 控制的点火器。

4. 燃油系统

活塞式发动机燃油系统由油箱、油泵、燃油过速器、汽化器或燃油喷射系统组成。燃油系统是用来提供持续洁净燃油的，从油箱到发动机，燃油需要在所有标准的飞行机动条件下必须能够供给发动机。无人机系统一般使用两种常规类别的燃油系统：重力馈送系统和燃油泵系统。重力馈送系统使用重力来把燃油从油箱输送到发动机。如果飞机的设计不能用重力输送燃油，就要安装燃油泵。

5. 启动系统

要使发动机由静止状态过渡到工作状态，必须先用外力转动发动机的曲轴，使活塞做往复运动，气缸内的可燃混合气体燃烧膨胀做功，推动活塞向下运动使曲轴旋转，发动机才能自行运转，工作循环才能自动进行。因此，曲轴在外力作用下开始转动到发动机开始自动运转的全过程，称为发动机的启动。完成启动过程所需要的装置，称为发动机的启动系统。不同型号发动机启动系统的结构形式存在区别，但基本原理都是类似的。大型活塞式发动机启动系统的部件均安装在发动机上或其附近，与发动机有关部件连接传动。

三、喷洒系统

（一）植保无人机智能药箱

药箱是植保无人机作业的关键部件，智能药箱的主要部件有过滤网、药嘴、液位传感器等。过滤网主要过滤药液中的杂质，避免杂质进入喷洒管道以及喷头造成堵塞。在作业过程中，药箱中的药量是动态变化的，同时药箱的药量是地面操作人员时刻关注的重要信息，操作人员可以根据药箱的药量调整植保无人机的飞行操控策略，特别是在超视距飞行和自动驾驶飞行作业中，药量与电池电量或者油料的优化搭配、药箱药量用尽后的断点续航等，需要对植保无人机药箱的液量进行监测。目前，常见的植保无人机农药箱的液量监测，离不开液位传感器技术的运用。液位传感器是一种常见的测量液位位置的传感器，可将位置的高度转化为电信号进行输出。作为一种结构简单、使用方便的液位控制器件，液位传感器可借助无线通信方式，发送至终端设备上，从而准确了解药箱药液情况。

（二）流量计

流量计是实现农业精准喷洒的重要设备。在植物保护领域常用的流量计是容积式流量计，即用涡轮进行测量的流量计。如图 10-4 所示，涡轮流量计的工作原理是：流体流经传感器壳体，由于叶轮的叶片与流向有一定的角度，流体的冲力使叶片具有转动力，克服摩擦力矩和流体阻力之后叶片旋转，在力平衡后转速稳定，在一定的条件下，转速与流速成正比，由于叶片有导磁性，它处于信号检测器（由永久磁钢和线圈组成）的磁场中，旋转的叶片切割磁力线，周期性改变着线圈的磁通量，从而使线圈两端感应出电，它先将流速转换为涡轮的转速，再将转速转换成与流量成正比的电信号。

涡轮流量计具有精度高、重复性好、结构简单、运动部件少、测量范围宽、体积小、重量轻、压力损失小、维修方便等优点。

（三）植保无人机液泵类型及参数

植保无人机上用的液泵主要是以电动隔膜泵和蠕动泵为主，电动隔膜泵耐腐蚀，不易堵塞，压力稳定，穿透力强，雾化性能好，流量可调范围大；蠕动泵流量可调节范围小，容易实现精准变量。

1. 电动隔膜泵

电动隔膜泵主要由传动部分和隔膜缸头两大部分组成。传动部分是带动隔膜片来回鼓动的驱动机构，隔膜泵的工作部分主要由直流电机、柱塞、液缸、隔膜、泵体、吸入阀和排出阀等组成，其中，由曲轴连杆，柱塞和液缸构成的驱动机构与往复柱塞泵十分相似。电动隔膜泵工作时，曲柄连杆机构在电动机的驱动下，带动柱塞做往复运动，使隔膜来回鼓动。

图 10-4　涡轮流量计的工作原理

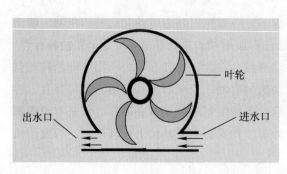

叶轮

出水口

进水口

2. 蠕动泵

蠕动泵由三部分组成：驱动器、泵头和蠕动管。蠕动泵原理只是由滚轮夹挤一根充满流体的软管，随着滚轮向前滑动管内流体向前移动。通过对泵的弹性蠕动管交替进行挤压和释放来泵送流体。就像用两根手指夹挤软管一样，随着手指的移动，管内形成负压，液体随之流动。蠕动泵就是在两个转子之间的一段泵管形成"枕"形流体。"枕"的体积取决于泵管的内径和转子的几何特征。流量取决于泵头的转速与"枕"的尺寸、转子每转一圈产生的"枕"的个数这三项参数之乘积。

蠕动泵的优点：无污染，精度高；低剪切力；密封性好；维护简单；具有双向同等流量输送能力。

蠕动泵的缺点：由于蠕动泵的流量传输是通过蠕动管实现的，蠕动管的承担压力有限，无法承担高负荷的运作。另外，通过蠕动管进行输送时，会有规律性地产生脉冲流，因此，一些不能承担脉冲流的精密工作无法正常进行。其次，随着时间的推移，蠕动泵的输送量会随着蠕动管的磨损而产生一定程度的变化，这三方面都限制了蠕动泵的普遍应用。

（四）植保无人机雾化装置的种类及特性

利用无人机喷洒系统将农药以雾滴的形式喷洒在作物表面，使之形成雾状分散体系的过程称为雾化（图10-5）。雾化装置是实现农药药液雾化过程的装置，通常称为喷头。雾滴的大小、密度、分布状况等在很大程度上都是由喷头的类型、大小和质量决定的。植保机械常用喷头从雾化原理上分有压力式喷头、气力式喷头、离心式喷头和喷粉喷头等类型，植保无人机使用的主要是压力式喷头和离心式喷头两种。

1. 压力式喷头

压力式雾化特别适合于水溶性制剂的喷洒，是最常用的雾化方式。这种雾化方式是使液体借助液泵产生的压力，使药液通过喷头时在压力的作用下与空气高速撞击破碎成细小的液滴，其雾化粒径主要受喷头压力及孔径的影响。

压力式喷头的优点在于两个方面，一是喷雾压力较大，高速运移至靶标物的时间短，减少了因高温、干旱等蒸发流失；二是喷洒系统均采用技术较成熟的地面机具稳

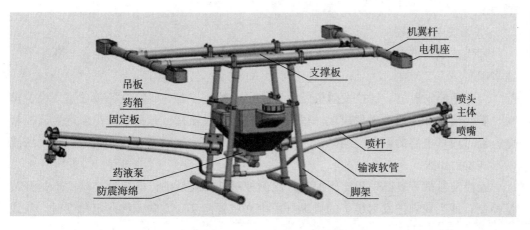

图 10-5　无人机喷洒系统结构（王艳萍，2019）

机翼杆
电机座
支撑板
吊板
药箱
固定板
喷头主体
喷嘴
喷杆
药液泵
输液软管
防震海绵
脚架

压喷雾系统部件，结构相对简单，成本较低。但它的缺点也很明显，即雾化产生的雾滴谱宽、雾滴直径差异大、雾化均匀性不佳；只能通过更换不同孔径型号的喷头进行调整雾滴直径；不适用于悬浮剂、可湿性粉剂等传统农药剂型的喷施，易造成喷头堵塞。

2. 离心式喷头

离心雾化是指在离心力的作用下，将均匀分布到雾化装置上的药液在一定的速度（高速）下进行离心运动，并使其在离心力的作用下飞离雾化装置边缘，然后经空气的摩擦与剪切作用分散成为均匀的细小雾滴的过程。离心雾化产生的雾滴细且均匀，是低容量、超低容量经常采用的雾化方式。

离心式喷头的优点为：产生的雾滴粒径更小，直径相差也更小，雾滴谱窄，药液雾化均匀、效果好；离心式喷头可以通过电压调整电机转速进而精准控制雾滴粒径；喷洒中使用农药品类多，包括粉剂、悬浮剂、乳油等水溶性较差的农药剂型。它的缺点则主要在于雾滴没有液压而产生的高速初速度，药液相对易受无人机旋翼风场和环境大气流场的影响，如果无人机下旋气流风场不足时，雾滴就极容易产生飘移；另一方面，离心式喷头雾化控制的成本相对较高，高转速对喷头电机轴承寿命影响也较大。

四、通信系统

（一）我国对民用无人机频段使用规定

无人机通信链路需要使用无线电资源，目前，世界上无人机无线电的频谱使用主要集中在 UHF、L 和 C 波段，其他频段也有零散分布。我国工业和信息化部颁布实施的《中华人民共和国无线电频率划分规定》，明确了我国频谱使用情况，规划 840.5 ~ 845 MHz、1 430 ~ 1 444 MHz 和 2 408 ~ 2 440 MHz 频段用于无人驾驶航空器系统。

（二）无人机链路设备

机载链路设备是指无人机上用于通信联络的电子设备。机载通信设备的发展趋势，主要是数字化（实现以机载电子计算机为中心的数字通信）和综合化（将单一功能电台综合为多功能电台，进而将无人机电台与其他机载电子设备组成多功能综合电子系统），进一步减小机载通信设备的体积、重量和功耗，提高其可靠性、保密性和抗干扰能力。

1. 无线电遥控器

时代在不断进步，将来的无人机链路将是一个信息的网，不再受距离与频率等的诸多限制。

（1）遥控发射机　遥控发射机就是我们所说的遥控器。遥控设备包含输入设备模块、编码模块和无线电发射模块。遥控指令都是通过摇杆、开关和按钮来产生遥控指令，经过内部电路的调制、编码，再通过高频信号放大电路进行放大，最后以电磁波的形式发射出去。

遥控发射机一般都采用比例控制，比例控制其实就是进行模拟量控制而不是开关量控制，即当我们把发射机上的操纵杆由中立位置向某一方向偏移一定角度时，与该动作相对应的舵机也同时偏移相应的量。舵机偏移量与发射机操纵杆偏移角度成比例，简单地说它不仅能控制拐弯，还能控制拐多大弯。遥控发射机除了基本的动作操纵外，还有许多其他功能。例如，储存多种飞行器模式的配置和数据，一机多用；有计时、计数功能，方便练习和操作；有液晶显示屏幕，可显示工作状态和各种功能等。

（2）遥控接收机　遥控接收机是安装在飞行器上用来接收无线电信号。它会处理来自遥控发射机的无线电信号，将所接收的信号进行放大、整形、解码，并把接收来的信号转换成舵机与电子调速器可以识别的数字脉冲信号，传输给舵机与电子调速器，这样一来飞行器就会通过这些执行机构来完成发出的动作指令。由于多旋翼飞行器对重量的要求很苛刻，一般都会选择很轻巧的接收机。多数只有火柴盒大小，重量仅数十克，还有数克的，但基本都具有很高的灵敏度。

2. 无线数传电台

随着技术的不断进步，遥控设备逐渐开始应用数字技术。现在大家广泛使用的2.4G 系列 FUTABA（日本双叶）遥控器，以及大疆、零度等产品配套生产的 2.4G 遥控器都是这类产品。发射功率在 0.5 W 以下，遥控距离为 1 km 左右。

这类遥控器使用跳频技术，不用再受同频干扰的制约。就像蓝牙设备一样，只要在飞行前配好对就行。所谓配好对，就好比发射机和接收机商量好一个暗号，飞行时接收机接到的信号中，有这个暗号的就是自家的指令。

（三）无人机数据链路

无人机数据链是一个多模式的智能通信系统，能够感知其工作区域的电磁环境特征，并根据环境特征和通信要求，实时动态地调整通信系统工作参数（包括通信协议、工作频率、调制特性和网络结构等），达到可靠通信或节省通信资源的目的。

无人机数据链按照传输方向可以分为上行链路和下行链路。上行链路主要负责完成地面站到无人机遥控指令的发送和接收，下行链路主要负责完成无人机到地面站的遥测数据及红外或电视图像的发送和接收，并可根据定位信息的传输利用上行链路、下行链路进行测距，数据链性能直接影响无人机性能的优劣。

五、地勤系统

植保无人机的地勤系统是指在针对不同的植保无人机飞防需求时，为满足安全、有序、快速、高效地作业，实现植保无人机承载混药、加药、更换电池、充电、维修维护、指挥、信息处理、应急事件处置等功能的工作系统。它涉及机械、电力、电器、电控、智能化控制等多个方面的应用。植保无人机地勤系统主要分为以下几方面。

（一）承载系统

承载系统主要负责安全运输、承载无人机、移动起降。承载系统的功能是固定植保无人机，实现植保无人机的安全转运，它主要由支架、固定部件和减震部件等组成。

在运输转场过程中，植保无人机放置在支架上，为了消除震动对植保无人机的损害，在植保无人机与支架之间放置弹性减震块，利用固定锁扣将植保无人机与支架固定牢固。根据作业配置，每台小型地勤保障车能够承载 3~4 架飞机，配备 4~5 人的中等团队，小型地勤保障车能够承载 1~2 架飞机，配备 1~2 人的小型团队。

（二）供油系统

当使用油动植保无人机作业时，需要在地勤系统中配置能够向植保无人机中注油的供油系统。供油系统包括防爆油桶箱、便携式油桶、干式灭火器、灭火毯、定量加油泵等。如果油动植保无人机分散在不同的作业点起降作业，需要地勤人员使用便携式油桶携带燃油，前往不同的起降点为植保无人机加注燃油。如果油动植保无人机起降点处于地勤系统的加注范围内，可以采用定量加油泵直接从地勤系统的油桶中向植保无人机加注燃油。

每次加油后需要检查植保无人机的加油口状态，当定量加油泵与便携式油桶不同时，需要及时归位，不可置外。加油系统需要处于阴凉、通风条件下，高温下采用降温措施，现场操作绝对禁止烟火，定期检查灭火器和灭火毯。

（三）供水系统与配药系统

植保无人机作业混配药液的水来源有两个，一个是抽吸沟渠、河塘等地表水，另一个是抽取地下水。供水系统由蓄水箱、抽吸泵和过滤器等组成。为了防止水中杂质堵塞喷头，需要在进水口安装过滤设备。

配药系统包括了混药桶、搅拌器和定量加药泵。按照农药二次稀释的方法在混药桶中混合农药，利用搅拌器对药液进行搅拌，使药液混合均匀，然后通过定量加药泵向植保无人机的药箱中加药，如果植保无人机的起降点远离地勤系统，需要用便携式药桶向无人机加注农药。在每次加注前，都需要启动搅拌器对混药桶中的药液进行搅拌，以确保加注的药液混合均匀。

（四）供电与照明系统

主要对作业提供场地作业照明，对非作业提供应急照明，提供工作用电。

（五）高空防护系统

在加固稳定的车顶四侧上，利用改装的围栏和特殊防护装置，对飞行员进行保护，从而增加作业瞭望高度、拓宽视野角度以及确保从业人员的安全。

（六）信息处理系统

配置卫星导航定位系统、行车记录仪、倒车影像、移动 WiFi、喊话器、对讲机、计算机等，实现飞机调配、指挥、路线规划等信息处理。

（七）充电系统

针对电动植保无人机需要频繁更换电池的情况，地勤系统需要配置车载发电机给锂电池充电。发电机发出的电通过总电控箱分配控制，分别输出 24 V 直流电、12 V 直流电和 220 V 交流电，为配药系统、供油系统和信息处理系统等用电设备供电。启动发电机时，需要观察发电机与恒压稳流的同步状态，当状态波动大时，要处理至稳定方可进行下一步操作。严格控制所有在用设备用电总量不超过总功率。

（八）安全保障系统

安全保障系统包括各种作业防护用品、淋浴设备、洗眼器、典型农药中毒处理程序等。作业防护用品包括防护服、手套、眼罩、帽子、防护鞋、净水箱等。农药沾染皮肤后，应脱去被农药污染的衣服，用清水箱中的清水及肥皂（不要用热水）充分洗涤被污染的部位。发生大面积农药污染，需要尽快淋浴洗涤。洗涤后用洁净的布或毛巾擦干，穿上干净衣服并注意保暖。如果农药与碱转化成毒性更高成分的农药（如敌百虫遇碱后转化为毒性更高的敌敌畏）则不能用肥皂清洗。眼睛被溅入药液或撒进药粉时，应立即在洗眼器上用大量清水冲洗。冲洗时把眼睑撑开，一般要冲洗 15 min 以上。清洗后，用干净的布或者毛巾遮住眼睛休息。安全保障系统中应该备有作业地点附近的医院急救联系方式与典型农药应急处置的预案。

（九）气象系统

气象系统包括数据采集模块、温度和湿度测量模块、风速测量模块和风向测量模块。气象系统应该具有至少 0.1 Hz 采样频率，测量点在冠层上方 1 m 高度及离地至少 2 m 处。气象系统应能够随时读取并存储测量的气象数据，便于根据气象因素进行喷雾参数与飞行参数的确定。

（十）维修维护工具系统

主要是指为了维护维修地勤系统、植保无人机的维修而增设的各种工具及装置。根据植保无人机类型与作业对象，在实际运用中不同维修维护工具系统及工作内容略有不同。

第三节 植物保护无人机的应用

无人机作为一种空中平台，把人们的生活从二维扩展到了三维空间，除平面外还在高度上赋予了生活无限可能。在地图测绘、地质勘测、灾害监测、气象探测、空中交通管制、巡逻监控、农药喷洒等方面都有无人机的足迹（图 10-6）。

拓展资源 10-2
植物保护无人机在农业生产中的应用

图 10-6 植保无人机在茶园喷施药剂

图 10-6 彩色图片

一、航拍

（一）生活应用

1. 街景航拍

无人机拍摄的街景图片不仅有一种鸟瞰世界的视角，还带有些许艺术气息。在常年云遮雾罩的地区，遥感卫星不能拍摄清楚的时候，无人机可以实现清晰捕捉。

2. 电力巡检

传统的人工电力巡线方式条件艰苦，效率低下，一线的电力巡查工偶尔会遭遇被狗撵、被蛇咬的危险。无人机则实现了电子化、信息化、智能化巡检，提高了电力线路巡检的工作效率、应急抢险水平和供电可靠率。而在山洪暴发、地震灾害等紧急情况下，无人机可对线路的潜在危险，如塔基陷落等问题进行勘测与紧急排查，丝毫不受路面状况影响，既能免去攀爬杆塔之苦，又能勘测到肉眼的视觉死角，对于迅速恢复供电很有帮助。

（二）工农业应用

1. 农业灾害监测

自然灾害频发，无人机在农业保险领域的应用，既可确保定损的准确性以及理赔的高效率，又可以监测农作物的正常生长，帮助农户开展针对性的措施，以减少风险和损失。

2. 环境保护

无人机航拍在环境保护领域的应用主要分两种类型，一是环境监测观测，如空气、土壤、植被和水质状况，也可以实时快速跟踪和监测突发环境污染事件的发展；二是环境执法，即环境部门利用采集与分析设备的无人机在特定区域巡逻。监测企业工厂的废气、废水排放，寻找污染源。

二、监测

（一）概述

目前，用于农作物病害检测的传统方法主要有人工感官检测和理化检测。实际检测中，理化检测虽然较为精确，但其操作复杂，且对实验样本具有破坏性；人工感官检测易受到情绪、疲劳和环境等主观和客观因素的影响，而且不能长时间地进行。除此以外，传统手段的监测范围多局限于实验室和近地面等微观监测，不适用于大田病害数据的获取和监测。

随着遥感技术在农业中的深入应用，其在我国植物病害监测中的应用越来越普遍，主要有卫星遥感和无人机遥感等方式。卫星遥感监测多适用于大面积的地块面积估测、生长状况及灾害监测，其在小范围田间尺度的精准农业方面应用不多。相比于卫星遥感，无人机遥感更适合小区域内的图像采集。主要应用在田间尺度调查，其作为卫星遥感的补充，具有重量轻、体积小、性能高等优点，现已成为遥感发展的热点和新趋势。

（二）地面病害信息的获取

国外学者利用地面光谱技术对作物病害进行了广泛的基础研究并取得了突破性的进展，为无人机低空遥感监测的实施提供了理论基础和先决条件。针对这些情况，已经有相当数量的研究对不同作物病害的光谱特征进行了报道。

在病害的胁迫下，植物的反应主要体现在光谱的生理机制和特征位置上。因为作物在病害侵染的过程中，一方面，作物体内变化（如色素、水分等），会导致其在不同的波段下出现不同程度的吸收和反射特性，即病害的光谱响应。由于受各类色素（叶绿素、类胡萝卜素、花青素）吸收作用的影响，健康植株的光谱在可见光区域通常反射率较低；受叶片内部组织的空气 - 细胞界面的多次散射作用的影响，在近红外区域反射率较高；受水、蛋白质和其他含碳成分吸收作用的影响，在短波红外区域呈现较低反射率。在受到病菌侵染后，植物叶片上常会形成不同形式的病斑，在坏死或枯萎区域，色素含量和活性降低，导致可见光区域的反射率增加，同时红外波段向短波方向移动。另一方面，植株在受到严重的病害侵染时，其外部结构和形态会发生较大的改变，出现叶倾角变化、植株倒伏等冠层形态的变化，从而在较大程度上影响近红外波段的反射率光谱。健康作物受到病害侵染达到一定程度时，其形态结构的改变大多是由其叶片和植株中水分的亏损造成的，进而引起近红外波段反射率的变化。但是，相对于色素而言，水分对光谱的影响具有更大的不确定性。多种病害（如小麦白粉病、条锈病）易发生于环境湿度较高的地方，此现象与病害对植株水分的波长移动方向相反，因此对二者的影响常难以区分。

利用光谱的特征位置和生理机制进行建模分析，得出区分不同病害时的光谱生理机制和特征位置的响应规律，将基础实验的光谱规律应用到遥感图像上，有利于提高大面积病害监测的标准性。

三、施药

（一）植保无人机施药运行管理的一般规定

无人机技术的快速发展促进了国家相关政策的出台。国家空中交通管制委员会办公室组织起草了《无人驾驶航空器飞行管理暂行条例（征求意见稿）》，规定了无人驾驶航空器飞行管理坚持安全为要，降低飞行活动风险；坚持需求牵引，适应行业创新发展；坚持分类施策统筹资源配置利用；坚持齐抓共管，形成严密管控格局。中国民用航空局制定了《轻小无人机运行规定》《民用无人机驾驶员管理规定》《民用无人驾驶航空器实名制登记管理规定〈规章制度〉》等管理文件，对无人机生产制造、使用、销售等环节进行了规定。植保无人机是能飞起来的施药机械，既要遵循飞行器的相关规定，保证公共安全，又要遵守植保机械的相关要求，保证粮食安全、环境安全。总体来讲，植保无人机需要从无人机系统、无人机驾驶员、飞行空域、飞行运行、施药技术要求、农药使用等方面进行管理，以促进农用航空事业健康有序发展。

（二）施药技术要求

（1）尽量用农业、物理和生物方法控制病虫草害，只有在其他技术不能满足田间

e 拓展资源 10-3

植物保护无人机施药过程

防治要求的情况下才选用化学农药，以最大限度地减少化学农药在防治病虫草害的同时所带来的负面影响。

（2）选择的农药必须是经过农药管理部门登记注册的正规产品，购买时应检查产品标签，检查是否有农药三证（农药登记证、农药准产证和农药销售许可证）。

（3）施药前，应通知施药田块邻近的户主和居住在附近的居民，并采取相应措施避免雾滴漂移引起对邻近作物的药害、家畜中毒及对其他有益生物的危害。

（4）施药前应查看天气，温度、湿度、降水量、光照和气流等气象因素对施药质量影响很大。

（5）选择机具时应优先考虑国家认可的检测机构检验合格的产品，有国家强制性产品认证（3C认证）要求的产品，需要购买有3C认证标志的产品。

（6）施药人员应经过施药技术培训，熟悉机具、农药、农艺等相关知识。施药、清洗或者维修喷洒装置时应做到穿防护服、戴口罩、戴手套、戴护目镜。

（7）操作人员每天施药时间不得超过6 h，如有头痛、头昏、恶心、呕吐等现象，应立即离开施药现场。

（8）施药过程中，禁止吸烟、进食，不要用手接触五官及身体。

（9）严禁酒后操作无人机。严禁在禁飞区施药。

（10）操作人员工作全部完毕后应及时更换工作服，清洗手、脸等部位，并用清水漱口。

（11）严禁使用植保无人机从事除植保作业外的任何活动。

（12）操作人员在每次作业前与作业后，都应填写《植保无人机安全检查表》。

（三）确定靶标生物种类和危害程度

施药前首先应进行田间靶标生物检查，确定田间和周边作物及其病虫草害的种类以及危害程度。如果不能确定，可以到当地农业技术推广部门、植物保护部门、农药销售部门或向有经验的农民咨询。

针对农田作物和病虫草害危害状况，选择适宜的防治方法。尽量用农业、物理和生物方法来控制病虫草害，只有在其他技术不能满足田间防治要求的情况下才选用化学农药，以最大限度地减少化学农药在防治病虫草害的同时带来负面影响。

（四）选择农药

根据不同作物的不同生长期、不同病虫草害，在当地植物保护部门的帮助下选择正确的农药及剂型。选择的农药必须是经农药管理部门登记注册的正规产品。购买时应该查看产品标签，标签上应该注明农药名称、企业名称、农药三证（即农药登记证、农药准产证和农药销售许可证），以及农药的有效成分、含量、质量、产品性能、毒性、用途、使用技术、使用方法、生产日期、产品质量保证期和注意事项等，农药分装的还应当注明分装单位。

仔细阅读农药产品标签，确定防治对象，确定对作物的安全性，确定符合作物收获安全间隔期，确定对家畜、有益昆虫和环境的安全性。

通知施药田块邻近地块的户主和居住在附近的居民，并采取相应措施避免农药雾滴漂移引起对邻近作物的药害、家畜中毒及对其他有益生物的危害。

（五）测试气象条件

气象因素不仅影响有害生物种群的活动，对农药安全使用也有影响，因此，施药前要查看气象条件。田间温度、湿度、降水量、光照和气流（水平气流和上升气流）等气象因素复杂多变，对农药的运动、沉积、分布会产生很大影响，并最终表现为对防治效果、农药在环境中的扩散分布动向所产生的影响，这些影响正是施药技术规范化所要考虑的问题。

（六）作业参数的确定

1. 确定施药液量

农田病虫草害的防治，每公顷所需要的农药量（有效成分，g）是确定的，但由于选用施药机具和雾化方法不同，用水量变化很大。应根据不同植保无人机的施药方法及其技术规定来确定田间施药液量（L/hm^2）。

2. 计算飞行作业速度

施药作业前，应首先根据实际作业情况测定喷头流量（Q），并确定机具有效喷幅（B）。然后根据下式计算飞行作业速度：

$$V = Q/(q \times B) \times 10^4$$

式中，V 为飞行作业速度（m/s）；Q 为喷头流量（L/s）；q 为农艺上要求的施药液量（L/hm^2）；B 为有效喷幅（m）。

若计算的飞行作业速度过高或过低，实际作业有困难时，在保证药效的前提下，可适当改变药液浓度，以改变施药液量，或更换喷头来调整作业速度。

3. 校核施药液量

药箱内装入额定容量的清水，以速度 V 作业前进，测定喷完一箱清水时的行走距离（L），重复 3 次，取平均值。按下式校核施药液量，即

$$q' = G/(B \times L) \times 10^4$$

式中，q' 为实际施药液量（L/hm^2）；G 为药箱额定容量（L）；L 为喷完一箱水的行进距离（m）；B 为有效喷幅（m）。q' 应满足（$q'-q$）$/q \times 100\% \leqslant 10\%$，并保证用药量（农药有效成分）不变。

4. 计算出作业田块需要的用药量和加水量

（1）确定所需处理农田的面积（以公顷计）。

（2）根据所校验的田间施药液量 q'（L/hm^2），确定所需处理实际农田面积上的实际施药液量 q^n（L/hm^2）。

（3）根据农药说明书或植物保护手册，确定所选农药的用药量（有效成分，g/hm^2）。

（4）根据所需处理的实际农田面积，准确计算出实际需用农药量 w（有效成分，g/hm^2）。

对于小块农田，施药液量在不超过一药箱的情况下可直接一次性配完药液。若田块面积较大，施药液量超过一药箱时，则可以以药箱为单位来配制药液。

将上述实际施药液量 q^n（L/hm^2）除以植保无人机药箱的额定装载容积（G），得到处理实际田块上共需喷多少药箱（N）的药液，以及每一药箱中应加入的农药量（w/N）。这时药箱中的加水量为额定装载容量。

凡是需要称重计量的农药。可以在安全场所预先分装。即把每一药箱所需用的农药预先称好，分成 n 份带到田间备用。这样，田间作业时，只要记住每一药箱加一份药即可，哪怕出错，也比较安全，以免田间刮风造成的粉末状药剂（如可湿性粉剂）飘失。

（七）配制农药

配制农药前，配药人员应戴上防护口罩和塑胶手套，穿上防护服，准备好干净的清水，备做冲洗手脸之用。用量器严格按要求量取药液或药粉，不得任意增加用量，提高浓度。

打开农药容器时，脸要避开药瓶或药袋口；配制农药时应搅拌均匀，不准用手或身体任何裸露部分接触农药；往药箱中加入药水时均需要过滤。

（八）根据风向和地块形状确定作业路线规划

首先，要根据风力确定有效喷幅和飞行路线。行走方向与风向垂直，最小夹角不小于45°。喷雾作业时要保持人体处于上风方向喷药，实行顺风，隔行喷雾，严禁逆风喷洒农药。为保证喷雾质量和药效，当风速过大（大于 5 m/s）和风向多变不稳时不宜喷雾。无风时也不能进行漂移性喷雾。这是因为在无风条件下，特别是在早晨经常有逆温现象时，低速下降的小雾滴可能在空中悬浮过长时间，易造成小雾滴向各个方向漂移，甚至可能沉降到数百米以外的地方，对邻近环境造成农药污染。

确定作业面积及作业时间，绘制作业区域图，根据作业区域的地理位置划分作业区并标明作业区各拐点位置。

当前，植保无人机作业方式有手动操作、AB 点作业和自主飞行作业等三种。无论哪种方式，都需要飞防人员统筹安排，具备合理安排飞机和人员，合理下达作业任务，合理转场，合理安排各飞防队间的配合以及处理突发情况的能力。新手或新团队应优先选择简单的地块进行作业，积累经验，降低风险，提高作业质量。在飞行前应尽量等 GPS 定位 7 颗卫星数据之后再起飞。

在航线规划完成后需要及时保存或载入规划，便于下次作业时调用，在作业前需要将地面站与电台正确连接，并将规划上传至植保无人机。

防治药剂选择以《中国农药信息网》查阅的农药登记信息为准。

在使用植保无人机施药后需要填写《植保无人飞机防治植物病虫害作业记录表》（表 10-1）。

四、无人机在农业应用中存在的不足

（一）续航能力及通讯范围受限

常用农用无人机受机身重量及搭载辅助器件的影响，一般续航时间为 20～60 min，通讯距离根据搭载的通信模块不同，其通信范围在 0.5～15 km，由于在农业中无人机

表 10-1　植保无人飞机防治植物病虫害作业记录表

作业地点		联系人 / 联系方式	
作业时间 /h		作业时气温 /℃	
作物生育期		作业时风速 / (m · s⁻¹)	
防治对象		下风向作物	
防治面积		施药后 12 h 气象	
无人飞机生产企业		载药量 /L	
无人飞机型号		喷头类型及型号	
喷幅 /m		作业高度 /m	
施药液量 / (L · hm⁻²)			
药剂名称	登记证号	每公顷制剂用量 / (g，mL)	

都是进行大范围的作业，承重能力太低、续航时间太短、通信范围过窄会导致实用性的降低。

（二）使用成本高

无人机按照平台构型分类，可分为固定翼无人机、旋翼无人机、无人飞艇、伞翼无人机和扑翼无人机。用于农业生产方面的无人机一般采用固定翼无人机和旋翼无人机两种，其价格根据其功能的不同，售价在 5 万 ~ 40 万元，推广价格优势不明显。且每架无人机需要配备一个专业飞控手，据统计，农业植保无人机专业飞控手人工费约 180 元 /hm²，每年工作时间约 0.5 a，年计人工费 30 万 ~ 40 万元。相对传统农机而言，在农业生产环节使用无人机极大地增加了人工成本。加之我国农业集约化、规模化水平不高，作物生产较为分散。各方面因素的影响，使农用无人机的应用推广受到极大阻碍。

（三）安全性不足

安全性不足主要体现为飞行过程受环境影响大、飞行安全性不高等问题。恶劣的作业环境会极大影响农用无人机的飞行作业效果，另外，地理环境也是需要考虑的问题，如作业范围内应无过高建筑、高压电塔、电杆等飞行障碍物，需要有合适无人机的起降点等，诸多限制因素导致了农用无人机应用的受限。另外，国内市场上的农用无人机在关键技术、可靠性、操作便利性等方面都与行业领先水平存在一定差距。

第四节　无人机相关机构与政策

一、中国航空器拥有者及驾驶员协会

中国航空器拥有者及驾驶员协会，简称中国 AOPA（英文名称为 Aircraft Owners

and Pilots Association of China，缩写为 AOPA-China），是以全国航空器拥有者、驾驶员为主体的自愿结成的全国性、行业性社会团体，是中国在国际航空器拥有者及驾驶员协会（IAOPA）的唯一合法代表。2004 年，中国 AOPA 在民政部登记注册成立。经过多年的探索与发展，中国 AOPA 成为中国民航最具活力的行业协会之一，是推动中国民航发展的生力军。中国 AOPA 是国际航空舞台上一张重要的中国名片，其组织机构图如图 10-7 所示。

（一）中国 AOPA 合格证证件

中国 AOPA 是中国民用航空局主管的全国性行业协会，对无人机驾驶员训练机构实施统一监督管理，颁发无人机驾驶员训练机构临时合格证、驾驶员训练机构合格证。考试内容主要涉及两个方面，即基础理论和飞行训练。理论考试与飞行训练必须全部通过才有机会获得证件。

根据考取的机型不同可将证件类型分为：固定翼、单旋翼、多旋翼、飞艇、自转

图 10-7 中国 AOPA
组织机构图

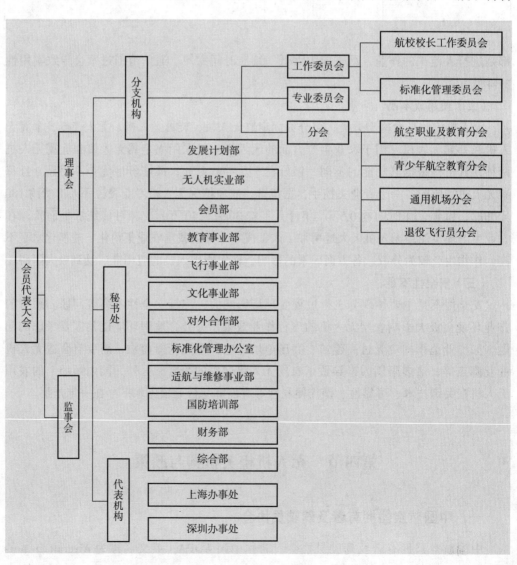

旋翼机、倾转旋翼机及其他。学员可以根据自己的需求选择合适的机型进行培训考试。不同类型的无人机持证人数略有差别，其中多旋翼持证人数能够达到 90%，其次是固定翼、单旋翼，而对于飞艇、自转旋翼机、倾转旋翼机持证人数较少，这与培训难度和行业需求有关。

无人机执照等级分为三类，分别是视距内驾驶员、超视距驾驶员、教员。视距内驾驶员要求人机相对高度在 120 m 之内，飞行半径在 500 m 以内，并且驾驶员与无人机必须保持直接的目视接触，对于普通的航拍爱好者或是要求对距离不高的工作者可选择，考试相对简单，容易取证；超视距驾驶员要比视距内驾驶员高一级，要求驾驶员能够控制飞出视线范围的无人机，可以借助第一人称视角（FPV）或地面软件对无人机进行定位和辅助操作，获得此类无人机执照的人员可以申请在飞行空域进行空中作业；教员是最高等级的驾驶员，教员必须对理论知识掌握到位，对实操飞行得心应手，教员可以在其执照授权范围内进行无人机相关的教学。教员等级也是培训机构申请资质的条件之一，需要持有超视距驾驶员合格证飞行时间满 100 h，经过培训后才可以拿证。

所有证件有效期均为 2 年，自发证日起开始计算。其中视距内驾驶员与超视距驾驶员累计飞行时间满 100 h 可以免考过审，但教员必须通过考试方可续期。

（二）中国 AOPA 培训机构

近年来随着无人机实名登记政策的实施，我国无人机登记的数量迅速增长，2019 年底，全行业无人机注册用户已达 37.1 万个，全行业注册无人机共计 39.2 万架，全行业无人机有效驾驶员执照 67 218 万本。截至 2020 年末，我国全行业注册无人机共52.36 万架，较 2019 年有明显提升。随着无人机数量的增加，无人机培训机构也在不断增加，目前全国共计有 257 家专业培训机构，相较 2014 年的 18 家有明显的提升。

二、其他机构

（一）中国航空运动协会

中国航空运动协会（Aero Sports Federation of China，ASFC），简称中国航协，成立于 1964 年 8 月。中国航协是具有独立法人资格的全国群众性体育组织，是中华全国体育总会的团体会员，负责管理全国航空体育运动项目，是代表中国参加国际航空运动联合会及相应活动的唯一合法组织。

（二）慧飞无人机应用技术培训中心

慧飞无人机应用技术培训中心（Unmanned Aerial Systems Training Center，UTC）是大疆创新的全资子公司，为客户提供无人机培训服务。慧飞采用国内首个专注于无人机应用技能的 UTC 培训体系，开展航拍、植保、巡检、测绘、安防五大培训专业。为学员开展个性化培训机制，通过培训考核之后由大疆创新联合中国航空服务教育专业委员会颁发《UTC 无人驾驶航空器系统操作手合格证》，此证书无有效期。

（三）中国航空运输协会

中国航空运输协会（China Air Transport Association，CATA）成立于 2005 年 9 月

9 日，是依据我国有关法律规定，经中华人民共和国民政部核准登记注册，以民用航空公司为主体，由企事业法人和社团法人自愿参加组成的、行业性的、不以营利为目的的全国性社团法人。于 2009 年和 2015 年先后两次被民政部评为全国 5A 级社团组织（每次有效期为 5 年）。

参考文献

1. 冯秀. 无人机结构与系统［M］. 北京：机械工业出版社，2019.

2. 何雄奎. 植保无人机与施药技术［M］. 西安：西北工业大学出版社，2018.

3. 何勇. 农用无人机技术及其应用［M］. 北京：科学出版社，2018.

4. 兰玉彬，陈盛德，邓继忠，等. 中国植保无人机发展形势及问题分析［J］. 华南农业大学学报，2019，40（5）：217-225.

5. 孙毅. 无人机驾驶员航空知识手册［M］. 北京：中国民航出版社，2014.

6. 王艳萍，蔡永生，杨岚，等. 植保无人机喷头设计与仿真［J］. 机械研究与应用，2019，32（5）：51-53，58.

7. 张东彦，兰玉彬，陈立平，等. 中国农业航空施药技术研究进展与展望［J］. 农业机械学报，2014，45（10）：53-59.

思考题

1. 遥感无人机在农业中有哪些应用？

2. 为了让无人机安全完成作业任务，作业时有哪些注意事项？

3. 植物保护无人机施药技术要求有哪些？

4. 植物保护无人机为农业生产中"耕""种""管""收"哪个环节提供服务支持？

5. 在连续阴雨天或高温、高湿条件下必须对作物进行防治时，植物保护人员宜采取哪些有效措施？

6. 植物保护无人机作业完成后需要进行哪些维护和保养？

7. 咀嚼式口器害虫取食作物茎叶，宜采用哪种药剂？

8. 请描述农药配置过程中的二次稀释法。

9. 雨雾天气可对植物保护作业产生什么影响？

10. 无人机在植物保护作业过程中螺旋桨旋转产生下压气流对农药喷洒有哪些影响？

11. 选购农药时检查农药是否有"三证"指的是哪三证？

12. 已知某植物保护无人机飞行速度为 7 m/s，喷幅为 4 m，每公顷用量为 18 000 mL，水泵平均流速为多少？

13. 已知某植物保护无人机飞行速度为 6.5 m/s，喷幅为 3 m，一个架次飞行 10 min，可作业多少公顷？

14. 某杀虫剂包装为 10 mL/包，稀释倍数为 100 倍液，则该杀虫剂兑水量是多少？

附录　无人机相关法规文件及常用农药

附录 A　轻小无人机运行规定（试行）（编号：AC-91-FS-2019-31R1）

附录 B　民用无人机驾驶员管理规定（编号：AC-61-FS-2018-20R2）

附录 C　民用无人机驾驶员合格审定规则（编号：T/AOPA 0008—2019）

附录 D　常用杀菌剂

附录 E　常用杀虫剂

附录 F　常用植物生长调节剂

郑重声明

高等教育出版社依法对本书享有专有出版权。任何未经许可的复制、销售行为均违反《中华人民共和国著作权法》，其行为人将承担相应的民事责任和行政责任；构成犯罪的，将被依法追究刑事责任。为了维护市场秩序，保护读者的合法权益，避免读者误用盗版书造成不良后果，我社将配合行政执法部门和司法机关对违法犯罪的单位和个人进行严厉打击。社会各界人士如发现上述侵权行为，希望及时举报，我社将奖励举报有功人员。

反盗版举报电话 　(010)58581999　58582371
反盗版举报邮箱 　dd@hep.com.cn
通信地址　北京市西城区德外大街4号　高等教育出版社法律事务部
邮政编码　100120

读者意见反馈

为收集对教材的意见建议，进一步完善教材编写并做好服务工作，读者可将对本教材的意见建议通过如下渠道反馈至我社。

咨询电话　400-810-0598
反馈邮箱　gjdzfwb@pub.hep.cn
通信地址　北京市朝阳区惠新东街4号富盛大厦1座　高等教育出版社总编辑办公室
邮政编码　100029

防伪查询说明

用户购书后刮开封底防伪涂层，使用手机微信等软件扫描二维码，会跳转至防伪查询网页，获得所购图书详细信息。

防伪客服电话　(010)58582300